科技与伦理的世纪博弈

周丽昀 等 编著

THE TRANS-CENTURY INTERPLAY BETWEEN SCITECH AND ETHICS

上海大学出版社

图书在版编目(CIP)数据

科技与伦理的世纪博弈/周丽昀编著. —上海：
上海大学出版社，2019.12
 ISBN 978-7-5671-3781-3

Ⅰ.①科… Ⅱ.①周… Ⅲ.①科学技术—伦理学—研究 Ⅳ.①B82-057

中国版本图书馆 CIP 数据核字(2019)第 291175 号

上海高校课程思政教育教学改革试点项目(整体试点校)

责任编辑　陈　强
装帧设计　倪天辰
技术编辑　金　鑫　钱宇坤

科技与伦理的世纪博弈

周丽昀 等 编著
上海大学出版社出版发行
(上海市上大路 99 号　邮政编码 200444)
(http://www.shupress.cn 发行热线 021-66135112)
出版人　戴骏豪

*

南京展望文化发展有限公司排版
上海华教印务有限公司印刷　各地新华书店经销
开本 710mm×1000mm　1/16　印张 17.25　字数 270 千
2019 年 12 月第 1 版　2019 年 12 月第 1 次印刷
ISBN 978-7-5671-3781-3/B・117　定价 45.00 元

总 序

作为上海市首批高水平地方高校建设试点、教育部一流学科建设高校，上海大学秉承钱伟长教育思想，始终坚持社会主义办学方向，坚持把立德树人作为根本任务，深化对"为谁办大学、办什么样的大学、怎样办大学"的认识，扎实办好中国特色社会主义高校。2007年，学校首创思想政治理论课"项链模式"，曾获国家级教学成果奖二等奖。2014年，学校首开"大国方略"选修课，提升大学生政治认同和文化自信，引领其在"国家发展和个人前途的交汇点上"思考未来，规划人生，上海大学也因此被誉为"中国系列"课程的发祥地。学校先后开发"创新中国""创业人生""时代音画""经国济民"等课程，形成系列。教学团队受到中宣部、教育部和上海市多次表彰。全国千余所高校前来取经交流，团队应邀赴全国各地密集推广。2018年，大国方略系列课程教学团队获评上海市教学成果奖特等奖和国家级教学成果奖二等奖。

面对AI浪潮，依托上海市课程思政教学科研示范团队——顾骏团队和上海市思想政治理论课名师工作室——顾晓英工作室，学校全新打造了"育才大工科"——人工智能系列通识选修课程。"人工智能""智能文明""量子世界""人文智能""智能法理"和"生命智能"，联通科技与人文，对接国家战略，为中华民族的伟大复兴培养有担当的智慧学生。

"课程思政"首次见诸报端是在2016年10月30日《文汇报》头版关于"大国方略"系列课程研讨会的报道中。同年12月，习近平总书记在全国高校思想政治工作会议讲话中，强调"用好课堂教学这个主渠道""其他各门课都要守好一段渠，种好责任田，使各类课程与思想政治理论课同向同行，形成协同效应"。2017年初，"课程思政"被写进教育部文件。同年，上海大学获评首批上海高校课程思政教育教学改革整体校。

2017年起,学校立项70门课程思政"一院一课"试点课程,从中遴选出"科技与伦理"等10门作为首批示范课程。2019年,学校立项60门课程思政"一专业一课程",从中择优18门作为第二批示范课程建设项目。有部署、有检查,课程思政理念随着项目推进深入教师头脑并转化为教师的自觉行动。学校立项课程思政系列丛书,固化教研成果。

2019年7月,上海大学成功入选上海高校课程思政领航计划(整体改革领航高校)。作为领航校,学校将从综合实力较强的一级学科尤其是"双一流"学科入手,增强教学团队,系统挖掘和梳理学科中蕴含的思政教育元素,编制相关学科课程思政教学指南,做到"学院有部署、团队有亮点、课程有特色、教师有出彩、学生有收获"。

课程思政是全方位行动,学校已基本形成"学校党委统一全面领导、党委宣传部抓总营造氛围、教务处研究生院负责课堂落实、院系主体具体推进、各部门密切协同、教师主体作用充分发挥"的工作格局。而今在上海大学,"门门课程有思政,教师人人会育人,党员个个当先锋"的课程育人风景正在形成。在这风景里,有课程思政团队,有课程思政名师,有课程思政金课,还有凝聚着名师智慧、体现一流课程质量的课程思政精品力作。

顾晓英
2019年12月23日

前 言

写一本兼具学术性、思想性以及普及性、趣味性的科技伦理读本,是编者一直以来的一个愿望。

2014年,我的学术专著《现代技术与身体伦理研究》出版之际,该书责任编辑、上海大学出版社的陈强就敏感地意识到科技伦理问题的重要性,主动跟我约稿,希望我出一本既能给学生当教材、又能让非专业的人看懂的科技伦理读物。彼时,我领衔的通识课"科技与伦理"正好被遴选为上海大学第一批核心通识课。这些教学与科研的机缘,使得编写出版这样一本读物势在必行。但是,我当时希望慢慢来,一来是继续沉淀一下,二来是在教学实践中继续积累,形成相对完善的教学逻辑和教学体系后再进行写作和出版。

随后,过了几年,"科技与伦理"课程又被选为学校第一批课程思政试点课以及第一批课程思政示范课,并在各种试点和改革中不断进行完善。在学校组织的专家会诊中,这门课被专家认为是非常成熟且有重要意义的课程。2017年,以"大学生科技伦理教育的理论与实践"为题,我又获得了"上海市马克思主义理论教学研究'中青年拔尖人才'"项目的资助,这使得这本书的写作真正开始启动。

目前呈现在读者面前的这本著作,既是"科技与伦理"核心通识课和课程思政示范课的教学结晶,也是教学与研究结合的产物。在本书的写作过程中,编者有意与科技哲学专业的研究生培养相结合,引导学生做一些查阅资料和文字整理的工作。一来是想培养学生的研究能力,二来也是希望学生的参与,能让本书的写作更接地气。在近两年的准备过程中,通过师生的互动和交流,不断分享一些最新的研究资料和成果,学生们也几易其稿,终于从支离破碎到不断成形,并形成有机的逻辑链条。虽然学生的文字尚显稚嫩,有些部分经过老师的深加工后已经面目全非,所剩无几,但是相信通过这个过程,学生们在专业素养和科研能力方面也得到了有效的锻炼和提高。

在授课过程中,我们的一个重要理念是,通识课不是通俗课,要力求达到"内行不觉浅,外行不觉深"的效果。对于本书的写作,我们也希望达到这样的目标,既有必要的理论支撑,但又不过多聚集于抽象的理论术语和知识性内容,而是在系统梳理的基础上,通过针对性的、有重点的展示,引导读者思考,并力图生动活泼,文字晓畅,可读性强。因此,在写作的时候,既努力注意到理论知识的系统性和全面性,能遵循学术渊源并涵盖大部分科技伦理问题,也要有时代性和前沿性,尽量结合科学技术的最新进展进行伦理反思,同时,还要有启发性和前瞻性,能带动学生和读者展开批判性思维,提高人文素养。为此,除了对一些基本概念和伦理原则进行梳理之外,我们还精选了一些案例,并结合一些阅读文献和电影的推荐,为有余力的读者进行一些思维拓展。此外,对有些尚有争议的问题,我们也希望展示一些最新的研究进展,通过宽容负责、有理有据的讨论,倡导实践的科学观和开放的理性,并希望读者在科技与伦理的跨世纪的对话中,感受到科技与伦理之间的张力与博弈。

本书的写作,除了几名研究生的参与,还有我们教学团队的大力奉献,如杨庆峰教授一直亲力亲为地参与课程建设,并将最新的研究成果呈现出来;杨丽博士的参与让课程建设充满活力,后继有人。本书各章节的分工安排如下:前言与绪论,周丽昀;第一章,周雅丽;第二章,张建;第三章,戴庆荣;第四章,武萌萌;第五章,尤晓洁;第六章,伍梦秋;第七章,杨庆峰;第八章,杨丽;第九章,杨庆峰、王镇。另外,周丽昀负责全书框架的策划以及全部内容的统稿、校订。此外,也要感谢已经毕业的研究生曹秀娟、韩春娜、祁文婵和孙楠的工作,部分章节的内容亦有她们原来研究工作的体现。科学技术的发展日新月异,科技伦理的反思也必须与时俱进,因此有些最鲜活的资源来自网络,一并感谢那些知名不具的学者、专家和记者们的贡献。

可以说,本书承载了近10年来,我们这个团队教学和科研的成果。目前这些阶段性的成果还不完善,但我们依然是科技伦理的建设者和追梦人,我们一直在路上。希望这本书能给那些关注科技发展的读者一个伦理关怀的视角,为大家更好地思考科学技术与人类未来的关系打开一扇窗口。

周丽昀
2019年8月25日于上海大学

目 录

绪 论 在科技与伦理的博弈中前行 …………………………………… 1
　第一节 当代科学技术的特征和趋势 ………………………………… 1
　　一、新一轮科学技术革命蓄势待发 ………………………………… 1
　　二、当代科学技术的发展特征与趋势 ……………………………… 2
　　三、当代科学技术与社会的辩证关系 ……………………………… 3
　第二节 科技革命与道德伦理的关系 ………………………………… 6
　　一、科技与伦理的互动 ……………………………………………… 7
　　二、新科技革命对人类自身的改变 ………………………………… 9
　　三、身体作为理解技术与伦理的独特视阈 ………………………… 11
　第三节 本书的主要内容 ……………………………………………… 13

第一章 生命伦理 …………………………………………………………… 16
　第一节 生命伦理学概要 ……………………………………………… 16
　　一、生命伦理学的概念 ……………………………………………… 16
　　二、生命伦理学的基本原则 ………………………………………… 17
　　三、生命伦理学面临的困境:实践有效性的缺失 ………………… 18
　第二节 生命伦理学经典案例分析 …………………………………… 23
　　一、基因编辑婴儿的是与非 ………………………………………… 23
　　二、克隆技术与"克隆人" ………………………………………… 25
　　三、辅助生殖技术及其伦理问题 …………………………………… 28
　　四、死亡的范式转换与安乐死 ……………………………………… 32

  第三节 身体伦理学对生命伦理学的批判和超越 …………… 36

第二章 神经伦理 ……………………………………………… 41
 第一节 神经伦理学的产生 ……………………………………… 41
 第二节 神经科学发展及其伦理问题 …………………………… 42
  一、精神疾病的诊断及其伦理问题 ……………………………… 43
  二、精神疾病的治疗其伦理问题 ………………………………… 46
  三、神经增强技术及其伦理问题 ………………………………… 50
  四、大脑植入物及脑机接口的伦理问题 ………………………… 52
 第三节 伦理学的神经科学研究 ………………………………… 59
  一、道德判断的神经科学研究 …………………………………… 60
  二、躯体标识假说 ………………………………………………… 63
  三、自由意志的神经科学研究 …………………………………… 65
 第四节 神经科学技术的伦理反思 ……………………………… 66

第三章 网络伦理 ……………………………………………… 69
 第一节 网络伦理学的内涵与特征 ……………………………… 69
  一、网络伦理学释义 ……………………………………………… 69
  二、网络空间的哲学意蕴 ………………………………………… 71
  三、微媒体时代网络空间的特征 ………………………………… 73
 第二节 网络空间中的伦理问题 ………………………………… 75
  一、身份认同与自我异化 ………………………………………… 75
  二、言论伤害与网络暴力 ………………………………………… 78
  三、信息泄露与隐私权的破坏 …………………………………… 81
  四、网络安全危机与信息犯罪 …………………………………… 83
  五、网络对知识产权的侵犯 ……………………………………… 85
  六、数字遗产与网络虚拟财产问题 ……………………………… 87
 第三节 以身体为界面的网络伦理思考 ………………………… 90
  一、网络空间中的身体：在场还是缺席？ ……………………… 90

二、个人性与公共性的结合 …………………………………… 92
　　三、全球化和地方化的统一 …………………………………… 96
　　四、虚拟与现实之间的张力 …………………………………… 98

第四章　环境伦理 …………………………………………………… 101
第一节　环境伦理学的概念与特征 …………………………… 101
　　一、什么是环境伦理学 ………………………………………… 102
　　二、环境伦理学的特征 ………………………………………… 102
　　三、历史上的几次环保浪潮 …………………………………… 103
第二节　环境伦理学的主要流派及基本观点 ………………… 106
　　一、人类中心主义 ……………………………………………… 107
　　二、动物解放论和动物权利论 ………………………………… 107
　　三、生物平等主义 ……………………………………………… 109
　　四、生态整体主义 ……………………………………………… 111
第三节　环境伦理学案例分析 ………………………………… 114
　　一、人类中心主义的灾难 ……………………………………… 114
　　二、自然的权利诉讼 …………………………………………… 115
　　三、秦岭违建别墅群 …………………………………………… 119
　　四、小山村的绿色跨越 ………………………………………… 120
第四节　践行环境保护，实现可持续发展 …………………… 122
　　一、坚持生态文明理念 ………………………………………… 122
　　二、坚持公平发展原则 ………………………………………… 123
　　三、坚持工具理性和价值理性的统一 ………………………… 124
　　四、加强环境法治 ……………………………………………… 125
　　五、在社会实践中践行环境伦理 ……………………………… 125

第五章　设计伦理 …………………………………………………… 129
第一节　设计伦理概要 ………………………………………… 129
　　一、设计是什么？ ……………………………………………… 129

二、设计伦理的发展流变 …………………………………… 130

第二节 现代社会的设计伦理问题 ……………………………… 135
 一、舒适生存设计与人性退化 …………………………… 135
 二、过度设计与不合理消费 ……………………………… 137
 三、不当设计忽略用户体验 ……………………………… 138

第三节 设计伦理的原则 ………………………………………… 141
 一、可持续发展原则 ……………………………………… 141
 二、以人为本原则 ………………………………………… 143
 三、适度原则 ……………………………………………… 145
 四、体验的交互性原则 …………………………………… 146

第四节 基于身体体验的设计思维 ……………………………… 149
 一、复杂思维——从还原到多元 ………………………… 149
 二、关系思维——从分裂到融合 ………………………… 153
 三、过程思维——从结果到过程 ………………………… 155

第六章 人工智能伦理 ……………………………………………… 159

第一节 人工智能伦理概要 ……………………………………… 159
 一、人工智能研究的背景 ………………………………… 159
 二、人工智能伦理问题的出现 …………………………… 161

第二节 人工智能的发展与应用带来的伦理问题 ……………… 162
 一、人工智能工厂出现，失业率上升 …………………… 163
 二、自动驾驶与伦理和法律应对 ………………………… 165
 三、人工智能的自主意识及对人类的挑战 ……………… 168
 四、人工智能能否具有主体地位？ ……………………… 170

第三节 人们应该如何与人工智能相处 ………………………… 172
 一、全面认识智能革命的影响 …………………………… 172
 二、学会与人工智能和谐共处 …………………………… 173
 三、人类或许不需要"超级人工智能" ………………… 174

第七章 大数据伦理 ………………………………………… 180

第一节 大数据伦理的相关概念 ……………………………… 180
一、从数据到大数据 …………………………………… 181
二、数据伦理学与大数据伦理学 ……………………… 183

第二节 大数据的应用及其引发的伦理问题 ………………… 184
一、关于数据本质的多重理解 ………………………… 185
二、数据与人类的关系 ………………………………… 187
三、数据共享与人类隐私保护 ………………………… 195

第三节 数据治理的多种路径 ………………………………… 197
一、以技术为主导的数据治理 ………………………… 197
二、以个人为主导的数据治理 ………………………… 200
三、以政府为主导的数据治理 ………………………… 201
四、以跨国组织为主导的数据治理 …………………… 203

第八章 责任伦理 ………………………………………… 207

第一节 责任伦理学概述 ……………………………………… 208
一、马克斯·韦伯的责任伦理思想 …………………… 208
二、汉斯·约纳斯的责任原理及其道德实践 ………… 209

第二节 责任伦理的经典案例分析 …………………………… 218
一、智能自主系统发展中的责任伦理问题 …………… 218
二、荷兰鹿特丹港的"负责任创新"实践 …………… 220
三、杭州"五水共治"负责任治理实践 ……………… 222

第三节 创新驱动战略与责任体系构建的可能路径 ………… 223
一、坚持共同责任的基本原则 ………………………… 223
二、明确科学家应当承担伦理责任 …………………… 224
三、制定和完善具体可行的政策与法规 ……………… 225
四、加强公众的参与度和创新教育 …………………… 225

第九章 科研伦理 ································ 228

第一节 科研伦理与科学道德 ···················· 228
一、科学精神 ································ 229
二、科学道德 ································ 231
三、科学家的社会责任 ························ 232

第二节 学术不端的表现及其危害 ················ 233
一、国外对学术不端行为的不同理解 ············ 233
二、中国对学术不端行为的认定 ················ 235
三、学术不端行为的分类 ······················ 238
四、学术不端行为的影响 ······················ 242
五、学术不端行为产生的根源 ·················· 246

第三节 如何预防学术不端行为的发生？ ·········· 248
一、坚持规范教育和引导 ······················ 248
二、加强制度规范与监督约束 ·················· 250
三、恪守科研道德和学术规范 ·················· 252

附 录 《麻省理工科技评论》(*MIT Technology Review*)全球十大突破性技术(2010—2019) ················ 258

绪 论
在科技与伦理的博弈中前行

当前,科学技术的迅猛发展及其对经济社会发展的巨大推动作用,已成为当今社会的主要时代特征之一。世界科学技术正呈现出前所未有的突破性发展态势。科学技术在经济社会发展中的广泛应用,正在全面塑造新的发展业态,改变社会思潮,引领社会进步,深刻改变世界发展格局,并引发伦理观念的深刻变化。反过来,道德伦理等价值观的变化也会影响、引导或者制约科学技术的发展。

第一节 当代科学技术的特征和趋势

当今时代,科学技术的融合空前加强,科学技术的竞争日趋激烈,以智能技术、数字技术为代表的新一轮科技革命正在把人类带向一个"后人类纪"时代。在人类纪时代,人类是影响这个星球变化最大的因素,而后人类纪的到来,是与科学技术对人类自身的改变联系在一起的。

一、新一轮科学技术革命蓄势待发

新一轮科技革命以信息科技为先导,以新材料科技为基础,以新能源科技为动力,以海洋科技为内拓,以空间科技为外延,以生命科技为战略重点。新一轮科技革命推动科技创新和产业创新有机结合,促使全球网络空间和现实空间深度融合,持续拉大国家和地区之间的"技术鸿沟"和"数字鸿沟",带来生产、生活和思维方式等重大变革。例如,互联网、大数据、人工智能同实体经济深度融合形成的战略性新兴产业集群拉大了国家和地区之间的距离。一批战略性新兴产业集群出现,使得生产方式更加自动化、信息化和智能化,消费方式更加趋于个性化、多样化,交往方式和生活方式也变得更加丰富多元。

科技部部长王志刚在杭州举行的第二十届中国科协年会上,做了题为《科技创新与国家核心竞争力》的演讲,阐述了对新一轮科技革命的看法。他认为新一轮科技革命有六大特征:"第一,重要科学领域从微观到宇观各尺度加速纵深演进,科学发展进入新的大科学时代;第二,前沿技术呈现多点突破态势,正在形成多技术群相互支撑、齐头并进的链式变革;第三,科技创新呈现多元深度融合特征,人—机—物三元融合加快,物理世界、数字世界、生物世界的界限越发模糊;第四,科技创新的范式革命正在兴起,大数据研究成为继实验科学、理论分析和计算机模拟之后新的科研范式;第五,颠覆性创新呈现几何级渗透扩散,以革命性方式对传统产业产生'归零效应';第六,科技创新日益呈现高度复杂性和不确定性,人工智能、基因编辑等新技术可能对就业、社会伦理和安全等问题带来重大影响和冲击。"[①]科学技术已成为一种社会建制,成为整个人类社会发展的一个重要动力,对整个经济社会发展和结构调整起到一种校正、支撑和引领的作用。

二、当代科学技术的发展特征与趋势

1. 当代科学技术发展的加速化与一体化

在当今时代,科学技术的发展呈现出发展加速化、科技社会一体化、新兴学科和交叉学科不断增加以及两种文化从对立走向融合等特征。

第一,当代科学技术与社会一体化发展。主要表现在科学技术化、技术科学化、科学技术与社会的一体化。当代科学技术发展呈现加速化趋势。科技投入不断加大,科技成果加速转化成高质量发展引擎,科技转化为生产力的周期不断缩短。科学技术很难截然二分,科学技术的发展也绝非中立的,而是与政治、经济、文化和社会因素息息相关,诸要素共同构成科学技术发展的"无缝之网"。"技科学"(technoscience)充分反映了科学技术与社会的一体化关系。

[①] "王志刚阐述新一轮科技革命和产业变革六大特征",《科技日报》2018年5月28日。

第二,学科交叉融合不断涌现。一是与科学技术相关的新兴学科和交叉学科群不断涌现。系统科学、环境科学、生命科学以及智能制造、智能医疗、智慧交通、高端装备、新材料等新一代科学技术群,充分体现学科之间的交叉与融合。二是自然科学和人文社会科学交叉融合,促使科学文化和人文文化从分立走向融合。从斯诺提出的"两种文化",到"索卡尔事件与科学大战",无不体现了自然科学与人文社会科学之间的分裂依然存在,但是新时代科学技术的发展,呼唤科学文化与人文文化的统一。正如马克思说的那样,"自然科学往后将包括人的科学,正像关于人的科学包括自然科学一样:这将是一门科学"①。

2. 当代科学技术竞争日趋激烈

进入21世纪以来,新一轮科技革命与产业变革孕育兴起,正在引发人类社会生产、生活方式的巨大变化,也必将深远影响世界力量格局的消长变化。习近平同志深刻指出:"科技实力决定着世界政治经济力量的对比变化,也决定着各国各民族的前途命运。"②世界各主要强国无不积极致力于掌握科技发展的趋势,拟定科技发展的方向,评估科技发展的影响,以确保科技发展的成果能够抢占未来经济、科技发展的制高点。欧美发达国家在高技术领域仍然占据明显优势,新兴市场国家和发展中国家的科技竞争力不断提升。

科技创新战略竞争在综合国力竞争中的地位日益显著。例如,美国实施"星球大战计划",日本实施"振兴科学技术政策大纲",欧盟实施"地平线2020"科研规划,德国出台"高技术战略2020",我国实施"中国制造2025"计划、"新一代人工智能发展规划"等。

三、当代科学技术与社会的辩证关系

当今社会,科学技术与社会越来越呈现出一体化发展的趋势。关于科学技术与社会的关系,有两本重要的代表作。一是默顿的《十七世纪英格兰的科学、技术与社会》,主要阐述了宗教、军事、经济等对科学技术发展的作用,被称为"默顿命题";二是贝尔纳的《科学的社会功能》,主要介绍了科学为人类造福以及科

---

① 《马克思恩格斯全集》(第42卷),北京:人民出版社1979年版,第128页。
② 习近平:《在中国科学院第十七次院士大会、中国工程院第十二次院士大会上的讲话》,北京:人民出版社2014年版。

学的负面作用。科学技术与社会之间体现出互相影响、互相作用、互相制约的辩证关系。

1. 社会因素对科学技术的作用

关于社会因素对科学技术的作用，主要有三种观点：一种是"技术决定论"，认为科学技术的发展是具有线性发展规律的，是自主的，不受社会因素的影响和制约；一种是"社会建构论"，认为科学技术的发展是由社会因素决定的。如科学知识社会学（Sociology of Scientific Knowledge, SSK）认为，社会因素在科学知识的产生过程中起到了决定性的作用，并主张对科学的产生过程进行社会学的考察。还有一种观点则相对温和，认为科学技术并非是完全价值中立的，科学技术的产生过程中，一直离不开社会因素的作用。在这方面，技术的社会形成论（Social Shaping of Technology, SST）以及行动者网络理论（Actor-Network Theory, ANT）等为代表的理论和流派都进行了分析和说明。其中，技术的社会形成论对技术决定论持否定的态度，主张运用社会学方法去考察社会的、体制的、经济的和文化的力量对技术起作用的方式，认为社会和技术共同构成了一张"无缝之网"，为认识技术与社会的关系提供了一种新的视角。

具体而言，还有很多理论阐述了社会因素（诸如意识形态、资源链接、利益关系、协商对话）对科学技术的作用。科学技术从产生过程到发挥作用，都不是完全价值中立的。

2. 科学技术对社会的作用："双刃剑"效应

从科学技术对社会发展的作用、价值和功能来说，科学技术表现为"双刃剑"效应。"双刃剑"主要是指科学技术既具有正面效应，也具有负面效应。

科学技术的正面效应主要体现为科学技术的积极的正面的社会价值。如：第一，科学技术是物质文明的引擎。科学技术的发展改变了人类的生产方式和生活方式。从石器到电子计算机，这是"机器上实现了的科学"；历次工业革命，无一不是科学技术的发展推动的；而科学技术也在产业结构变化和社会形态更替中起到了积极的作用。从科技对生活方式的影响来说，科学技术使物质生活极大丰富，消费结构得以优化，闲暇生活丰富多彩，人际交往与社会联系也出现了真实空间和虚拟空间的结合，极大地拓展和延伸了人的生存结构和空间。第二，科学技术是精神文明的基石。主要表现在变革思维方式、破除宗教迷信、重构伦理观念、塑造科学精神。第三,科技是社会进步的加速器。科技进步带来了产业结构的变迁,从"夕阳产业"与"朝阳产业",再到"互联网+"和共享经济等,科技的发展是社会变革的加速器。而世界各国的强国方略中,几乎也无一例外地都会促科技、抓教育。

科学技术的负面效应主要体现在科学技术的不当运用可能引发的问题,如核威慑、战争、能源危机、生态危机等。另外,还有一些领域是科学技术无能为力的,比如人生观的领域等。所以,科学技术有自身的发展限度和禁区。

从马克思主义的科学技术观角度评价科学技术,马克思指出,科学是一种在历史上起推动作用的、革命的力量。恩格斯指出,蒸汽和新的工具把手工业变成了现代大工业,从而把资产阶级社会的整个基础革命化了。当代科学技术发展了马克思主义科技观。邓小平曾提出科学技术是第一生产力,并号召发展高科技,实现产业化;习近平提出科技创新是引领发展的第一动力,科技创新是提高社会生产力和综合国力的战略支撑,并号召要建设世界科学技术强国。这些论断共同成为推动当代中国科学技术发展的理论基础和行动指南。

按照马克思主义的观点,我们需要辩证地看待科学技术的作用:一方面,科学技术是第一生产力,但是科学技术不是万能的,而是有它的应用限度;另一方面,科技的负面效应之所以产生,并非科技本身的罪过,而在于掌握并利用它的人。我们要善加利用科学技术,使之向着有利于人类的方向发展。

2019年7月24日,中央深改委召开第九次会议,审议通过了诸多重要文件,排在首位的是《国家科技伦理委员会组建方案》。科技伦理议案如此显著地列入国家最高决策议程,不仅开创了历史先例,更表明了国家对构建科技伦理治理体系前所未有的高度重视。

面对基因编辑、人工智能等新兴科技带来的高度不确定性及其复杂的价值抉择与伦理挑战,单靠科技人员价值判断和科研机构伦理认知已难以应对,而亟待整个科技界乃至国家层面的统一认识、动态权衡和规范实践。国家科技伦理委员会的建立是新时代科技伦理建设的里程碑。这一历史性的重大战略举措必将强有力地推动我国科技伦理建设,使之形成更完善的制度规范和更健全的治理机制,更好地为创新驱动导航,使科技强国之路走得更好更快更远。

第二节 科技革命与道德伦理的关系

20世纪起,科学技术的发展向人类提出了许多事关人类生存和尊严的重大伦理道德问题。各种伦理学说,如环境伦理学、生命伦理学、网络伦理学、责任伦理学等应运而生。尤其随着新一轮科技革命的蓄势待发,一些新的伦理问题,如人工智能伦理、大数据伦理等也备受关注。

在日常的语言使用习惯中,"伦理"总是和"道德"联系在一起。这两个概念,都是关乎人们行为品质的善恶正邪,乃至生活方式、生命意义和终极关切。在中国传统文化语境中,"伦理"一词的近义词常是义、理、伦、人伦、伦常、纲常、仁义等词,是人和人之间的关系。如《礼记·乐记》:"凡音者,生于人心者也;乐者,通伦理者也";《朱子语类》卷七二:"正家之道在于正伦理,笃恩义。"而"道德"一词的近义词是道、德、仁、仁爱、德性、德行、心性等词。如《礼记·曲礼》:"道德仁义,非礼不成";《庄子·刻意》:"恬淡寂寞,虚无无为,此天地之平而道德之质也。"可见,两者的用法是非常接近的。在西方文化语境中,黑格尔也曾区分过"伦理"和"道德"的用法。他认为,"道德"同更早的环节即"形式法"都是抽象的东西,只有"伦理"才是它们的真理。因而"伦理"比"道德"要高,"道德"是主观的,而"伦理"是它概念中的抽象客观意志和同样抽象的个人主观意志的统一。总之,东西方学者对"伦理"与"道德"解释的差异反映出了他们的不同趋向,即更强调主观还是客观,内在还是外在,个人还是社会。综上我们可以看出,"伦理"与"道德"两者是有微殊而无迥异的,当表示规范、理论的时候,我们较倾向于用"伦理"一词,而当指称现象、问题的时候,我们更倾向于使用"道德"一词。[①]

从词源学的意义上,"伦理"就是指在处理人与人、人与社会相互关系时应遵循的道理和准则,它是指一系列指导行为的观念,是对道德现象的哲学思考。伦理不仅包含着对人与人、人与社会和人与自然之间关系处理中的行为规范,而且也深刻地蕴涵着依照一定原则来规范行为的深刻道理。那"伦理学"又是什么

[①] 何怀宏:《伦理学是什么》,北京:北京大学出版社2008年版,第8—12页。

呢？它以道德现象为研究对象，不仅包括道德意识现象（如个人的道德情感等），而且包括道德活动现象（如道德行为等）以及道德规范现象等。伦理学将道德现象从人类活动中区分开来，探讨道德的本质、起源和发展，道德水平同物质生活水平之间的关系，道德的最高原则和道德评价的标准，道德规范体系，道德的教育和修养，人生的意义、人的价值和生活态度等问题。古希腊哲学家亚里士多德所著《尼各马可伦理学》一书为西方最早的伦理学著作。也正是因为他，伦理学才明确地成为一门有系统原理的、独立的学科。

伦理学主要分两大类：一类是规范伦理学，探讨的是伦理学的一般原则，比如伦理存在的可能性，有无普遍的价值原则，有无一致的善恶标准，并提供理由来证明为什么我们应该采取这些原则或培养这些德性，等等；一类是应用伦理学，探讨的是在人类社会生活实践中产生的一些伦理问题，并用规范伦理学的一些原则解决特定的伦理问题。科技伦理学是应用伦理学的一个分支，科技与伦理的关系属于科技伦理学的范畴，有狭义和广义之分。从狭义来说，科技伦理是指对科学技术本身进行伦理思考。如科学是不是价值中立的？科学技术的研究和应用有无禁区？应该发展什么样的科学技术？从广义来看，则是指除了反思科技本身之外，也要对科学技术在人类生活的诸多领域中的运用进行伦理思考。

一、科技与伦理的互动

自近代科学兴起以来，人们见证了科学技术改造世界的力量，也充分享受到了近代科技成果带来的社会福祉。与此同时，人们也开始遭遇来自科学技术的远虑与近忧，科学技术既是天使，也是魔鬼。如何让科技发展处于有序与健康的发展状态，而又不陷入科技异化的怪圈呢？这就需要伦理的出场，即通过有效的规范和引导，保证科学技术研究和发展的所有环节都处于伦理所约束的空间内，从而达到科技造福人类的目的。

科技与伦理的互动一方面表现在科学技术的发展会带来伦理观念的变革，另一方面表现在伦理反过来影响、制约和规范科学技术的发展。

科学技术的发展会带来伦理观念的变革。主要表现在：① 扩展伦理范围。如环境伦理学中，从人类中心主义中的"人"到动物解放论/动物权利论中的"动物",到生物平等主义中的"生物",再到生态整体主义中的"整个自然界",是一个伦理关怀的主体范围不断扩大的过程。② 提出新的伦理问题。比如基因编辑婴儿引发的伦理问题,人工智能技术的发展引发的人机关系问题以及人工智能的应用限度问题,大数据引起的隐私权的破坏等问题。③ 提出新的价值观。如从"心死亡"到"脑死亡"就是临床医学关于"死亡"这个范式的转变,体现了从关注生命的长度到关注生命的质量的变化。④ 修正伦理规范的确定。比如随着网络技术的发展和应用,数字遗产继承和网络虚拟财产问题引发的伦理争论越来越多,迫切需要对"数字遗产"和"虚拟财产"的价值属性进行评估,使法律更健全和完善。

伦理对科学技术也具有反思和推动作用。一般而言,科技的变革速度远远快于伦理观念的变革速度,一方面,伦理具有相对稳定性和一定的滞后性,但是另一方面,伦理观照也具有一定的前瞻性,可以更多面向未来。在这个意义上,伦理既可以走在科学的前面,也可以与科学同行。伦理原则是具有时代性和历史性的,科学技术的探索永无止境,相关的伦理思考也在不断完善。一方面,它使我们反思以下诸多问题:科学技术是价值中立或者价值无涉的?抑或科学技术本身就负载和蕴含价值?科学技术的研究和应用有无禁区和限度?科学技术与人之间的关系是什么?人类应该发展什么样的科学技术?在科学技术的发展问题上,是遵循科学技术本身的自主的线性的发展逻辑,还是要充分考虑政治、经济、文化等各方面的需要?或者说,科学技术与其他社会因素本身就是一张"无缝之网",不可分割?诸如此类的问题,都是关于科学技术本身的价值追问。另一方面,伦理对科技的反思和推动还表现在,通过对科学技术在人类社会生活中的应用及其后果进行追踪考察,对科学技术进行前瞻性的理解或者反思,并进一步规范和约束科学技术的发展。

面对科学技术的高歌猛进,我们人类的未来会如何,这是一个迫切需要回答的意义深远的问题。如果说科学技术更多关注和追求的是"能做什么"(实然层面),而伦理则追问科学技术"该做什么"(应然层面)。我们要区分应然的层面和实然的层面,并非技术上能做的就是该做的。人类正是在科技与伦理的博弈中前进的。如果说科学技术像一匹不断飞驰的骏马,那么伦理就像制约骏马的缰绳。如果没有伦理的规范、约束和引导,科技一味的疯狂的发展很可能会把人类带上不归路。所以,我们要通过伦理的思考,对科学技术的发展方向进行约束,使其向着有利于人类的方向发展。

二、新科技革命对人类自身的改变

技术从来就是哲学和伦理学所考察的对象。尤其是当今时代,技术的"双刃剑"效应越发凸显。现代技术创造出一个精彩非凡的人工世界,但是也把人们推往异化甚至灾难的深渊。无论是基因技术和生物技术,还是网络技术等,在实践中都处处表现出一种深刻的矛盾,其中正面与负面、出路与危机、进步与灾难、机遇与挑战等因素不可分割地彼此交织在一起。毫无疑问,人们对科学技术怀有一种矛盾的心情,而所有这些积累的问题又难以得到根本解决。所有这些,使得人们不断以批判的眼光重新审视科学、技术及科技与人和社会的关系。

当代科学技术是伴随着第四次工业革命的蓄势待发而加速发展的。如果说第一次工业革命以蒸汽机动力为代表,改变的是"人类使用工具"的方式;第二次工业革命以电力和电器的动力和动能为代表,改变的是"人类使用能源"的方式;第三次工业革命以计算机、信息技术、互联网为代表,改变的是"人类与世界连接"的方式;而第四次工业革命以新智能技术、新生物技术、新材料技术为代表,将要改变的是"人类自身"!

技术向来被理解为是对当代的身体意义造成威胁的主要力量之一。在当今时代,技术与身体的联结是显而易见的。从生物技术、基因工程、整形手术、赛博空间到消费领域,在现代技术所及之处,身体所面对的选择的可能性越来越大。这些趋势一方面使人们更加清楚技术对身体的重要性,另一方面也瓦解着身体与身体之间、技术与技术之间以及身体与技术之间的传统界限。如今,技术不但全面介入了我们的工作和生活,而且,技术和知识已经内化,开始侵犯、重建并不断地控制身体的内容,并在某种程度上改变了身体的传统认知观。诸如此类的问题不断引起人们的反思和讨论:"何为身体?""身体的构成因素是什么?""身体的边界在哪里?""我们该如何拥有和控制身体?""什么样的身体值得拥有?";等等。技术与身体的关系从未像今天这样变得令人关注。

对于技术的身体而言,如今有两个非常重要的相互关联的技术发展。第一个是"赛博空间"的广为传播。"赛博空间"是指那些通过计算机或者电子媒介的传播产生的"信息空间"或者"技术空间"。赛博空间与网络空间有许多的相似性,但也有所不同,更多地强调互动性、虚拟性和体验性。第二个是身体的内在部分被移植或改变。如修复术、整形术,以及一个更为壮观的技术发展——赛博格(Cyborg)。赛博格指的是"借助特定的机械或电子装置辅助完成或者控制生理过程的存在物"。"生控体是一种受控体,一种机器与有机体(动物和人)的混合体,它既是社会现实的动物又是虚构的动物的混合体。"①这样一种生控体打破了人与动物、人与机器以及自然与非自然的界限,建构了一种新的主体。这个主体凸显为多重主体,并且,主体与客体的边界是模糊的。赛博格这一隐喻"模糊了所有范畴乃至对立的两极的界线",并对身体与意义的关系进行了重构。它启发我们反对现代性所特有的霸权,主张发展一种负责的科学,以便更好地理解历史,理解科学,也更好地理解世界。"局部性的"出发点、"在某处"使得客观性得到保证,也能有效地促进认识论、政治学、伦理学方面的对话。

在这种情境中,有学者提出了"身体转向",认为我们生活在一个身体社会中。正如身体社会学家布莱恩·特纳(Bryan S. Turner)所言,"在这样一个社会中,我们主要的政治问题和伦理问题都要通过身体这一渠道来表达"②。身体社会学成为研究"身体转向"的先驱。身体之所以成为人文社会科学的研究主题之一,有几个原因。首先,消费主义的兴盛导致了作为符号(sign)的身体的产生。当代消费主义把身体看作是愉悦、欲望和游戏性的场域。人们对身体的迷恋与从"劳动的身体"(the laboring body)到"欲望的身体"(the desiring body)的转换有关。其次,性别关系的转换导致了作为权力的身体的产生。身体变得与权力和知识相关。再次,高科技的发展与应用,使得身体成为客体或主体的场域。摄影技术以及新的医学技术的发展,使得身体的传播、拆分和组合变得更加流行。分子生物学的发展,开启了人们对身体研究的新兴趣,在极端的生物决定论和还原论之外,人们逐渐意识到基因与文化之间,以及基因遗传和环境之间的相互作用。随着高科技的发展,关于"身体是什么?""身体会消解吗?""生命何时开始,何时结束?"等争论此起彼伏。所有这些问题的争论焦点就是如何理解作为主体

---

① [美]赛德曼:《后现代转向》,吴世雄等译,沈阳:辽宁教育出版社2001年版,第111页。
② Turner, B. *The Body and Society*, London: Sage, 1996, p.6.

的身体和作为客体的身体。

作为主体的身体是身体自身,是存在,是涉身体验,会引起诸如人权问题和伦理问题的讨论。作为客体的身体是指身体不再是自身,而是可以被分割、买卖、转换和客观化的东西,并可能成为市场的一部分。身体理论的发展体现出从二元论到非二元论的转化。值得注意的是,马克思主义的观点也是对身心二元论的超越。马克思认为生物学意义上的身体依赖于自然,但要通过一定的社会关系和社会实践才能实现自身。因此,人类用一种积极的、具体的、感性的方式制造自身。在马克思看来,人的身体不仅仅是一种"肉体存在",更是社会历史的产物。身体与社会文化是内在关联、互相塑造、不可分割的。

"身体是自我的一个标志性特征。……身体是生命的限度,正是在身体这一根基上,生命及其各种各样的意义才爆发出来。"[①]当今社会,很多伦理问题都需要通过"身体"这一媒介来表达,使得"身体伦理"成为明确的研究范畴。在现代技术背景下,究竟如何理解身体以及身体在伦理、政治、文化等方面的重要性成为跨学科的话题和理论争论的根源。

三、身体作为理解技术与伦理的独特视阈

17世纪启蒙运动以来,二元对立的现代性话语奠定了西方道德和社会秩序的基础。从二元论立场出发,所有的思想以及知识本身,都被看作是自我与他者、身体与心灵、人与动物、健康与疾病、自然与文化以及诸如此类的范畴之间的区分。自由、平等、权利、义务和公正等自由人本主义的特征成为传统伦理学的核心。在此基础上建立起来的伦理学体系不认可不确定性、易变性和暂时性,这样的道德体系希望能确定而明晰地区分善和恶、对和错、好的行动和坏的行动,对因果关系进行决定性评价,为道德难题提供答案。

当代技术对身体认知带来了巨大的挑战,尤其是"涉身主体"这一概念的出现,一定程度上消解了身心二元对立的界限,使得建立在二元对立体系和固定不变的人的本质的理解基础上,以确定性为诉求的传统道德评价体系面临着瓦解,身心二元对立、自治、有利和理性原则也因之被质疑。传统的主体伦理学只对严

---

① 汪民安:《身体、空间与后现代性》,南京:江苏人民出版社2006年版,第23页。

格的和相反的概念和原则进行回应,并没有考虑到身体的流动性、道德情境的复杂性以及价值选择的多元性,因此在实践中,其有效性往往遭到巨大挑战。比如,人类基因工程使所有的身体因素在理论上都存在变换的可能;赛博格的出现使得非人类的因素进入"身体",身体的界限变得模糊;艾滋病、吸毒、性格障碍以及癌症等案例,对传统主体伦理学抽象的规范的原则提出了根本性的挑战,"疾病创造了对他者和医疗技术的依赖感"[1],身体的"去中心化"成为现实,很多伦理问题不断超出人们熟悉的范围,一些看起来分离的界限变得模糊起来,没有什么是本质上固定不变的,也不存在统一的理性和一致的真理。正是在这种背景下,充满实践关怀的身体伦理学应运而生。

当今社会,现代技术的发展引发了很多深层次的社会经济、政治和文化问题,许多社会学、伦理学和政治学问题都需要通过身体这一渠道来表达。而生命伦理、赛博伦理、设计伦理中的许多问题,都可以以身体为界面,进行新的伦理观照。如随着现代生物科学和医疗技术的发展,人类拥有了越来越大的自由来掌控自己的生命与死亡,生命伦理学中原本似乎确定的身体变得越来越具有不确定性,伦理实践的边界也变得越来越模糊。坚持健康与疾病、正常与反常、身体与心灵、人工与自然等简单的二元划分的生命伦理学,在日益模糊的伦理实践面前苍白乏力,缺乏实践有效性,不能很好地应对不同道德境遇中的伦理困境。又比如,网络空间作为人类现实生存空间的延伸和拓展,丰富了人类交互的形式和内容,但在身体"不在场"的情况下,引发了一系列的伦理问题。生活空间的改变,隐匿了赛博公民的真实身份,引发了身份的自我认同危机与异化问题;网络空间无政府、无中心主义的特征扩大了人们的自由程度,但"肉身"的缺席降低了人们的道德责任感;我们可以通过符号的传递呈现自我观念,却让身份的建构扑朔迷离。但实际上,在网络空间中,身体只是被隐匿或者延伸了,却从未被悬置与放逐。因而,以身体为界面和视角,对网络技术引发的身体伦理问题进行探讨非常必要。

科学技术带来了许多新的伦理问题,其广度和深度都远远超出了传统伦理学预期的范围。传统伦理学需要跳出对原先的道德规范的维持和固守,来面对

---

[1] Turner, B. *The Body and Society*, London: Sage, 1996, p.223.

和思考技术对身体的改变及其带来的影响,并对传统的生命伦理学思想进行重组与调整。身体伦理学可以说是提供了这么一种超越的视角。"身体伦理学"这一术语最初出现在马格瑞特·许尔德瑞克(Margrit Shildrick)与罗仙妮·麦基丘克(Roxanne Mykitiuk)主编的论文集《身体伦理学:后习俗的挑战》(2005)中。身体伦理学的提出为生命伦理学的深化提供了一个视角,虽然至今尚未构建出独立的学科体系,但是其理论意义和实践价值却是不可忽视的。它与生命伦理学的根本区别是:身体伦理学以涉身主体的物质性和含混性为理论基础,关注人的情感和体验,关注具体情境和文化差异中个体的特殊性,其伦理原则是多元的、不确定的;而生命伦理学则建立在普遍的理性原则基础上,容易抽离道德选择的情境性和独特性,对对象化的身体做出抽象的规定,其伦理原则往往是相对确定和统一的。身体伦理学从三个层面对传统的主体伦理学进行了批判,即主张不可判定性、打破决定性、关注特殊性。身体伦理学能塑造自我反思、自我完善的伦理学,促进更加民主公正的技术实践,并不断拓宽伦理实践的适当性范围。

现代科技所引发的伦理问题给传统的伦理学原则带来巨大的挑战,究其原因,是因为以现代性、理性和确定性为中心的主体伦理学将伦理的主体视为普遍的理性自我,失去了与身体的联系,因而难以应对不同主体的独特的伦理处境。因此,以身体为视角对现代科技进行哲学批判与伦理学评估,以便超越传统伦理原则的现代性,复兴其真实性,意义重大。

第三节　本书的主要内容

本书将以新一轮科技革命为背景,以身体为视角,以科学技术与道德伦理的关系为对象,主要对现代科技的应用引发的诸多伦理问题进行讨论,如生命伦理、网络伦理、环境伦理、人工智能伦理、大数据伦理等问题,并以此引发大家对科技伦理的重视和思考。

本书的撰述主旨在于:其一,提出并分析问题。通过对科学技术发展的跨世纪的跟踪,探讨新科技革命对人类社会带来了哪些影响,有哪些伦理挑战。其二,尝试通过马克思主义理论探讨与哲学反思,对现代技术引发的伦理问题进行回应,以探索如何处理伦理规范与技术之间的关系,进而通过深刻反思技术与人的关系,来引导技术发展的方向,为实现人的自由和解放努力。其三,通过把握科技革命的前沿与进展,对科技革命与道德伦理的关系进行系统梳理,为大学生以及对科技伦理感兴趣的读者提供一本既有学术性和思想性,又有趣味性和普及性的读物,以提高受众的人文素养和批判性思维能力。

从阐述思路来看,我们将以新一轮科技革命作为背景,直面科技革命的现实处境和伦理难题;以"身体"作为界面和视角,观照传统伦理学理论框架的局限性和困境,对主体伦理学的原则进行前提反思与理论重构;以"技术与人的关系"为旨归,对现代技术引发的伦理难题进行研究,以深化对技术的本质、人的本质以及技术与人的关系的认识。

本书主要的内容如下:

绪论:主要说明本书的缘起和导引,提出问题研究的背景和必要性,并约略勾勒科学技术与道德伦理之间的关系。同时就本书的研究目的和意义、研究思路、研究内容等进行一个概论式的介绍。

第一章:生命伦理。对生命伦理学的基本概念、基本原则进行介绍,并通过基因编辑婴儿、辅助生殖技术、安乐死等代表性的案例分析,对生命伦理学中的生与死、善与恶等问题进行探讨,最后结合生命伦理学的新进展,从身体伦理学的角度进行批判性的反思与超越。

第二章:神经伦理。结合神经科学与脑科学的最新进展,对生命伦理学的分支学科——神经伦理学进行介绍,分别从神经科学的伦理学研究和伦理学的神经科学研究两个路向进行分析,并结合精神疾病的诊断和治疗、脑机接口以及神经增强等案例,对神经科学技术的应用进行伦理反思。

第三章:网络伦理。对网络伦理学的概念和原则进行介绍,重点厘清网络空间的内涵和特征,并基于身体这一视角,反观网络伦理中的诸多问题,如网络异化、网络暴力、信息泄露、信息犯罪以及数字遗产和网络虚拟财产引发的一些问题等,对网络伦理的原则进行哲学思考。

第四章:环境伦理。对环境伦理学的基本概念和四大主要流派进行了系统梳理,结合一些经典案例,对自然界的内在价值引发的问题进行探讨,反思伦关怀主体的范围,并结合中国的生态文明建设实践,探讨可持续发展之路,倡导建设美丽中国。

第五章:设计伦理。对设计伦理学的基本概念与设计伦理思想的发展流变进行梳理,通过建筑设计、产品设计等经典案例,结合设计师与产品、设计师与公众之间的关系,反思设计伦理的基本原则,并倡导基于身体体验的设计思维。

第六章:人工智能伦理。对人工智能伦理的问题域进行梳理,并结合人工智能的应用,通过失业、无人驾驶系统的责任归属以及"机器公民"时代的人机关系等案例,分析我们应该如何面对人工智能时代的到来,应该发展什么样的人工智能技术。

第七章:大数据伦理。对数据伦理和大数据伦理进行解释,并通过大数据的本质、数据与人的关系等视角,反思在数据隐私保护、数据共享、数据遗忘权等方面的问题,并提出数据的全球治理的有效路径。

第八章:责任伦理。主要以马克斯·韦伯和汉斯·约纳斯的责任伦理学概念作为依据,反思责任伦理的内涵,为科技伦理反思的"责任"奠基。同时结合一些负责任的技术创新的实践案例,反思政府、科学家和公众的责任。

第九章:科研伦理。这一部分主要是针对科学道德和学风问题等,对科学精神、科学道德、科研规范等进行介绍,分析学术不端的表现、危害和成因等,同时梳理国内外惩治学术不端的案例和做法,引导学生恪守学术规范,预防学术不端。

关于科技与伦理的探讨是一个具体的历史的过程,本书的写作思路也体现了对当代科技发展与人类社会关系的高度关注。从时间维度上看,关于科技伦理的探查是跨世纪的,涉及第三次科技革命以来的科技进展与伦理影响,我们力图把握科技发展的前沿和进展,体现伦理思考的经典性、反思性与前瞻性;从空间维度上看,关于科技伦理的思考是全球性的,几乎每一种科技活动的效果都会引发全球性的连锁效应,但是,关于科技问题的伦理思考和全球治理,不同国家还是有一些差异和可以互相借鉴之处的。既有全球视野的人文观照,又有中国特色的文化自觉,这是我们力图达到的目标。我们希望读者既能感受到科技的发展给人类带来的福音,又能对科技发展的可能后果保持一种反思和警醒的态度,从而能更好地用伦理引导、规范和约束科技的发展,构建更加自由的人和技术的关系,也塑造更加美好的人类未来。

第一章
生命伦理

21世纪,生命科学的发展进入了一个崭新时代。以DNA重组、细胞融合、人工生命以及人工智能为焦点,迅速形成一个新的技术群和应用领域,由此使得独特的道德困境不断增殖,对传统的生命伦理学原则造成挑战。

第一节 生命伦理学概要

一、生命伦理学的概念

生命伦理学研究起源于20世纪50—60年代的美国,是以生物学知识为基础,"主要研究与生命相关的伦理问题,它既是对生命科学与人类道德观念的关系的反思,也是人对自身生命价值的审视"[①]。它在生命科学和文化的发展中产生,也在两者的发展中相互碰撞。

"生命伦理学"(Bioethics)是研究与生命相关的伦理问题的交叉学科。生命伦理学与传统的医学伦理学既有联系又有区别。生命伦理学是传统医学伦理学的延伸,研究范围比医学伦理学更广,包括新技术、医学和生物学应用中遇到的伦理问题。美国生命伦理学家沃伦·赖希(Warren Reich)在其《生命伦理学百科全书》中,对"生命伦理学"的定义是"根据道德价值和原则对生命和卫生保健领域内乃至影响整个社会的人类行为进行的系统研究"[②],包括道德洞察力、决

---

① 王前、杨惠民:《科技伦理案例解析》,北京:高等教育出版社2009年版,第207页。
② Reich, W. *Encyclopedia of Bioethics*. Vol 1-5, New York: The Free Press, 1978.

策、行动、政策等系统研究。生命伦理学被认为是回答了两个基本问题：在现在和将来与人类有关系的生物学领域，个人、人类和国家应该做什么、允许什么、容忍什么或禁止什么？如何做出允许的、容忍的或禁止的行为的决定？生命伦理学处理的是人、机构和社会对人的出生、疾病和死亡的安排的基本议题。生命伦理学是以问题为导向的，探索用什么理论和原则来规范应该做什么以及应该如何做。这些准则不仅限于个人层面的行动，而且涉及机构层次的行动，包括政策和法律的制订与执行。

二、生命伦理学的基本原则

生命伦理学产生之后，很多学者都希望提出一些可被遵循的公认的原则。虽然表述不同，但以下几个原则得到绝大多数人的认同。

1. 自主原则

自主(autonomy)原则是生命伦理学的一条基本原则，主要是指医疗活动应尊重病人的尊严，尊重其自主选择医疗方案、医疗单位和医务人员及同意或拒绝医生建议的权利。知情同意权包含在自主原则之中。自主，从道德哲学上来讲是指人的自我决定能力。自主有三个特性：一是自愿性。自主不是无可奈何的活动，而是自觉自愿的活动。二是目的性。自主是一种排除非理性的冲动、建立在理性基础上的选择。三是坚定性。① 自主原则从根本上表达了病人的选择权。患者的选择权是维系医生和患者间的治疗和被治疗关系的核心。

知情同意原则是指为病人提供其作出医疗决定所必需的足够的信息，并在此基础上由病人作出承诺。知情同意是病人自主权的重要组成部分，是病人作出决定的前提。没有知情同意，就没有选择和决定的可能，难以自主。因此，尊重患者的知情权是医护人员的一项重要义务，也是临床处理医患关系的基本伦理准则之一。

2. 公正原则

公正原则是指以同样的服务态度和医疗水平对待有同一需求的病人，不能因为医疗以外的因素厚此薄彼、区别对待。与其相关的是公益原则，指公平合理

---

① 张天宝：《主体性教育》，北京：教育科学出版社2000年版，第112页。

地对待每一社会成员,其实质是更合理地分配有限的医疗资源。公益原则要求医护人员对病人负责的同时,也应尽社会义务,从事公共卫生、预防的医护人员的根本义务就是维护公众的健康。综合来说,公正原则是指公平地对待每一位病人,公益原则是指公正地考虑所有社会成员的利益,它们的核心都涉及医疗资源分配的问题,其中隐藏着病人群体与社会所有人的利益矛盾。

3. 不伤害原则

孙慕义在《新生命伦理学》中指出,不伤害原则是指研究、治疗不应对试验人群、志愿者、病人造成伤害,包括不允许有意伤害和任何伤害,不管动机如何。有利原则是不伤害原则的高级形式:一种试验、治疗不仅应避免伤害病人,而且应促进其健康、完满与福利,它比不伤害更加广泛,它要求帮助病人促进他们的合法权益,因此,也被称为最优化原则。最优化原则是指在诊疗方案的选择和实施中以最小的代价获取最大效果的决策,也被称为效用原则。

4. 保密原则

"医疗保密(medical confidentiality)通常是指医务人员在医疗中不向他人泄露能造成医疗不良后果的有关病人疾病信息的信托行为。"[1]保密原则不仅要求医务人员保守病人的隐私和秘密,在特定情况下不向病人透露真实情况,与此同时,也应保守医生以及医务人员的秘密。为病人保密的内容有:病人不愿向外透漏的诊疗信息、生理缺陷和病史,以及病人不愿第三方知道的与治疗无关的一切个人隐私。这不仅是医生的义务,也属于病人的隐私权。医护人员对病人保密是指对因获得自己病情的真实情况后,由于心理素质差而导致病的恶化或加速死亡的病人隐瞒其真实病情的做法。保守医生秘密是指医生本人或别的医务人员在医疗过程中的失误及医疗差错等情况一般不应告诉病人:一是有损同行的职业威信和自尊,违背最基本的同行间的信任关系;二是对诊断、治疗不利,最终影响以信任为基础的医患关系。

三、生命伦理学面临的困境:实践有效性的缺失

随着生命科学与生物科技的飞速发展,传统伦理学在实践方面的有效性正

---

[1] 彭阳:"谈谈全科医疗实践中的一些伦理学问题",《现代临床医学》2006年第5期。

逐渐减弱,越来越多的伦理学难题挑战着生命伦理学。面对这种日益多样化的伦理实践,建立在传统主客二分基础上的生命伦理学却依然在寻求相对普适的生命伦理原则,忽视了生命伦理学实践有效性缺失的根本原因,即主客二元对立所造成的身体的缺席。身体的缺席,使得生命伦理学的主要原则变成了追求普适价值的抽象概念,在具体的伦理实践中可能会失去有效性。生命伦理学陷入了前所未有的困境之中,主要体现在几个方面。

首先,个人身份变得含糊不清。生命伦理学建立在自我和他者、思维和身体、主观和客观、正确和错误、人类和动物、人工和自然等明确的二元划分的基础之上。显而易见,在这样一个对任何事物都实行简单的二元划分的世界中,生命伦理学原则成为一种固化的、确定性的知识,成为大多数人遵从的准则和道德的评判标准。现代医学所触及之处,无物不变成其研究对象。例如,男人和女人的分野,在儿童时代,自他/她出生以后就已经被社会纳入固化的道德范式之中。无论是从着装、发式,还是行为教导方面都遵从着社会的道德范式,这种道德范式来自现代医学、伦理学以及社会的意识形态。其中道德范式规训着儿童的身体行为,夹杂着意识形态的学习规训着儿童的心灵,这种分野是粗糙的,是建立在现代哲学的主客二元论基础之上的。

而现代医学技术日益冲击着这种严格的二元划分,整容、辅助生殖技术、假肢、变性等生物技术的应用,模糊了人工与自然、人与机械,甚至男人和女人的界限,造成个人身份的模糊。《科技伦理案例解析》中提到的"变性丈夫"代妻生女的例子,便是一个缩影。34岁的托马斯·贝蒂曾做过变性手术,此后与南茜合法结婚,因南茜无法生育,想要孩子的贝蒂决定替南茜生一个跟自己有血缘关系的孩子。在寻找医院进行人工授精的过程中,贝蒂和南茜备受歧视,没有一家医院愿意给他们进行手术,最后他们匿名从精子银行买回精子,自己在家完成人工授精,经历一次失败后,终于在2008年6月29日,贝蒂自然分娩产下一名健康女婴[①]。在这个案例中,托马斯·贝蒂本来是女人,后来经过变性手术成为法律上的男人,并合法结婚,但是后又怀孕生子,成为生物学意义上的女人,那么托马斯·贝蒂到底是男人还是女人呢?他的孩子又该如何称呼他?是否可以仅因为贝蒂先天性取向

---

① 参见王前、杨慧民:《科技伦理案例解析》,北京:高等教育出版社2009年版,第217—218页。

的不同就对其加以歧视,甚至剥夺其结婚生子的权利?但是违反生育规律的行为,是否会给这些家庭的孩子带来不可预知的影响?若是不幸的,谁为这个不幸的孩子负责?如何才是合乎道德的?贝蒂被一家又一家的医院拒绝,被医生、护士嘲笑,表明了人们普遍的态度,但是正如贝蒂所言,"想要一个跟自己有血缘关系的孩子,这不是一个'男人'或者一个'女人'的理想,而是'人'的理想"①。难道这种作为一个"人"的理想或者说权利,就不该得到承认或者保障吗?而传统的生命伦理学往往只关注如何延续和规范生命,而不是尊重它,伦理学上的标准在类似这样的问题上失却了效用。类似的还有赛博格的例子,机器与有机体(人和动物)混合,"非人类因素进入'身体',身体的界限变得模糊"②。赛博格的出现带给我们许多伦理的思考:这种半人半机械的物种是否还可以称为人?与身体相关的议题不断挑战着生命伦理学划分明确的秩序世界,变性人、赛博格等新事物的出现,碰撞着法律、道德、社会习俗,触及着我们伦理上的盲点。

  其次,伦理边界消融,是非难以判断。"自由是伦理道德的本体论条件,而伦理道德是自由所采用的反思形式。"③生命伦理学所遵从的自由原则,伴随着一种对意识自由的预设,这种预设又根源于身心二元对立的传统。这种预设的悬置使得在生物医学中,生命伦理学对身体的态度是机械的、冷漠的,只要维持生命的存活的效果,以保证意识的自由可能性,哪怕这种肉身的存活并非病人的意愿。现代医学技术发展到现在,依靠呼吸机、电击疗法维持生命体特征已经不是一件难事,植物人的出现使得生与死的界限变得不确定。这种追求目的性和效果性的愿望是如此的强烈,以至于形成一种强迫式的拒斥"死亡",这本身就是一种对自由的束缚,就像波德里亚所言:"只有被征服的、服从法则的死亡才是'好的'死亡,这就是自然死亡的理想。"④持续的不可逆的植物状态的生命以及众多在病魔践踏下极端痛苦的生命,是否应该或者说可以实行安乐死?是否可以因为法律和社会习俗"贵生"的观念,就让垂危病人继续饱受病魔践踏?这种传统"贵生"的观念又使得"安乐死"成为一个触及法律和道德底线的问题而饱受争

---

① 王前、杨慧民:《科技伦理案例解析》,北京:高等教育出版社2009年版,第218页。
② 参见周丽昀:"身体伦理学:生命伦理学的后现代视域",《学术月刊》2009年第6期。
③ 冯俊等:《后现代主义哲学讲演录》,北京:商务印书馆2003年版,第465页。
④ [法]让·波德里亚:《象征交换与死亡》,车槿山译,南京:译林出版社2009年版,第226页。

议,至今全世界经过法律授权能实施安乐死的国家也只有荷兰、比利时、卢森堡等。而我国第一个为病人实行安乐死的医生甚至被拘禁493天,即便是在病人家属不忍亲人遭受极端痛苦,而主动要求该医生对其实行安乐死的情况下。① 在这种情况下,无论病人的尊严还是自由都无法得到保障。

此外,还有一直以来未被解决的医患矛盾问题。依笛卡尔以来的机械的身体观看来,身体就像是一个机器,它只是一具肉体,各个零件都是需要保养,甚至需要更换的。即便是现在,这种观念也深深地影响着一些医务人员的观念,并造成医患关系的困境。在这方面最典型的例子就是"人体试验"。在医学发展的过程中,新的医疗技术、新药物的出现以及医疗干预措施的应用,都离不开人体试验。而一些医生隐瞒了新技术或者新药物的风险,夸大病人的病情,使病人接受尚未投入应用阶段的手术或者药物治疗,增加了病人及其家属生理上和精神上的苦痛,漠视了病人的生命权利和尊严,给医患关系抹上了灰色的一笔。《科技伦理案例解析》中提到的13岁的周某在上海某医院接受"人工心脏"移植手术以及"试药人"的例子,便属于这种情况。②

案例分析1-1: 救不救,听谁的?

为救身患尿毒症中末期的二儿子,鼻癌复发的母亲放弃治疗,并提议由弱智的四儿子捐肾救兄,但医生拒绝了这个请求:因为他无法确定这是否是老四的真实意愿。这个手术做还是不做,成了一个难题。③

面临这样的伦理案例,生命伦理学的四个原则当中的自主原则失效了,有利原则和不伤害原则相互冲突。我们如果不从一家人的生活境遇出发,单纯地判定他们的错或者对,在道德上是否应当承担责任,那么无疑会产生对生命权益或者价值的争论,这种争论势必延误治疗的时效性。

---

① 参见王前、杨慧民:《科技伦理案例解析》,北京:高等教育出版社2009年版,第235—238页。
② 参见王前、杨慧民:《科技伦理案例解析》,北京:高等教育出版社2009年版,第246—256页。
③ "母亲让弱智弟弟捐肾救兄,医院要求术前先智力鉴定",新华网-广州日报,http://news.xinhuanet.com/2011-03/18/c_121201534.htm,2011-03-18。
"母亲让弱智弟弟捐肾救兄续,医生下周提交伦理会",中国网络电视台-北京晨报,http://news.cntv.cn/society/20110317/101328.shtml,2011-03-17。

再次,疾病与健康的界限也渐渐模糊。随着科学的不断发展,在生命医学领域诞生了机械论医学模式和生物医学模式。这两种医学模式都极大地提高了人类战胜疾病和保护健康的能力,延长了人口寿命,提高了人类的生命质量。但是这一时期的医学把人当作冷冰冰的机器,人丧失了主体性,成为被操作的对象,患者的社会性与生物的复杂性被技术剥夺,这也为后来的医学干预手段滥用埋下了伏笔。后来,生物医学模式开始向社会心理生物医学模式转化,人们开始意识到自己的存在不仅仅具有生物的意义,更多的是具有社会的意义。"人们开始把人当作是一个完整的、受心理和社会因素影响的整体来认识,从分子、细胞、组织、器官、系统、机体、人、家庭、社会和生物圈等多层次来认识,在肯定生物因素对人身体健康与疾病的影响的基础上,也肯定了社会、文化因素对人类健康与疾病的作用。由此诞生了社会心理生物医学模式。"[1]随着现代社会经济的发展,人们在看病的过程中不止满足于疾病的诊治,更重要的是医生对患者的态度及理解。因此,以疾病为中心、把人看作是机器的生物医学模式已不能满足人们的需求,社会心理生物医学模式的出现也就成为必然。

当代技术对于我们身体的认知也带来了巨大的挑战,当生命个体面临复杂而特殊的道德情境,很难确定怎样才会得到最好的结果时,这种考验体现在生命伦理学对不同个体的不同需要和欲望能回应到什么程度。以畸形儿童为例,在传统的生命伦理学看来,类似阴阳人这样的畸形儿童被认为患有某种疾病。可是,我们却无法给出一个标准来定义何为健康。"将这样的儿童矫正为男孩或者女孩都是对其原本生命形态的改变,并且改变的权力的获得本身也缺乏正当性。"[2]在这里,如何去界定"本我"的面貌?要不要改变性别?应该如何改变?这些问题,似乎是传统的生命伦理学所无法承载的,却是我们不得不思考的。如何发展出符合技术与社会发展的新伦理范式,实现生命价值与精神价值高层次的统一,还需要不断的努力与革新。

综上所述,传统的生命伦理学在实践的过程中遭遇了困境,怎么去界定生命与死亡的界限,个性的价值以及其他的急迫且又麻烦的问题,这些都已经引发公

---

[1] 吴能表:《生命科学与伦理》,北京:科学出版社2015年版,第147页。
[2] 周丽昀:"从生命伦理学到身体伦理学",《中国社会科学报》2016年1月19日。

众的讨论。一度占据统治地位、似乎毫无疑问的道德观念成了问题,一直指导医疗实践的这些观念,当应用到许多新的医学技术领域时,却可能显示出它的软弱性与不适应性。

第二节 生命伦理学经典案例分析

生命科学技术的发展在人类社会生活中的应用,引发了一系列意义深远的伦理问题。我们通过几个案例可以窥见一斑。

一、基因编辑婴儿的是与非

基因编辑,简单来说,就是通过敲入或者去除 DNA,对基因进行改造的技术手段。基因编辑的三大技术分别是:CRISPR、TALEN 和 ZFN。目前基因编辑技术在基础研究领域,对动植物的基因编辑已经得到广泛应用,能够有效地改良农作物、降低病畜率等,但是在人体胚胎领域的应用还未进行推广。随着基因编辑技术研究的不断深化,与之相关的伦理问题也层出不穷。例如,最近的基因编辑婴儿事件引发人们思考基因编辑技术背后的伦理问题。

案例分析 1-2:基因编辑婴儿事件

中国深圳的科学家贺建奎在第二届国际人类基因组编辑峰会召开前一天宣布,一对名为"露露"和"娜娜"的基因编辑婴儿于 2018 年 11 月在中国健康诞生,这是世界首例免疫艾滋病的基因编辑婴儿。随即,广东省对"基因编辑婴儿事件"展开调查。据调查组报道,贺建奎自 2016 年开始,私自组织包括境外人员参加的项目团队,蓄意逃避监管,使用安全性、有效性不确切的技术,实施国家明令禁止的以生殖为目的的人类胚胎基因编辑活动。2017 年 3 月至 2018 年 11 月,贺建奎通过他人伪造伦理审查书,招募 8 对夫妇志愿者(艾滋病病毒抗体男方阳性、女方阴性)参与实验。为规避艾滋病病毒携带者不得实施辅助生殖的相关规定,策划他人顶替志愿者验血,指使个别从业人员违规在人类胚胎上进行基因编辑并植入母体,最终有 2 名志愿者怀孕,其中 1 名已生下双胞胎女婴"露露"和"娜娜",另 1 名在怀孕中。此次基因编辑婴儿事件一经报道,立即引发了社会以及学界的关注与讨论。11 月 16 日,科技部明令禁止,将按照中国有关法律和条例对该事件进行处理。中国工程院也宣布此次基因编辑婴儿事件严重违背了伦理与科学道德。中国科学院学部科学道德建设委员会对基因编辑婴儿事件回应称:"坚决反对个人、任何单位在理论不确定、技术不完善、风险不可控、伦理法规明确禁止的情况下开展人类胚胎基因编辑的临床应用。"与此同时,国外很多学者与媒体也对此事件正在进行密切关注。①

无独有偶,2015 年在华盛顿召开的第一次国际人类基因组编辑峰会上,20 多国的科学家也齐声对基因编辑技术用于人类胚胎研究说 No。为什么大家会这么反对"定制完美婴儿"?为什么贺建奎基因编辑婴儿事件几乎会出现一边倒的反对声音?

此案例之所以引发大家的热议和关注,伦理审查的合理性当然是值得关注的。但细究起来,似乎主要还不是伦理审查程序是否合规的问题。问题的关键在于,基因编辑婴儿打开了一个"潘多拉魔盒",而放出来的是天使还是魔鬼,却并不确定。免疫艾滋病基因编辑婴儿只是基因编辑技术应用于胚胎生殖的第一个试探性动作,倘若不加重视,会诱发诸多不良后果。首先这将带来人类基因库被破坏以及其他不确定的风险。其次,可能会加剧社会资源分配不均,引发新的社会矛盾和社会问题。例如,选择什么样的基因进行编辑?谁有权利选择?这些问题目前都难以回答。生命本身的选择权被无视,意味着未出生的人类在不知情的情况下被改造,但接下来可能发生的未知的后果却无人来承担。另外,人之为人的重要意义就是生命的独特性和唯一性,而定制婴儿会对人类的价值、尊严和意义带来严峻挑战。不论是从科学还是伦理的角度看,在技术安全问题没有解决之前,任何在人类胚胎生殖方面运用基因编辑技术的行为都是不符合伦理与法律规范的。因此,我们有必要审慎评估,合理发展科学技术。我们需要思

---

① "为什么说'基因编辑婴儿'事件后果不堪设想",科普中国,http://news.mydrivers.com/1/605/605012.htm 2018-11-27.

考的是：我们发展科学技术的目的是什么？要塑造什么样的人类未来？又该如何更好地构建人与技术的自由关系？

二、克隆技术与"克隆人"

克隆是 Clone 的音译，源于希腊文，是指生物体通过无性繁殖技术，产生遗传性状与母体非常相似的"后代"。"克隆"一词于 1903 年被引入园艺学，以后逐渐应用于植物学、动物学和医学等方面。克隆技术同整个生物界的进程一样，是由低级到高级、由简单到复杂不断地发展和进步的。克隆技术本是一项古老的生物技术，如蚯蚓的断体繁殖、植物的嫁接、细菌的培养等都属于克隆技术，但是 20 世纪中期以来，克隆技术进入了迅猛突破的阶段，从细胞到分子、从植物到动物不断向前发展，特别是高等哺乳动物的克隆成功，标志着生命科技进入了一个崭新的阶段。

克隆高等哺乳动物有一个过程。1938 年，汉斯·斯皮曼建议用成年的细胞

图 1-1 克隆羊"多利"与"多利羊之父"伊恩·威尔穆特①

---

① "'多利'与'克隆之父'对视"，http://news.sohu.com/97/19/news208351997.shtml，新华网，2003 - 04 - 10。

核植入卵子的办法进行哺乳动物克隆。1962年,约翰·格登宣布他用一个成年细胞克隆出一只蝌蚪,从而引发了关于克隆的第一轮辩论。1984年,斯蒂恩·威拉德森用胚胎细胞克隆出一只羊,这是第一例得到证实的克隆哺乳动物。1996年,第一个用成年哺乳动物细胞克隆出的个体——克隆羊"多利"出世,被评为1997年世界科技十大突破之首。2000年,美国科学家用无性繁殖技术成功地克隆出一只猴子"泰特拉",这意味着克隆人本身已没有技术障碍。2001年,美国、意大利科学家联手展开克隆人的工作。

关于克隆人,大多数人是持反对的态度,也有一部分人是赞成克隆人的发展的,他们认为,伦理道德不应该阻碍科学技术的发展,科学是"自由"的。自2001年开始,美国科学家扎沃斯(Panayiotis Zavos)和意大利科学家安蒂诺里(Severino Antinori)宣布开始联手展开对人类胚胎的克隆实验,并且将会对200名志愿者植入克隆胚胎。2002年12月,法国邪教组织Clonaid的科学家Brigitte Boisselier在美国宣布,他们制造的第一个克隆人"夏娃"已经诞生。这一消息一经传出,把全世界对于克隆人的恐慌推向了高潮,全社会对此表示强烈的质疑与指责,同时引发了人们对于克隆技术运用的伦理担忧。对于这个问题的争论,2005年2月18日,第59届联合国大会法律委员会以投票的形式进行表决,最终联合国宣布禁止任何形式的克隆人。但是关于克隆人的担忧与伦理讨论并没有因为联合国的这一禁令而停止,因为关于克隆人可能引发的一系列问题会涉及人类社会生存和发展的根本利益,那么克隆人的发展究竟会带来怎样的伦理考验呢?

首先是克隆人技术对于生物多样性的冲击。人类种族的多样性及其繁衍出的多样文化是整个人类文化的宝贵财富。克隆技术属于无性繁殖,在繁殖过程中不会发生基因重组,这样必然会影响到遗传的多样性。有性生殖是高等生物适应外界环境而拥有的进化能力,有性生殖增加了变异的可能性,生物可以通过变异来增强对环境的适应能力与竞争力。克隆人可能会导致人类逐渐丧失这种基因的多样性,也最终会危害人类自身。

其次是克隆人会引发社会伦理关系的矛盾以及其他社会问题。克隆人的繁殖过程不再需要两性的共同参与,这对现有的社会框架、伦理关系以及家庭结构将造成不可估量的巨大冲击。克隆人一旦出现,将彻底打破人类的传统两性生育方式,克隆人的生物父母将难以界定,一夫一妻的婚姻制度可能将被打破,在这样伦理界限模糊的情况下,容易造成人心理与情感上的双重伤害。一旦克隆人合法化,并扩展到整个人类社会,那么夫妻、父子等最基本的人伦关系将会逐渐消失。在传统伦理框架下,克隆人与成年母体的关系无法界定,由此可能将会引发一系列更加复杂的伦理问题。另外,克隆人会引发一些因为无法辨别本人与克隆人之间的差别而导致的安全问题。

再次是克隆人本身的尊严和价值问题。假如可以克隆人,那么克隆人作为一个与母体基因一样的人,也应当享受同母体一样作为一个人的权利,但是在现阶段,在克隆人的身份认同方面,克隆人主要还是作为研究对象和器官移植的供体,这严重破坏人的尊严与道德,伦理上是不被允许的。另外,克隆人还存在安全性的问题。在现阶段,克隆人技术在理论上虽然是可行的,但是在后期的安全性上还是未知的。克隆人是否存在健康隐患也还需要进行研究。

当然,需要澄清的是,"克隆人"被克隆的只是遗传特征,而受后天环境等诸多因素影响的思维、性格等社会属性不可能完全一样,因此历史人物不会因克隆而"复生"。但是关于克隆人的研究和争论,也促进了人们对"什么是人的基本属性"的思考。克隆技术的发展可能会引发一系列的社会伦理问题,但同时也要辩证地来看待它,克隆技术也给医学界带来了不少的希望。目前,国际社会对克隆医疗用的器官还是可以接受的,但是克隆人还属于禁止的范围。克隆技术的研究与应用要在伦理约束的范围内进行,以便为人类社会带来更加积极的回馈。

案例分析 1-3:克隆与记忆

2019年8月21日,中国第一只商业化的克隆猫——"大蒜"在北京满月。"大蒜"是一只经过代孕猫自然分娩的英国短毛猫。主人黄雨花了25万元复制了陪伴自己多年的爱宠,新猫咪的外观和颜色与以前的完全相同,但是却没有了以前的记忆,那么克隆出来的猫还是以前的那只猫吗?

对于宠物克隆,有人认为,逝者如斯夫,尊重生命,也是尊重生命的逝去。克隆动物是完全独立的个体,虽然基因序列相同,但是由环境和经历所决定的记忆却不一样了。有些人认为,克隆宠物能为主人带来安慰,弥补失去爱宠的遗憾。

这个案例中,被克隆的还是动物,大家已经有很多不同的看法。如果未来某一天,你也面临离别,你会选择克隆你的宠物吗?克隆动物与母体之间是什么关系?进而,如果是克隆人,情况又有何不同呢?

三、辅助生殖技术及其伦理问题

辅助生殖是人类辅助生殖技术(Assisted Reproductive Technology, ART)的简称,是采用医疗辅助手段使不孕不育夫妇妊娠的技术。辅助生殖技术主要分为:人工授精(AI)、卵子/配子移植技术、体外受精—胚胎移植(IVF-ET)及其他衍生技术。此外,也有一些处于试验阶段的新技术手段,如全基因组筛查试管婴儿、干细胞婴儿等。目前,辅助生殖是治疗不孕不育的主要手段。国家卫健委的资料指出,在中国,有超过20%的夫妻必须借助辅助生殖技术才能解决生育问题。

人工授精技术在19世纪末就成功地运用于临床,由于当时的传统道德观念的约束,一直到20世纪60年代才开始普遍应用。1978年,人类历史上的首例试管婴儿在英国出生,这是人类生命科学发展的里程碑。而那时,中国才刚迈出改革开放的步伐。但在当时较为封闭的社会环境下,面对相关文献材料和设备极度稀缺、卵母细胞极难获取等困难,中国的医务人员仍在坚持努力,攻克了一个又一个关键的技术难关。1988年3月10日,在以北医三院张丽珠教授为核心的"中国人类辅助生殖研究"小组的努力下,中国内地第一例试管婴儿在北医三院的产房里呱呱坠地。2019年4月15日,北医三院手术室内,一个身长52厘米、体重3 850克的男孩降生了,这个宝宝备受瞩目,因为他的妈妈就是我国内地首例试管婴儿郑萌珠,这名男婴也就成为由试管婴儿分娩的"试管婴儿二代宝宝"。郑萌珠的健康分娩证实了辅助生殖技术的安全性。目前我国的人类辅助生殖技术已达世界一流水平。

辅助生殖技术的普遍应用,无疑给无数不孕不育的患者们带去了希望,但是辅助生殖技术也面临着诸多的伦理问题的挑战。自然界各种生物的繁衍、生存和发展都具有一定的规律,人类作为一种有性生殖的胎生物种,繁衍后代都是通过两性精卵结合在母体受孕,然后通过十月怀胎诞生出新的生命。这一规律所产生的伦理观与法律观都已经被大众广泛认可,但是辅助生殖技术的发展与应用对传统伦理产生了巨大的冲击,面临着种种的伦理争议与挑战。

1. 对于家庭伦理的挑战

辅助生殖技术对于家庭伦理造成了以下问题:

(1)传统家庭关系的破裂。在人类自然的生育方式下,是通过夫妻二人的性行为产生后代,但是辅助生殖技术从根本上影响了传统的以血缘关系为纽带的家庭模式。特别是第三方代孕母亲的加入,会给这种传统的家庭关系带来新的危机。

(2)亲子关系的复杂化。辅助生殖技术产生的婴儿可能会同时拥有多个父母。孩子同时拥有遗传父母、养育父母、孕育母亲等。这时候谁才是孩子的父母?亲子关系到底该怎样界定?在多个父母的共同存在下,会产生各种复杂的人际关系与家庭关系,造成家庭结构的不稳定,不利于孩子身心健康发展。

(3)代孕母亲自身的权益保障与对家庭关系的冲击。随着辅助生殖技术的应用,代孕现象应运而生。代孕对于代孕母亲的身体健康存在着隐患,有可能出现流产、绝育、卵巢综合征等一系列的问题;代孕婴儿如果有先天性的残缺,其养育父母可能拒绝承担孩子的抚养责任,这个时候代孕母亲的自身权益就会受到威胁。在家庭关系方面,由于有了代孕母亲的参与也变得难以梳理。2019年3月,美国一名61岁的母亲为儿子代孕,成功地诞生了一名健康的女婴露易丝。美国男子马修与自己的同性男友想要一个孩子,于是劝其男友妹妹捐献卵子,然后与马修的精子进行体外受精,之后把受精卵植入马修母亲的子宫内。母亲为了满足儿子想当父亲的愿望,所以为儿子进行了代孕,最后成功诞生了一名健康的女婴……在这些案例中,存在着很多伦理争议:孩子的父母亲究竟是谁?家庭关系怎样处理?这一系列的问题都值得探讨。

2. 对于社会伦理的挑战

辅助生殖技术对于社会伦理也产生了挑战:

(1)精子库商业化带来的挑战。截止到目前,人类运用人工授精技术已经成功孕育百万以上的生命。人工授精主要是解决不育不孕的问题,分为同源人工授精和异源人工授精。由于要使用供体的精子,所以开始出现了用于储藏精子的机构——精子库。精子库建立的初衷是为患不孕不育症的丈夫设立的,但是有些人试图用来进行优生,用于商业用途。例如美国加州的某一机构设立了一个诺贝尔精子库,该机构声称他们可以提供诺贝尔获奖者供体的精子,他们已经用这些精子孕育了十几个婴儿。精子库的商业化一方面给不孕不育者带来了希望,另一方面也引起了一系列的伦理问题,如这些"名人精子库""诺贝尔得奖者精子库"等片面夸大了基因遗传的作用,过分夸大了基因的决定性,从而否定了生命平等的观念,也在一定程度上忽视了后天的教育与成长环境对于孩子的影响。

(2) 辅助生殖技术引起的近亲婚配的隐患。随着辅助生殖技术的发展,由同一精子供体受精后可能产生多个后代。由于这一系列的操作过程都是严格保密的,受精者和供精者都互不知情,在这种情况下,增加了同父异母的兄弟姐妹婚配的可能性,而这在法律上和伦理上都是不允许的。使用同一人的精子产生的后代,会产生出一大批同父异母的兄弟姐妹。针对这一情况,目前已经规定同一供精者的供精次数不能超过五次,在不同的地区分散转换供精者的精子等措施,但是这些措施仍然很难从根本上杜绝血缘通亲的危险。

(3) 社会分配的公正性问题。在辅助生殖技术的发展应用中,一些国家打着优生优育的幌子,其实质是种族歧视,遗弃那些有生理缺陷的婴儿和社会的边缘性群体。辅助生殖技术价格昂贵,属于社会稀缺资源,只有少部分群体能够享受到,这样也会有失社会的公正。

在辅助生殖技术普及应用之前还有很多伦理问题需要论证,相关的立法工作也迫在眉睫。我国卫生部 2003 年修订的《人类辅助生殖技术规范》中规定了十大禁令。同时为了安全合理有效地运用辅助生殖技术,我国在《人类辅助生殖技术和人类精子库伦理原则》中制定了以下的伦理原则:有利于患者原则、知情同意原则、保护后代原则、维护社会公益原则、互盲保密原则、防止商业化原则、伦理监督原则。[①] 但随着近十几年的辅助生殖技术的革新,在临床应用中也产生了很多新的疑惑与难题。为了让辅助生殖技术创造更大的利益与福祉,更应该积极地探索伦理和法律规范的完善,使之能引导和约束技术的良性发展。

案例分析 1-4:人工授精的不当应用

据西班牙《国家报》网站 2017 年 5 月 24 日报道,荷兰医生扬·卡巴特

[①] 吴能表:《生命科学与伦理》,北京:科学出版社 2015 年版,第 143 页。

4月份去世，终年89岁。他在生前的几十年里私下为数十名前往他的生育医疗中心求医的妇女授精。他秘密地把捐精者的精子偷换成自己的精子，经过DNA检测，已经生出49个孩子，并将继续接受DNA检测。卡巴特的孩子目前还在世，现已有49个受他父亲帮助怀孕生下来的孩子与其有"相关的生物学关系"。在荷兰播出的一部纪录片显示，卡巴特的生物学孩子可能多达两百多个，经当地的法院裁定，卡巴特的家人必须配合对他的DNA继续进行检测。

卡巴特医生的声誉早在数年前就受到质疑。他在鹿特丹开设的生育医疗中心于2009年被迫关门，因为荷兰卫生部门发现他将多名男性的精液混在一起，以提高人工受孕的概率，而这种做法是被明令禁止的。但他使用自己精子的行为最近才被曝光出来。卡巴特生前曾亲口承认，在他行医的40年间，共有大约6 000名妇女前往他的医疗中心求医，最终成功产下1万多名子女。从2004年开始，在荷兰通过人工授精方式诞生的孩子在16岁之后有权利获知捐精者的真实身份。有25名荷兰公民前往司法部门要求确认卡巴特是否为其父亲。为此他们必须提供死者的牙刷或者一根头发。其中有些人与卡巴特的长相十分相似。一位30岁的男性发现自己和法律上的父亲及兄弟姐妹丝毫没有相似之处，忍耐了多年才在母亲去世后开始调查自己的身世。当他在卡巴特的诊所里看到后者年轻时的照片时差点晕厥过去，因为自己和照片中的人简直就是一个模子刻出来的。

荷兰卫生部门指出，卡巴特的医疗中心中管理混乱的问题一直存在。在这里就诊患者的登记信息与个人身份信息不符。医疗中心被迫关门最主要的原因就是无法确定在这里受孕诞生的孩子的身份。数名曾在医疗中心接受人工受孕的妇女承认，卡巴特在人工授精前几分钟寻找"新鲜的精液"。考虑到种种迹象，这些精液很可能就是他自己的。卡巴特所开设的生育医疗中心属于该国较大的机构，因此也会向一些分支机构提供捐赠者的精子。因此卡巴特的子女很可能遍布整个荷兰。①

---

① "医生用自己的精子为数十女性授精，70多个子女遍布全球"，《参考消息》2017年5月26日。

技术可以是造福人类的天使,但技术也是魔鬼,倘若不加善用,那么将给人类社会的良好秩序带来无法估量的影响。

四、死亡的范式转换与安乐死

生物医学技术进步引起的伦理学问题主要集中在生与死的两端。前面已经谈过好几个关于生的问题,那么接下来谈谈关于死亡的问题。对于人类而言,死亡的本质是什么?如何界定死亡?人有无选择自己死亡的权利?安乐死是怎么回事?临终关怀又具有怎样的伦理意义呢?

1. 死亡的范式转换:从心死亡到脑死亡

每个人的生命都会由出生走向死亡,死亡是每个人的必然归宿,那么究竟什么是死亡呢?从生物学的角度上来看,死亡就是生命体的器官、组织、细胞等的全面衰亡,是生命的终结。但是生物属性并不是人类的唯一属性,人的本质属性是社会性。人的社会活动是在意识活动的基础上进行的,意识是人脑对客观世界的反映。所以在此意义上的死亡,就是意识的完全丧失。死亡是不可避免的,所以死亡对于人类的意义就是如何在有限的时间内努力提高生命的质量与价值。死亡对于整个人类的生存也是至关重要的,是人类得以繁衍生息的必要推动力之一。

在临床医学中,有两种对死亡的界定:心死亡和脑死亡。在传统的医学范式中,心脏完全停止跳动、呼吸停止就被判为死亡,也就是心肺功能的完全丧失。医学上传统的死亡标准就是血液循环的完全终止和呼吸、脉搏的完全停止。1968年,美国哈佛大学医学院又提出了一个新的死亡概念——脑死亡。脑死亡是指整个中枢神经系统的全部死亡,它强调全脑机能的完全丧失,并且是不可逆转的。从心死到脑死可以说是临床医学范式的转移。传统的心死概念着重于人的生物性;而脑死则着重于人的社会性,强调生命质量。在现代医学发展的今天,可以通过各种医学手段延长绝症病人生命的长度,也能使很多已经失去意识的病人通过心肺复苏、机器呼吸等医学措施让呼吸继续,按照以前的标准,他们是活着的人,但是他们却永远不会苏醒过来,一直处于这种半苏醒半昏迷的不可逆状态,或者被称为是"脑死亡"状态,这种情况下,让我们不得不去重新思考和界定死亡的标准。脑死亡的提出是人类对于生命价值和生命质量进行重新认知的结果。很多发达国家已经修改了法令,将死亡的标准重新定义为脑死亡。我国现在还没有将脑死亡确定为死亡标准,但是脑死亡的概念已经被很多人认识和接受,相关的法律文件也在起草与审核中。

2. 安乐死

安乐死(Euthanasia)源于希腊文,有"好的死亡"或"无痛苦的死亡"的含义,是一种给予患有不治之症的人以无痛楚或"尽其量减小痛楚"的致死行为或措施,一般用于在个别患者出现了无法医治的长期显性病症,因病情到了晚期,或得了不治之症,对病人造成极大的负担,病人不愿再受病痛折磨而采取的了结生命的措施。通常经过医生和病人双方同意后进行,以通过提前死亡的方式减轻痛苦。《牛津法律指南》把"安乐死"定义为"在无法治愈的或病危患者自己的要求下,所采取的会引起或加速死亡的措施"。《现代汉语词典》把"安乐死"界定为:"对无法救治的患者停止对其治疗或使用药物,让患者无痛苦地死去。"北京首都医科大学翟晓梅教授认为:"快速和无痛苦的死亡不是安乐死的必要条件,科学的安乐死定义应是指那些在当前的医疗水平下毫无救治的可能,并且遭受着难以忍受的巨大痛苦的患者,患者的死亡是在患者本人必须有行为能力的真诚请求下,终止临终患者的痛苦是其首要理由和目的,由医生实施的在死亡过程中采取主动方式的医疗措施。"[①]目前为止,世界上还没有对安乐死制订出一个确定的、统一的标准。

安乐死实施对象必须是具备以下条件的患者:患有当前医疗技术条件下无法治愈的疾病且处于生命晚期;长期忍受巨大痛苦,生命质量处于极端低下状态;出于本人的完全自愿。另外,需要注意的是,安乐死的实施对象应该是具有行为能力的人,而"植物人"、重度精神病患者、有严重缺陷的婴幼儿等不属于安乐死实施对象。由于这些人不能完全地表达自己的意愿,因此,安乐死的实施并不是出于患者本人意愿或其真实委托,而是他人出于自身评价体系做出的选择。所以安乐死分为自愿安乐死和非自愿安乐死。对没有行为能力的人群实施安乐死是非常危险的,对于人的生命价值判断标准,不应由他人来决

[①] 翟晓梅:"安乐死的伦理学论证",《自然辩证法研究》1999年第7期。

定。这里涉及死亡权利的问题。由于"植物人"、重度精神病患者、有严重缺陷的婴幼儿并没有受到死亡的直接威胁,对其实施安乐死等于侵犯了其生存权,对于他们的生命,其他任何人"没有干预的权利,只有关爱的责任",因此,对其实行安乐死是不合理的。

从现行医疗技术的角度看,实施安乐死并不困难,但由于安乐死涉及人的生死,必须从医学、法学、伦理学等多学科、多维度、多方面加以分析,加上实施安乐死与现行的道德准则、社会习俗冲突很大,赞成者与反对者均形成了各自的理论依据,并各执一词,引起的争论十分激烈。赞成者以患者的自主原则、生命价值原则和社会公益原则为伦理依据,认为安乐死是人类文明发展的表现,是符合伦理道德的。其主要观点是:① 安乐死维护了患者的自身利益;② 安乐死体现了生命价值原则;③ 安乐死有利于合理地分配社会卫生资源。尽管当今社会已有越来越多的人赞同和支持安乐死,但也有不少人反对安乐死。反对者的主要伦理依据来自传统的生命神圣论、义务论和患者利益原则。其主要观点是:① 安乐死违背传统医德;② 安乐死践踏了患者权利;③ 安乐死有碍于医疗技术的发展。荷兰是世界上第一个将安乐死合法化的国家,但荷兰对"安乐死"的权利设置了最低年龄 12 岁的限制条件。同时,12 岁以上的未成年重症患儿如需采取"安乐死"措施,必须征得家长、医生等多方的同意。日本、瑞士等国和美国的一些州也通过了安乐死法案。在我国,生命伦理学家邱仁宗先生说:"安乐死立法,非其时也。"

案例分析 1-5:没有立法保护的安乐死

我国关于安乐死诉讼最具典型意义的一个案例发生在陕西汉中。1986 年 6 月 23 日,汉中一名 59 岁的女病人夏某被子女送到汉中市传染病医院接受治疗,入院当天,医院就发出病危通知书。入院几天后,虽经常规治疗,夏某病情仍不断恶化,她疼痛难忍,大声喊叫,想一死了之。见母亲如此痛苦且已无治愈之可能,其子王某便与妹妹一道恳求医院院长和主管医生蒲某采取适当措施,使母亲无痛苦地离开人世,以免再受病痛折磨。院长及蒲医生均当场拒绝。之后,兄妹俩又再三请求蒲医生对其母亲实施安乐死,并表示可以在处方上签字,以承担全部责任。在此情况下,蒲医生同意给患者注射复方冬眠灵。经过先后两次注射各 100 毫克的药剂,夏某于 6 月 29 日凌晨 5 时平静地离开人世。其后,因分割财产发生纠纷,夏某的大女儿将蒲医生及王某告上法庭,要求惩办杀害其母亲的凶手。法医的鉴定结果是:冬眠灵只是加深了患者的昏迷程度,加速了死亡进程,并非直接致死的原因。但该年 9 月,蒲医生与王某还是被汉中市公安局以故意杀人罪收容审查,此后又历经解除收容、再收容、逮捕、取保候审等数次变故,历时 5 年,直到 1991 年 5 月 17 日,才由汉中市中级人民法院作出一审判决,宣告蒲、王二人无罪。[1]

此案一出,立即引起了社会各界的广泛关注,因为之前此类事件都被当作医疗纠纷来处理。我国民众对于安乐死的态度大多都是观望怀疑态度,但是一旦安乐死牵扯到法律诉讼,很多行为还是得不到法律的庇护,需要法律的保护和完善来维护人们的权益。

安乐死的原本之意不仅是为了结束肉体的痛苦,更重要的是精神上的慰藉和安宁,即幸福快乐地死亡。安乐死的目的不仅仅是"死",关键是如何死得"安乐",而后者恰恰是安乐死的价值旨归。生命只有一次,任何人都将面临生命的终结,我们应该尽一切力量来尊重生命,保护生命。当一个生命遭遇到不可避免的摧残,处于死亡的边缘,已无力再感受健康、快乐、幸福、尊严和价值时,是绝望而痛苦地等待死亡,还是理智而尊严地迎接死亡?从安乐死的角度来说,我们当然选择后者。然而,对于现代意义上的安乐死,我们似乎缺少充分而必要的反思。我们不能以结束肉体上的痛苦来代替精神上的恐惧和抑郁的解脱,更应该注重在肉体痛苦解除之前,通过各种价值、文化、信仰等方面的引导和临终关怀等,使濒死者在心理、精神上得到慰藉,勇敢地面对死亡,安宁、祥和地走向生命的终点,真正体会到生命的意义。正如泰戈尔所言:"使生如夏花之绚烂,死如秋叶之静美。"这是生的价值,也是死的境界,只有真正尊重生命并具有生存智慧的人,才能正确地把握它。这不只是医学工作者的事情,更是全社会的人需要共同努力才能完成的使命。

---

[1] 黄苏娟:"'安乐死'有多远,人道的'放弃生命'不应拒绝",《江南时报》2003 年 3 月 20 日。

第三节　身体伦理学对生命伦理学的批判和超越

随着生命科学与新技术的发展,生物学意义上的"身体"概念逐渐发生变化。"身体"不但具有符号、权力等特征,也成为一种"工程"和"表现",甚至将来还可能面临着"被消解"的命运。技术和知识内化到身体之中,引发了身体的不确定性,也由此引发新的道德困境,需要对传统的生命伦理学原则进行批判与重构。

案例分析 1-6：人造生命"辛西娅"

随着计算机科学与生物科学的迅猛发展,人造生命技术也得到了突飞猛进的进步。2010 年 5 月 20 日,美国科学家克雷格·文特尔(J. Craig Venter)宣布世界首例"人造生命"(synthetic life)诞生,并命名为"辛西娅"(Synthia——人造儿)。"辛西娅"是第一个人工合成的由蓝色细胞组成的基因组,也是第一种以计算机为父母的生物,可以进行自我复制、生长、繁殖、分裂,并产生一代又一代的人造生命。

"辛西娅"的出现意味着创造出自然界完全不存在的高级生物是可能的,对人类 DNA 进行筛选或改造也是可能的。人造生命技术与克隆技术、干细胞技术的不同之处在于,前者是合成与创造新的生命,后者只是复制生命。这比之前的"技术对肉体的入侵"又前进了一大步,因为在人造生命技术领域,肉体似乎是可以不存在,或者可以消解的;并且,人造生命的出现还打破了自然物和人造物的界限,并有可能被滥用,这不仅会对自然界及人类本身产生深远的影响,而且也给生命伦理、生命技术的社会效应等问题的研究提出了巨大挑战。因为,"自然界的可能,不等于技术上的能够;技术上的能够,不等于道德上的应当。技术本身存在的矛盾,归根结底在于自然与非自然、人性与非人性之间的矛盾"[①]。

---

① 杜严勇、胡春风:"人工生命技术引发的哲学思考——全国人工生命技术的哲学思考研讨会综述",《哲学分析》2011 年第 3 期。

在人造生命技术带来的机遇和挑战中，人们不得不陷入某种忧虑：身体的明天和技术的未来会怎样？

传统的生命伦理学建立在二元对立的现代性话语之上，预设了人具有普遍的固定不变的本质，依然希望在善与恶、对与错、好与坏之间确立一个明晰无误的判断准则，以此为解决道德难题提供答案。因此，长期以来，以尊重原则、有利原则、不伤害原则和公正原则等为规范的生命伦理学原则受到推崇。当代技术对身体认知更是带来了巨大的挑战，身心二元对立、理性、统一性、确定性等原则也因之遭到质疑。比如，冻卵和试管婴儿技术的运用，已经打破了生殖方式的界限；人类基因工程使所有的身体因素在理论上都存在变换的可能；"赛博格"的出现意味着非人类的因素进入"身体"，身体的界限变得模糊，主体也变得多元化起来；人工智能技术和生物组织打印技术的飞速发展，使得身体的"去中心化"成为现实；我们甚至需要思考，假如人工智能有一天具有类人的意识、情感和记忆，我们还如何区分哪是"他们"，哪是"我们"？我们又将如何存在？

所有这些问题不断超越人们熟悉的范围，一些看起来明晰的界限变得模糊起来，没有什么东西本质上是固定不变或预先给定的。那么，什么是生命的开始和结束？什么是"正常的"身体？身体的边界在哪里？什么样的身体值得拥有？这些问题都已经不仅仅是科学问题，而与政治、伦理等领域的问题纠缠在一起。面对一系列技术发展对传统的二元对立的观念的质疑，人们力图区分和评价对与错、好与坏的努力并未减少。面对实践有效性的缺失，生命伦理学家必须思考原有的理论框架是否充分和恰当。从根本上讲，由于以现代性、理性和普遍性思维为基础的传统生命伦理学依然遵循身心二元对立的模式，从而使得生命伦理学中的"生命"概念要么被简单等同于肉身，要么同思维或者自由意志相关联，而忽略了身体的整体性、多元性和情境性维度，生命伦理学的主要原则也变成了追求普适价值的抽象概念，不能很好地应对不同道德境遇中的伦理困境。

在这样一种思想背景下，从"生命伦理学"向"身体伦理学"的发展就成为一种必然的趋势。身体伦理学对生命伦理学的批判和重整逐渐成为学术界的一个热点问题。实际上，一直以来，在技术与身体之间存在着一种双向建构。技术既是身体的来源和场域，也是对身体的延伸和扩展。随着技术的发展，技术还会内化到身体之中，成为身体的一部分。从生物技术、基因工程、整形手术到智能仿生,在现代技术所及之处,身体所面对的选择的可能性越来越大,身体与技术之间的传统界限不断被打破。身体已经不仅仅是传统的生物学意义上的事实,而是呈现出确定性与不确定性、稳定性与流动性、普遍性与差异性的统一。

　　梅洛-庞蒂对身体的"身—心—世界"三重蕴涵结构的理解具有里程碑意义。梅洛-庞蒂意义上的身体与建立在身心二元论基础上的普遍抽象的身体观迥然不同,它不是自为的客体和科学对象,而是具有整体性、空间性和意向性的身体主体。这样的身体是感知的、体验的,居于开放的世界与多元的情境中,因而既具有肉身的普遍性,又具有文化差异性。梅洛-庞蒂对身体的现象学解释,既反对二元论,也反对还原论,用身体主体克服了身体的机械性和观念化,对二元对立的思维方式进行了批判和超越,对我们分析体验的结构颇有助益。

　　以慢性疾病的诊疗为例。对慢性疼痛病人来说,医学上对其身体状况的客观描述与病人的主观体验常常有很大出入。对于患者来说,疼痛是切实存在的,但它难以准确表达和证明,更难以用医疗手段检测。在传统的生命医学框架中,病人与机器并无二致,而以体验分析为主旨的现象学则主张,医生不仅要关照客观疾病,还要对病人进行更多的理解与关怀,将病人的叙事和主观体验纳入诊疗的范围,充分理解并重建有利于病人康复的叙事,比如多久之后可以康复到什么程度,参加什么活动,从而帮助病人形塑可以共享的意义世界。在这里,发挥作用的是关注不同人群的体验、知觉和差异,并且付诸行动。

　　还应注意,有时医患之间的界限也并非那么明确。比如法国学者拉图尔曾在一篇文章中提到 AFM(French Association for the Fight against Muscular Dystrophy,即法国抗肌肉萎缩症协会)这个案例。AFM 是一个由病人运行的组织,通过公共慈善机构设法拿到足够的资金来支持分子生物学的研究。其目的不只是找到导致罕见的"孤儿疾病"(orphan disease,指没有公司主动研发药物来进行治疗的罕见疾病)的致病基因,而且还力求寻找治疗这种疾病的基因。这个组织通过赞助和参与基因行动,引导医生和分子生物学家参与到这个研究项目中。在这里,身体变成了共享的资源,并提出了一个更加具有挑战性的问题:有一个民主的身体会怎样?拉图尔通过这个案例说明,我们所熟知的二元对立的分界线对科学研究来说并非那么重要,科学完全可以向着更健康民主的方向发展。

科学技术带来了许多新的伦理问题,其广度和深度都远远超出了传统的生命伦理学预期的范围。传统的生命伦理学需要跳出对原先的道德规范的维持和固守,来面对和思考技术对身体的改变及其带来的影响,并对传统的生命伦理学思想进行重组与调整。身体伦理学为我们进行生命伦理学的研究提供了一种新视角、新思路,是生命伦理学发展的新阶段。然而,身体伦理学并非完美的理论体系,也不可能使我们从道德选择的不确定性中一劳永逸地解脱出来。但是身体伦理学对传统的生命伦理学提出了批判性的理解,并开启了一种新的伦理范式。这种范式虽然蕴含着不确定性,却并非"怎么都行",而是有其自身的本体论向度,这种本体论向度以身体作为自身的存在之基而获得可能。它以其开放性,向未来和发展敞开,时刻准备着应对新的变化和挑战,并做出积极的有价值的回应。

推荐读物

1. 翟晓梅、邱仁宗:《生命伦理学导论》,北京:清华大学出版社,2005年版。
2. 邱仁宗:《生命伦理学》,北京:中国人民大学出版社,2009年版。
3. 吴能表:《生命科学与伦理》,北京:科学出版社,2015年版。
4. 王前、杨惠民:《科技伦理案例解析》,北京:高等教育出版社,2009年版。
5. 周丽昀:《现代技术与身体伦理研究》,上海:上海大学出版社,2014年版。
6. 韩东屏等:《疑难与前沿——科技伦理问题研究》,北京:人民出版社,2010年版。

影视赏析

1.《**千钧一发**》:这是一部对"基因决定论"进行反思的电影。父母自然生育的哥哥与经过基因选择出生的弟弟,先天的基因条件与后天的努力哪一个更重要?本片导演安德鲁·尼科尔执着于对未来社会的设想,展现了其对科技和社会关系的独到思索。

2.《**逃出克隆岛**》:这是一部探讨克隆人自身的尊严、权利和价值的电影。我们更多的是关注克隆人技术可能对人类带来的影响,从克隆人自己的视角出发，又会为我们带来哪些思考呢？

3.《人间世》：《人间世》是由上海广播电视台和上海市卫计委联合策划拍摄、周全执导的10集医疗新闻纪录片。该片以医院为拍摄原点，聚焦医患双方面临病痛、生死考验时的重大选择，展现了一个真实的人间世态。

第二章
神经伦理

生命伦理学诞生后发展迅速,由于研究对象不同,现代生命伦理学有了许多细分,针对干细胞研究与治疗、器官移植、基因诊断、基因治疗等前沿领域均各自出现了一些相对稳定的伦理问题研究群体,发表了大量的伦理研究成果,甚至形成了如基因伦理学、神经伦理学这样的分支学科。为探讨神经科学研究及应用中的好与坏、平等与不平等、公正与不公正,建立神经科学研究、发展与应用的伦理准则和管理政策,生命伦理学产生了一个新的分支学科——神经伦理学。

第一节 神经伦理学的产生

神经伦理学的出现首先是得益于现代神经科学的快速发展。20世纪,神经科学取得了许多研究成果,自1901年首次颁发诺贝尔生理学或医学奖以来,100年来共授予98个奖项,其中近20项与神经科学相关。美国科学家约翰·欧基夫(John OKeefe)、挪威科学家梅-布里特·莫泽(May Britt Moser)以及挪威科学家爱德华·莫泽(Edvand Moser)因发现了大脑中形成定位系统的细胞,而被授予了2014年诺贝尔生理学或医学奖。毋庸置疑,现代神经科学已经取得了革命性进展,未来它仍将是科学发展的大势。

神经伦理学是在1990年到2000年"脑的十年"中初现雏形的,后来又有了很多主要的进展,包括对道德判断的研究、对知觉的关注和自由意志的争论,属于一个显著的多学科领域。学术界普遍认为"神经伦理学"(Neuroethics)是2002年威廉·索菲尔(William Safire)在《纽约时报》中首次提出的。① 2002年5月,在美国的旧金山召开了由斯坦福大学的生命伦理学研究中心和加州大学旧金山分校共同筹划和组织的"神经伦理学:筹划中的领域(Neuroethics:Mapping the Field)"国际学术会议,参会的学者包括神经科学、遗传学、生命伦理学、哲学、法学和媒体等领域的150多位学者。与会者取得一些基本共识,把神经伦理学看作是对神经科学发展所面临的伦理、法律和社会问题的研究,神经伦理学作为一门神经科学和伦理学研究的交叉学科得到确立。

为了扩大神经科学研究的社会影响,美国神经科学学会早在1972年就成立了一个关注其社会问题的分会,以便向会员和公众宣传神经科学研究的社会影响。就在神经伦理学提出不到5年的时间内,专业研究机构和相关出版物就先后出现。2006年,"神经伦理学学会"(Neuroethics Society)成立;2008年,《神经伦理学》(Neuroethics)专业杂志创刊。这个领域在过去的十几年中迅速发展,初期的神经伦理学强调研究对象是神经科学的技术发展和应用所面临的社会问题,之后其研究对象不断变化,包含了一些实用性的伦理学问题和一些超前的抽象的哲学问题。威廉·莫布雷(William Mobley)认为:"神经伦理学作为一个新的学科,主要研究神经科学发现及其对人类福祉的影响,探讨好与坏、平等与不平等、公平与不公平。神经伦理学的研究有利于建立参与脑研究、评价研究申请以及决定这些申请的相关规则,有利于对神经科学发现的应用进行管理。"②

日常生活之中,我们直接面对的更多是"神经科学的伦理学"(Ethics of Neuroscience)问题,这是传统的生命伦理学的延伸,比如精神疾病的诊断和治疗、换头术等面临的伦理问题等。因此,本章节的大部分讨论是关于神经科学面临的伦理学问题,小部分涉及伦理学的神经科学基础讨论。

第二节 神经科学发展及其伦理问题

神经科技的发展提出了一些更广泛的关于自主权和道德方面的问题,

---

① Levy, N., *Neuroethics: Challenges for the 21st Century*, Cambridge: Cambridge University Press, 2007.
② Safire, W., *Neuroethics: Mapping the Field Conference Proceedings*, New York: The Dana Press, 2002, p.278.

超出了其他生物科学技术关于健康、安全和环境的讨论,这些问题给传统的伦理学带来严峻的挑战。"目前,神经伦理学关注的内容有脑成像、脑机接口、神经增强、记忆干预、神经药物、伦理学的神经科学基础(自由意志等)。"①

一、精神疾病的诊断及其伦理问题

精神疾病的诊断和治疗基础是现代神经科学。精神疾病靠医生对病人症状的观察得出,而病人的症状是可以伪造的,因此,精神疾病的诊断,不同医生的诊断结果可能有很大的不同,被诊断为精神疾病的病人不一定具有精神疾病。例如,精神分裂症是常见的精神疾病,最常用的判断标准是:妄想、幻觉、思维逻辑混乱,如果一个人出现了以上症状,基本就可以判定为精神分裂症,而如果这些症状被人刻意伪装的话,那么医生是没有更多的方法判断的。在社会现实之中,对精神疾病的误诊会导致很多问题。当儿女不想养老人的时候,就可以伪造精神病症状,把老人关进精神病院。杀人犯在杀了人以后也可以精神疾病为幌子逃脱法律的制裁,精神病院又成了罪犯的保护伞。但凡跟群体行为有冲突的个体都可以以精神疾病为由被送进精神病院,那么精神病院又成为监狱的一种形式。

而且精神科医生手里掌握着对精神疾病患者的绝对权力,如果精神科医生要故意把正常人诊断为精神疾病患者,精神疾病的诊断方法又成为罪犯帮凶。因此,依靠精神疾病的诊断方法,如何能判断一个人的正常与否,是一个值得商榷的问题。而且,正常人和精神疾病患者的区分并不那么绝对,福柯在《疯癫与文明》中提出精神疾病的逻辑,认为精神疾病就是所谓正常人创造出来的一套规则体系,用来判断别人是不正常的。而一旦被贴上"精神病"的标签,正常的生活就会受到极大干扰。精神病学在诊断方法上就面临许多的伦理问题,那么我们如何看待精神疾病的诊断的科学性?虽然精神疾病的诊断技术几十年来有所提高,但是如何最大限度地避免误判,保障患者的利益,这需要科学技术的进步,更需要人文关怀的提高。

---

① "脑科学的'好'与'坏'",《中国科学报》2014年11月14日。

案例分析 2-1：假病人实验

假如有一天你被关进精神病院，你要如何才能证明自己根本没有病？这确实是一个有趣的问题。斯坦福大学的心理学教授大卫·L.罗森汉恩在1972年做了著名的罗森汉恩实验，又叫"假病人实验"。罗森汉恩发起实验的起因，是因为他身边不少人会以精神疾病为借口逃避征兵，而这引起他的好奇，到底装疯有多么容易，结果这个实验，最后整个颠覆精神病的诊断方式。他的实验证明，精神科医生并不能真正地判断出精神疾病患者和正常人，既不能真正地从正常人之中选出精神疾病患者，也不能从精神疾病患者之中选出正常人。

罗森汉恩找了八个完全正常的人把他们送进美国各地的精神病医院。这些"伪患者"包括三名心理学家、一名心理学专业的研究生、一名精神科医生、一名儿科医生、一名画家、一名家庭主妇，五个男性三个女性，全部都从事精神卫生的工作，但是为了不被医院留意，他们都称自己从事别的行业。并且在实验开始前进行了训练，长时间的不刷牙、不刮胡子、不换洗衣服，还包含训练如何将药丸藏在舌头底下，最后这一行人真的顺利进入精神病院，其中7人被诊断为精神分裂，1人被诊断为狂躁抑郁症。随后进到精神病院的受试者，听从罗森汉恩的要求，恢复成正常人，不再假装自己幻听，也停止其他精神病理学上的症状，但惊人的是，这8名假病人没被任何医疗人员识破，因为他们一进精神病院时，就被贴上"精神病"的标签，就连表示自己"痊愈"要求出院时，还会被认定是妄想症加重，医护人员将这种"否认有病"的状况，也当作是发病的一种特征。实验结束，8名假病人顺利出院后，被医院批准为"好转"，并非"痊愈"，而这些假病人平均住院19天，最长的为52天，最短的也住了一周左右。紧接着罗森汉恩在《科学》杂志上，发表了一篇题为《精神病房里的正常人》(On Being Sane in Insane Places)的论文，震惊全精神医学体系，但也备受批评，甚至还有精神病医院向罗森汉恩发起挑战，要他3个月之内派几名假病人过去，他们绝对会一一揪出来，保证类似的错误不会在他们医院发生。①

---

① "这5男3女装疯混进精神病院，卧底实验结果震惊医学界！"，http://www.sohu.com/a/206850774_169774，2019-08-01.

在这个实验中,伪患者首先是编造病情:幻听。伪患者对医生说自己幻听,当他们被问及这些声音是什么时,他们回答说经常听到但是说不清楚,他们感觉到好像"空洞"和"砰"等声音。伪患者也谈论自己的日常生活与家庭关系,除了伪造姓名、工作以及自己的病情之外,伪患者描述的日常生活事件都是真实的,而且没有一点混乱的迹象。在进入精神科病房后,伪患者立即停止模拟任何异常症状。他们都有短暂的轻微的紧张和焦虑,因为没有一个假病人真的相信他们会如此轻易地被精神病院接纳。伪患者无事可做,就与其他病人和护士交谈。他们按部就班地吃饭和吃药,虽然他们变得完全正常,并且在护士的报告中被描述为"友好""合作"和"没有表现出异常的迹象",但是他们仍然出不了院,还是需要接受药物治疗。虽然从进入病房开始他们就表现得很正常,但是他们依然被诊断为精神病。

其次,伪患者也记录观察的结果。一开始秘密地写,怕被人发现,后来他们发现,根本没人在乎他们写些什么。只不过他们的写作行为会被记录在病例之中,作为精神分裂的症状。反倒是其他精神病患者发现了他们的行为,认为他们不是患者而是教授(因为他们一直在写东西)。终于熬到出院了,但是伪患者并不是"痊愈"了,只是"好转"了,"精神分裂症"和"躁郁症"的标签会一直伴随他们,影响他们生活的方方面面。

通过这个实验,罗森汉恩认为:我们赖以使用的精神疾病诊断方法并不像我们想象的那么有效。我们没有非常精确的方法来判定别人是正常的还是患有精神疾病。而一旦被诊断为精神疾病,患者面临的困境将会持续一生。虽然这个假病人实验的方法被人诟病,但它在精神病诊断方式的研究上却是个里程碑,甚至被称为20世纪最伟大的心理学实验。20世纪60年代,还出现了"反精神病运动"思潮,这场运动的发动者包括一大批著名的精神病学家。在他们看来,"疯狂"并不是一种自然的存在,而是由外在的政治、经济或文化等定义的,不过是维护现存社会秩序的手段。虽然罗森汉恩实验有不少矛盾的地方,而"反精神病运动"也具有一定的盲目性,但无论是罗森汉恩实验还是"反精神病运动",永远都是现实意义大于其不足,并真切地推动了精神医学领域的发展。因为他们让人们看到,精神科医生与病人间的权力不平等、精神病治疗的标签化与非人格化等的各种弊端,正是由于这些不同声音的出现,关于精神病的定位和治疗才越来越人性化。

二、精神疾病的治疗其伦理问题

精神疾病诊断方法不明确的根源在于当前神经科学研究对大脑的活动了解不足。神经科学的技术应用，很重要的一点就是精神疾病的治疗，然而一些不成熟的神经科学技术的应用往往对接受治疗的个体形成极大的负面影响。比如早期的前额叶切除术，由于对前额叶功能了解不足，导致前额叶切除术在治疗精神疾病的过程中被滥用，对不计其数的患者造成巨大的身体和精神伤害，直接导致公众对这些精神疾病治疗手段的反感和质疑。

前额叶切除术作为神经科学发展史中负面的例子，足以让后来者引以为戒。首先，无论何时都要规范神经科学的技术应用。前额叶切除术是在对精神疾病认识不足的情况下产生的，对手术可能导致的严重后果也不清楚，手术本身没有十分成熟的临床验证就被医护人员用在了患者身上，大部分手术过程简单粗暴，并导致一部分患者因手术而死。科学的进步是一个积累的过程，在这个过程之中需要有牺牲，尤其是在医学科学领域，难免在初期出现失误，但是如何规范医学技术的应用，保证患者的最大利益并减少牺牲，这是医学科学的永恒主题。其次，明确医护工作者的行为规范。在前额叶切除术流行的时代，科学家们在大脑与意识行为之间的关系不明的情况下，依然肆意做手术，患者成了他们手中的小白鼠，虽然这些做法看起来十分荒唐，但是这种伤害却是在法律框架之内被许可的。如何在科学家们意识自身的错误之前，通过制度规范来进行约束，这是神经伦理学重要的意义所在。

案例分析 2-2：前额叶切除术

1949 年，诺贝尔生理学或医学奖颁给了瑞士科学家沃尔特·赫斯（Walter Hess）和葡萄牙神经科医生安东尼奥·E.莫尼兹（Antonio Egas Moniz），后者因"发现了前脑叶白质切断术对某些精神疾病的治疗价值"而获此殊荣（图 2-1）。因为该项技术毁多于誉，所以这个奖项常被称为是诺奖历史上最"眼瞎"的一次。[1]

---

[1] "额叶切除术，诺贝尔奖的'黑历史'？"，http://reader.s-reader.com/article/92/3450842.html，2019-08-01.

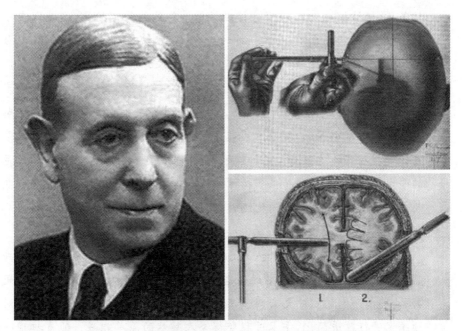

图 2-1　1949 年诺贝尔生理学或医学奖得主莫尼兹(左)
与其发明的额叶切除术示意图(右)

1935 年,在第二届国际神经学会议上,卡莱尔·雅各布森(Carlyle Jacobsen)与约翰·富尔顿(John Fulton)等人为新研究成果作报告,他们宣称,切除黑猩猩的前额叶可以转变黑猩猩的性情。一只叫 Becky 的黑猩猩手术前脾气暴躁,手术之后却非常温顺安静。安东尼奥·莫尼兹听了报告之后受到启发,他认为,如果前额叶切除能让黑猩猩安静下来,应该也能对精神疾病患者起到同样的作用,大部分精神疾病患者因为行为失常而表现出狂躁和攻击性,因此如果能让精神病人安静下来,无疑能够极大推动精神疾病治疗方法的革新,精神疾病的治疗将不再是难题。

几个月之后,莫尼兹就在其助手阿尔梅达·利玛(Almeida Lima)的帮助之下进行了第一次手术。莫尼兹指导着利玛在患者颅骨上开口,并在开口处向前额叶区域注入酒精,通过注入的酒精来溶解前额叶区域与其他脑区连接的神经纤维,切断前额叶与其他脑区的连接。但是手术过程之中他发现,酒精的破坏区域不容易控制。在做了几次手术之后,他发明了前额叶切断器，机械性地切断前额叶神经纤维。莫尼兹早期的 20 名病人在手术后，不仅全部活下来了，而且精神疾病症状有所减轻，做过手术的患者，狂躁症、抑郁症都有所减轻。虽然大部分接受手术的患者都出现了麻木、迟钝、木讷等状态，但是没有出现死亡这样的极端案例，所以在莫尼兹看来手术是非常成功的。他于 1936 年作了前额叶切除术的报告，由于之前发明了脑血管造影术而享誉国际，所以他的报告一出来就受到世界各国的重视，很多国家开始引入实施这种新型的神经手术，并取得了一定的效果。但是，莫尼兹的手术过程比较复杂，而很多精神病院不具备手术能力，而大量的精神病人又需要手术，于是催生了简化版的前额叶切除术，即所谓冰锥疗法（ice-pick lobotomy）。

美国神经科学家弗里曼（Walter Jackson Freeman）一直在研究精神疾病的治疗方法，听完莫尼兹的报告，他很认同，并且成为了莫尼兹的"死忠粉"。鉴于手术的程序复杂、技术环境要求高、手术的费用高等因素，他对这项手术进行改进简化，手术过程变得令人骇然的简单粗暴。他直接用一根一头尖细的破冰锥从病人眼球上方的眼窝处插入，然后用锤子砸进患者脑内，并搅动冰锥来破坏病人的前额叶与其他脑区的连接，这就是"冰锥疗法"。

冰锥疗法出现之后，前额叶切除术变得异常简单，几乎任何诊所医院都可以随时随地做这个手术。手术程序简单，也不需要严格消毒，只要一根冰锥和一把锤子，然后控制住患者，就可以手术了。由于费用极低，一般家庭都能负担得起，因而大受欢迎，精神病院对这种手术更是爱不释手，任何狂躁的、具有攻击性的精神疾病患者都可能随时随地被实施这种手术。

弗里曼的鼓吹加上媒体的推波助澜，冰锥疗法迅速流行全世界，而莫尼兹也因为前额叶切除术而获得了 1949 年的诺贝尔生理学或医学奖。在诺贝尔奖的加持之下，前额叶切除术成为"绿色无公害，你我都实用"的权威精神疾病疗法。在此后更是被发展出了各种功效，成了包治百病的神奇手术。日本人用来给孩子治疗"不听话"，手术之后孩子再也不调皮捣蛋了，父母们都喜上眉梢，直夸"这个手术就是好，孩子做了之后都不说话了，坐那一整天一动也不动，鼻涕都流进

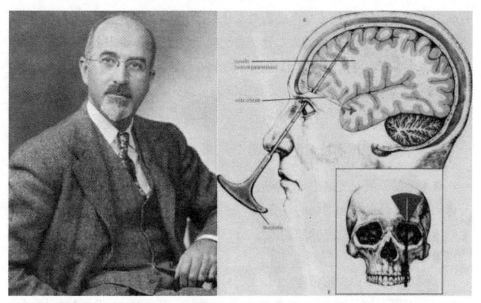

图 2-2　弗里曼医生(左)和他发明的经眶前额叶白质切断术示意图(右)

嘴里了，也不吸一下"。美国更是变本加厉，只要被判定为弱智、疯子、暴力、威胁公众安全和同性恋，统统要切除前额叶。

轰轰烈烈的前额叶切除术运动在20世纪50年代初，就因为巨大的负面问题而遭到大量的来自科学界的反对。大量的手术非常简陋，对大脑的伤害无法控制，导致许多患者术后麻木迟钝、呆若木鸡，如行尸走肉一样地活着，甚至出现了不少的死亡案例。1951年，苏联率先禁止了这种粗暴的手术，70年代之后世界各国已经基本全部禁止，将近30年的前额叶切除运动偃旗息鼓了。虽然直接的前额叶切除术在欧美国家被禁止，但是治疗精神疾病的执念并没有因此衰退，这种执念加上不成熟的治疗技术与一些医护人员的自大无知，往往带给患者无尽的伤害。

2009年，我国杨永信的电击疗法治网瘾火遍全国，因其治疗对象明确——网瘾少年，治疗方法直接——电击，因此而威名远播。这些孩子仅仅是爱上网，就被判定为有精神病，也就是"网瘾少年"，甚至一些孩子仅仅是由于早恋、不爱学习、不听话就被无知的家长送去给杨永信电击，杨永信宣扬"要想孩子爱学习，来找永信用电击""电电更健康"。那些被杨永信电击的孩子，电击治疗之后大部分确实老老实实的,这倒不是电击治愈了什么精神疾病,而是被电击的孩子恐惧再次被送给杨永信电击,他们大部分身心受到严重摧残,不少人出现自杀自残倾向。这无疑是20世纪50年代日本流行的小孩前额叶切除术的翻版,而杨永信"电击疗法"就是弗里曼"冰锥疗法"在中国的借尸还魂。可见,科学技术的应用倘若缺少了伦理的规范和引导,将给人类带来无尽的痛苦和灾难。

三、神经增强技术及其伦理问题

在人类的发展过程之中,任何新技术的出现无一例外,都是为了增强人类的身体功能。传统的技术增强的是身体某一器官的功能,比如刀剑是牙齿切割功能的增强,望远镜是视觉功能的增强,通过这些技术来克服肉体器官对人类活动的局限,进而增强人类存于世的幸福体验。这些技术的功能比较单一,发挥这些技术的功用还要由大脑指挥。因此,当科学发展到一定阶段,人类对大脑的工作机制有了深入的了解之后,自然就会尝试增强大脑的功能,发展神经增强技术。神经增强技术又被称为认知增强技术,运用药物或者器械来增强大脑的各项功能,包括认知、记忆、情感等,器械或者药物的使用并不是为了治疗非健康的状态,而是以超越身体局限为目的。通常我们认为神经增强涉及大脑神经系统的增强,是指为了提高大脑的各项功能而对大脑进行的非侵入性或者侵入性的干涉,而不再是为了治疗疾病和维护身体的正常健康。通常我们普遍接受的、无害的增强大脑功能的方法有营养饮食、增加睡眠、合理运动等,这些方法都可以提升大脑的活跃程度和注意力。

在目前的讨论之中,神经增强问题大致分为两个方向:一个是神经增强的目的,一个是神经增强的方法。按照神经增强的目的分类,可以是增强记忆能力、增强注意力、增强情感体验等。知识的学习和掌握需要人的记忆,而通过某种途径增强大脑的记忆力,提升学习的效率,这是非常明确的神经增强的目的。按照神经增强的方法来分的话,可以分为侵入性的和非侵入性的。非侵入性方法主要为使用神经增强的药物刺激神经增强,但是药物效果并不十分明确,而且副作用明显,容易上瘾。颅磁刺激则是透过颅骨进行可调节的磁信号刺激,用于精神疾病的临床治疗、恢复,这种神经增强方法不会给患者带来痛苦,而且对患者也没有明显的副作用,因此,在当前精神疾病的治疗过程之中被广泛采用。侵入性的神经增强技术就是芯片植入,目前人类已经实现了芯片的植入,植入大脑的芯片通过高速传输的数据与电脑互动,从而实现失语者、失明者与人的互动。目前由于临床案例过少,这种侵入性的神经增强技术到底会带来什么样的负面影响,还属于未知的状态。

神经增强技术引起争论最多的是神经增强药物。神经增强药物最初用于对精神疾病的治疗,使患者能够回归正常生活。比如利他林(Ritalin),这是一种中枢神经兴奋药物,最初就是用来治疗注意缺陷多动障碍,然而服药之后的兴奋状态,让人呈现出持续专注、精力充沛的状态。于是,利他林迅速作为一种神经增强药而被广泛运用。当人们注意到这些药物能增强智力,而药物本身又能够轻而易举获取的时候,就很容易出现药物滥用。如在美国,有 2.5% 的学生非处方使用兴奋剂。其中高年级(10 年级~12 年级)有 4.1% 的学生承认非处方使用兴奋剂,而大学生的比例最高,有 5.7% 的大学生承认非处方使用兴奋剂。[①] 神经兴奋性的药物使用情况,在我国虽然还没有人做具体的统计,但显而易见的是,使用此类药物用于增强智力,在越来越多的学生之中流行。

像利他林、莫达非尼这些神经增强药物,服药后出现的长时间的亢奋、注意力集中、不困不累的状态,给人的感觉好像人变聪明了,但这是否意味着真的实现了认知增强还没有临床数据证明。而且服用利他林的副作用十分明显,服药者会出现食欲减退、头痛头晕、失眠、运动障碍、恶心等,长时间服用会导致明显的药物依赖和成瘾,一旦停药就会出现情绪狂躁不安、产生幻觉,严重的甚至会死亡,这个时候就只能强制戒毒了。这在生理上和心理上都会对服药者产生影响,服药时精力充沛、思维敏捷、逻辑清晰,一旦药效消失,服用者就会变得萎靡不振、心烦意乱,而服药时的无所不能和没服药时的无能,导致他们很容易出现自我身份认同危机。

除了对服药者自身的生理和心理产生副作用,神经增强药物对社会制度的公平公正性也会产生挑战。神经增强药物的高昂费用并不是人人都能负担的,因此并不是人人都能通过药物实现神经增强。即使收入相对较高的阶层,持续服用神经增强药物也是一笔不小的开支,这就导致神经增强药物的使用集中在

---

① 王国豫、孙慧:"药物神经增强的不确定性及其伦理问题",《医学与哲学》2013 年第 12A 期。

富人阶层，社会的不公就会被加剧。

在美国学生中，"聪明药"的使用非常广泛，有些学生为了能够进入更好的学校，长期服用利他林等神经增强药物。对神经增强药物的使用引发这样的争论：服用精神药物的学生参加竞争性质的考试是否属于作弊呢？这与兴奋剂之于体育竞技中是否一样？通过药物增强神经来获取优异的成绩是否破坏了考试的公平？如果属于作弊，又该如何处置呢？

对任何事物都应该辩证地看待，澄清前提，才能全面地把握讨论的真正意义。对药物神经增强是否属于作弊进行判断，要具体区分使用情境，不能过于笼统。在竞争中（不管是入学考试或者其他竞争性的活动），一般只有很少的人能够取胜，神经增强药物的使用会直接驱逐诚实的竞争者，使他们失去获取成功的机会，因此，用药者以他人的损失为代价来获取收益，这样的情况当然是不公平的，必然要禁止，这是以结果为导向的论证。

当然，也有人会说，由学生智商天赋和原生家庭而引起的全方位的不平等一直都存在，但是由于没人能改变所以就成为合理的存在。我们既然接纳了这些天赋带来的不平等，或者是原生家庭带来的资源的不平等，药物增强引发的不平等其实也是资源不平等的一部分，我们为何不能接受呢？如果药物本身没有给使用者带来身心的损害，是否就会是另外一个结论呢？

四、大脑植入物及脑机接口的伦理问题

古人想要长生不老、永垂不朽，便去寻丹问药。如今人类想要长生不老，就不会再去吃各种重金属炼成的丹药了，在意识到肉体的长生不老难度太大之后，人类开始尝试分离思维和肉体，把意识与机器融合，以弥补肉体在时空之中的有限性。通过脑机接口（brain-computer interface，简称 BCI）技术将人类意识通过计算机与其他机器或者其他人的意识相连，想法很好，但是实践之中却问题重重。在过去的五十年间，世界上的很多实验室和公司中的研究者们都在努力实现这一畅想，但是由于收效甚微，所以并未成为人们关注的焦点，甚至很多实验室因为没有什么能够投入使用的成果，而面临关闭的境地。近几年来，认知科学、神经科学、计算机科学的迅猛发展，为脑机接口技术提供了新的发展机遇。

在了解脑机接口技术之前,先看一下哲学史上著名的思想实验:"钵中之脑"。

希拉里·普特南(Hilary Putnam)在《理性、真理与历史》(Reason, Truth, and History)一书中,提出"钵中之脑"(Brain in a Jar)的思想实验。"钵中之脑"是一个比喻,它提出的是这样一个问题:我们的感官所感知到的世界真的存在吗?这一思维实验在哲学史上具有重要的影响力,作为 20 世纪著名

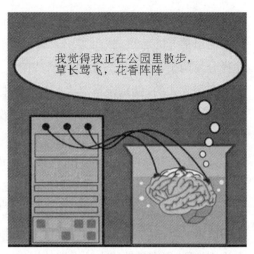

图 2-3 "钵中之脑"思想实验

的哲学悖论,它常常被引用来论证知识论、怀疑主义、唯心主义等哲学问题,但是至今并没有人能够有效地解决"钵中之脑"的悖论。

"钵中之脑"的情形是这样的:一个疯子科学家对一个人实施手术,把那个人的大脑从身体里面摘出来,放入一个营养钵之中,这个营养钵足以保证大脑不死。大脑的神经与一台超级计算机相连,这台计算机给大脑创造出幻觉,这个幻觉和大脑在身体之中所具有的体验完全一样。但实际上大脑所感受的一切都是计算机模拟出来的。计算机能满足大脑所想做的一切事情,大脑想要抬腿,计算机就会发出抬腿信号,大脑就体验到了抬腿的动作。任何事情、情境,只要大脑想经历,计算机就会通过程序模拟出来,从而让大脑体验到。对于大脑来说,人、物、天空等一切还都存在,自身的运动、感觉都可以被输入。计算机还可以对大脑输入或截取记忆,比如,消除掉大脑被手术摘除的记忆,然后输入经历的其他环境、日常生活、人际关系,让大脑认为自己一直处在这个环境之中,甚至可以被输入代码,这样的代码和人体感受器官接收到的信号并无二致。

人们对"钵中之脑"这一思维实验的关注,除了推动悖论本身的解决,也极大地推动了脑机接口技术的发展。我们提及这个例子,不是要解读这个悖论,而是把"钵中之脑"这一思想实验作为人类对脑机接口技术幻想的完美形态展现出来,让我们对脑机接口技术的发展有更多的了解。

脑机接口通过记录来自大脑的神经活动信息并借助计算机将其转换成可执行的输出信号的装置,从而实现大脑与外部世界的信息传输。脑机接口的实现途径分为两个:非侵入式的和侵入式的。

非侵入式的,就是记录对大脑进行的核磁共振,在头皮贴上电极以收集脑电信息,这些采集方式实行起来方便,然而效果却很差,能监测到的神经元运动仅仅几万到几百万个,同时对运动表现的记录也是很模糊的,很难实现精确的信息抓取。这就意味着非侵入式的脑机接口在使用过程中效率很低,但是对使用者的伤害较少,相对安全。而侵入式的则是在脑皮层下植入电极,通过解码神经活动的信息来实现人与电脑的互动,相对于非侵入式脑机接口,这种方式获取脑电波的信号更强也更稳定,但是侵入式脑机接口需要外科手术,过程复杂,不容易完成,而且植入物比较硬,很容易造成大脑皮层的损伤,因此,目前公众对其接受度较低。

近年来一系列脑机接口技术日益走向成熟,各个国家对此技术的投入力度也不断加大。例如,马斯克(Elon Musk)等投资创立的面向神经假体运用和人机通信的脑机接口企业 Neuralink 想把人脑与 AI 结合起来,Facebook 也宣布开始研发新一代以脑机接口为基础的交互技术。脑机接口技术有极大的可能在未来对人类生活产生颠覆性的影响。而当前脑机接口技术还处在婴儿期,还需很多的努力。目前,已经实现的脑机接口技术的应用范围也十分广泛,从残疾人的运动交流辅助到视频游戏控制等都有所体现。

脑机接口技术最重要的应用就是克服身体的局限,实现大脑与机器的直接互动,已经在实践之中应用的就是重度运动障碍患者重获与外界交流沟通的能力。最近几年,脑电的字符输入研究取得突破性进展。2017 年,美国斯坦福大学的研究团队实现了利用颅内脑电波进行字符输入的高性能脑机接口系统。在这个系统中,实验者在脊髓侧索硬化症患者(渐冻人)和脊髓损伤瘫痪患者负责手部运动的脑皮层植入高密度微电极阵列,采集动作电位和高频的局部场电位,解码这些电极获取的神经活动信息,从而实现对屏幕上光标的连续控制和字符选择的"点击"动作,让患者通过屏幕虚拟键盘输入文本,以实现与外界交互。使用该系统的瘫痪患者最快实现了每分钟 39.2 个英文字符的输入,这也是目前在运动障碍患者中所实现的最高的信息传输效率。相比头皮脑电而言,颅内植入的电极所得脑电信号的信噪比更高、信号也更稳定,因此能够更有效地实现人机互动，在面向肌肉萎缩、瘫痪病人的脑机接口的临床应用时，颅内植入电极有非常明显的优势，极大地提高了患者的生活品质。

　　脑机接口无论是侵入性的还是非侵入性的，都是在通过非药物的方法改变大脑的功能，通过对电脑的直接控制来实现个体的意志，简单来说就是通过意念来与世界互动。那么，这种互动是否能真正表达个体的思维？反过来，作为个体的人如果被植入芯片，是否受到机器控制？如果植入芯片改变了大脑的固有结构，那么对个人而言意味着什么？可能脑机接口和其他神经技术距离成为我们日常生活的一部分，还需要几十年或几百年的发展，但是这个新技术的产生和发展为我们提供了一个新世界的生活场景：脑机接口能够解码人们基于神经的心理活动，并通过意向、情感等大脑机制直接与计算机连接。在这种情况下，强大的计算机系统将通过与大脑的连接帮助个体通过意念实现人与人、人与世界的交流，从而大大降低心灵对身体的依赖，提高人与世界的互动能力。

　　但是任何技术发展到一定程度，都会面临社会伦理的拷问。从目前研究的现状来说，积极的意义在于，脑机接口技术主要针对的是疾病的治疗，因此可能会对很多运动障碍性的疾病治疗产生颠覆性的影响，如肌肉萎缩、瘫痪、脑损伤、癫痫和精神分裂症，并减轻人类疾病治疗过程之中的痛苦，提高治疗体验。但是也可能带来很多负面影响。首先，脑机接口可能加剧社会不公，倘若一些企业或者其他团体通过这种技术直接对人进行利用和操纵，个体就会成为某些团体谋取利益的工具。其次，个人隐私保护的问题会更加突出。如果设备提供商直接通过入侵电脑来监控用户的行为，进而改变和控制用户的行为，人就没有了隐私，没有了个体性，人类社会的丰富性将受到严重挑战。最后，它可以深刻地改变一些人的核心特征：私人的精神生活、个人能动性以及基于身体体验的主体选择都会受到挑战，人的本质特征都可能会被重新定义。

　　我们设想一下下面这个场景：一个肌肉萎缩的病人参与脑机接口的实验。最初为了能够得到好的机械假肢，他很配合团队的实验，在他脑中的芯片能够通过大脑神经活动生成计算机可识别的信息，计算机就可以生成控制机械手臂的命令。他不厌其烦地练习，但是效果一直不好，他怀疑是团队不尽力，心生怨气。于是，在一次练习拿杯子的时候，他将杯子扔向了研究人员，砸伤了他们，他赶紧道歉说是机械故障。那么，在这种情况之下，如何判定是个人故意为之还是电脑故障而生成错误指令呢？我们假设的情形虽然还未在现实之中发生，但是，脑机接口发展到一定阶段，却很难保证不出现这种情形。进一步设想，如果解码患者神经信息的计算机被入侵了，被入侵后的计算机控制着机械臂并且杀了人，那么，我们如何判断这个案件的道德和法律责任呢？虽然这只是一个思想实验，但是，对这项技术的发展进行伦理思考却是非常必要的。因为在技术发展的过程中，我们无法明确地看出它会对我们的社会产生哪些新的挑战，未雨绸缪远比亡羊补牢更利于人类社会的发展。

案例分析 2-3：在自己身上进行脑机接口实验的科学家

《黑镜》第四季里，用整整一季讲述了一家叫作 TCKR 的专门从事神经科学研究的企业，研发出基于意识的读取、储存、上传、下载和复制的五花八门的产品。在这部剧中，意识的提取技术不断提高，从起初的耳后植入（一旦植入，就永远不能取出），到后来从太阳穴进行注射式的植入，最后发展为一个小纽扣状的装置，贴在太阳穴上，就可以实现对人脑的刺激和控制。这部剧对脑机接口的幻想展现了人类对脑机接口技术的完美形态的追求——操作简单，随时可以使用，对使用者没有创伤。通过对意识的操作，可以让个人的意识脱离身体的限制，实现永生。而脱离身体的意识，可以存在于计算机创造出的虚拟空间中。

现实中的脑机接口技术则与电视剧中的美好想象相差十万八千里，目前已经实现的只是通过脑机接口输入字符，或者控制机械手臂给自己喂口水。实际的脑机接口技术，每一步发展都非常艰难。如《黑镜》所表现的，高效的脑机接口方式是将设备植入人脑中，这是最高效的人脑神经元的活动信息获取方式，植入的设备越多、越深，效果就越好。更多、更深的植入物代表着更大的风险，把机器植入人体最重要最精密的器官，被植入者随时可能因为各种原因面临失声、瘫痪、甚至死亡的风险。而且，脑机接口技术针对的并不是一般的身体器官，而是大脑，改变大脑结构直接改变的是自我意识，使用猩猩做实验得出的实验数据，也不一定适合于人。因此，脑机接口技术的发展远比我们想象的要困难很多。

当然也有科学家为了科学，用自己的身体做实验，比如神经科学家费尔·肯尼迪(Phil Kennedy)为了研究脑机接口,生猛地给自己开颅放入植入物。他研究出了一种名为亲神经电极的技术,这种技术可以让电极长时间植入人脑,让脑机接口有可能从实验投入实际使用。(图2-4①)

图2-4　神经科学家费尔·肯尼迪(右)

1998年,肯尼迪找到了一名合适的实验对象,通过植入电极,实现了让这名曾经是植物人的瘫痪患者可以用意识打字。这次实验让肯尼迪一炮而红,也通过实验对象脑中植入的电极获得了大量的数据。但肯尼迪想要研究的不仅仅是人类意识如何想象字母,还有人类如何动用发声器官。此后他又做了数次实验,结果都以失败告终,实验对象或者是伤口不能愈合、或者是很快就离开人世(这些实验对象大多数为瘫痪患者,本身健康状况就不好)。就连曾经成功的实验对象,也因为脑部肿瘤去世。而这名实验对象患脑部肿瘤,是否与肯尼迪的实验有关系,也有很大争议。

最终的结果就是,频频失败导致肯尼迪失去了外部资助。在美国,科研

---

① 参见"为了让你过上《黑镜》中的日子,有人剖开了自己的头颅",https://36kr.com/p/5123231, 2018-03-12。

事业商业化成分较重,有资助才意味着有实验室、有实验人员,陷入破产的科学家失去了这一切,也失去了做手术的资格。这就意味着,他无法在人类身上进行实验了。肯尼迪做了一个让世界都震惊的选择,他自费寻找了医生,在自己的大脑中植入了电极。作为一个健康的人,在植入电极之后,他因为颅压升高甚至还陷入了一段时间的瘫痪。但手术结果让他欣喜若狂,他在自己身上进行了多次试验,记录下了无数宝贵的数据,并且把这些数据公布出来,把实验结果共享给了世界,希望借此可以推动相关研究,更好治愈瘫痪患者。不过肯尼迪依然遇到了在前几名实验对象身上同样的问题,切口迟迟不能愈合。最后他只好又自费取出电极,结果因为部分设备植入太深无法取出,肯尼迪终生要以"机械人"的形态生存。

肯尼迪在自己身上做实验的时间是 2014 年,这一年他 70 岁。在这之后的几年里,脑机接口技术并没有实质性的推进。文学作品、影视剧以及其他艺术形式呈现给人的往往是科技进步带来的负面效应,而实际上,科技进步本身也的确是一个非常复杂的过程,几乎每次科技进步都有大量的人付出很多心血甚至生命。

案例分析 2-4:大脑植入手术

2016 年,在荷兰神经科学家尼克·罗姆赛(Nick Ramsay)的领导下,全球首例给渐冻人汉内克·布鲁伊恩(Hanneke de Bruijne)植入完全植入式系统的手术顺利完成。手术后,患者在计算机界面的配合下,无需专家协助,在家中就可以使用该系统,从而完成字句的拼写,实现与外界的沟通。这种植入物是脑机接口的一部分,它帮助这名没有呼吸机就不能呼吸的病人拼写句子,与朋友交谈。

这套系统是如何工作的呢?布鲁伊恩的大脑皮层运动区中装了两个电极,其中一个安装在大脑中负责右手运动的位置。计算机屏幕会向布鲁伊恩展示一个虚拟键盘,当她注视眼前的电脑屏幕时,会看到虚拟键盘上有可移动的光标,一旦光标落在了她想要的字母之上,她必须想象右手点击她想点击的字母。电极收集到这一信号,传递到计算机和屏幕上,进而打出完整的句子。经过 6 个月的训练之后,布鲁伊恩已经可以自如地运用这套系统,准确率达到 95%。但是,输入字母依然十分缓慢,现在布鲁伊恩拼完一个单词还需几分钟。但经过一定时间的训练,布鲁伊恩的输入速度已经快了很多——从一开始的 50 秒选中一个字母提高到了 20 秒。得益于当前脑机接口技术的进展,布鲁伊恩才有机会使用这套脑机接口系统,她认为这为像她一样患有肌萎缩脊髓侧索硬化综合征的患者带来了希望,因为他们可以通过这个设备与外界交流了。(图 2-5①)

但是,也有人担心植入机械对个体产生不良的影响。目前布鲁伊恩是唯一一个接受该手术的渐冻人,如果给其他患者植入该系统能否达到预期效果,以及是否会产生不可控的负面效果都是未可知的。

第三节 伦理学的神经科学研究

神经伦理学的研究领域,除了神经科学发展面临的伦理、社会、法律问题,即"神经科学的伦理学研究"(Ethics of neuroscience),还包括对自由意志、道德推理与判断等问题的神经科学基础研究,主要研究道德推理与判断的神经科学机制,探索非理性因素,如情感、冲动在道德判断和行为中的作用,阐释大脑如何进行道德判断的问题,也被称为"伦理学的神经科学"(Neuroscience of ethics)。伦理学的神经科学研究,其目的是把伦理行为还原为脑神经的功能和结构,并且有明确的研究对象和研究方法,目前,其作为神经伦理学中重要的分支,受到越来越多的关注。

这两个研究领域的理论根据都是现代神经科学的"脑功能区域"理论,在前文我们已经提到,有学者提出神经伦理学两个领域的划分是不合适的,因为这两个研究领域仅仅是一个问题的不同的研究重点。比如,前文提到的经典案例中的前额叶切除术,既可以作为神经科学应用所面临的伦理、法律、社会问题的案例,也可以作为伦理学的神经科学的案例,因为前额叶区域是人类大脑

---

① "荷兰完成全球首例实用大脑植入手术,心灵感应有望成为现实",https://36kr.com/coop/zaker/5056565.html? ktm_source=zaker,2016-11-15。

最高级的部位,负责人类最复杂的行为,控制大多数认知行为,涉及规划复杂的认知、判断等高难度的思维功能,对前额叶的切除也验证道德判断的神经基础。但是因为两者研究对象的巨大差异,我们依然认可神经伦理学的两个研究领域的划分。

伦理学的神经科学研究与传统伦理学的根本分歧在于道德判断与道德行为是如何产生的。传统伦理学认为道德判断和道德行为是理性思维的结果,理性思维以自由意志为前提,因此,否认自由意志的存在,就根本上否认传统伦理学的理论意义。伦理学的神经科学研究致力于把道德判断和道德行为还原为神经元活动,这就与传统伦理学产生了冲突。

一、道德判断的神经科学研究

我们的道德判断是怎么做出的,哪些因素影响了我们的道德判断?对这些问题的解决有助于引导人们更有意识地依据道德而生活。传统伦理学中有两种竞争理论:一种是认为成熟的道德判断是理性产物的理性主义,另一种是坚持情感在伦理学中具有基础地位、情感在道德判断中起着决定性作用的情感主义,两者都是在反思层面上对道德判断进行的讨论。神经伦理学立足于认知神经科学的研究成果和相关的方法对道德判断进行研究,以神经科学方法为工具,指出道德判断是有生物学基础的,并且有证据表明,道德判断更多的是基于感情和情感直觉的影响,而不是深思熟虑的理性推理,由此推动了情感主义的发展。

在道德判断中,情感和理性谁更占优势?哈佛大学道德认知实验室主任格林尼(Joshua Greene)带领实验团队运用功能性磁共振成像技术(fMRI, functional Magnetic Resonance Imaging)做了一项实验。功能性磁共振成像技术是一种神经成像技术,其原理是利用磁共振成像来测量神经元活动所引发的血液动力的改变。该技术可以检验人们对道德困境进行判断时的大脑活动,并根据实验结果得出:道德判断和道德行为过程之中,人的情感和理性所起到的影响是有冲突的。在研究中,格林尼实验组采用了两个经典的道德困境:电车困境(the trolley dilemma)和天桥困境(the footbridge dilemma)。

首先来考虑这样的情形——电车困境(如图2-5):一辆失控的有轨电车飞速行驶至一个岔口,前面轨道上有五名工人正在进行维修作业,岔道上有另外一

图 2-5 电车困境

名施工工人。在你旁边有个开关,扳动开关可以使失控电车改变轨道。如果此时,你不采取措施,前面轨道的五名工人就会被撞死;若你采取措施,扳动开关,那么岔道上的那名工人就会死于非命。在此情形下,请问扳动开关是道德上允许的吗?实验中大部分人的答案是肯定的。

再来设想下另外一个类似的道德困境——天桥困境(如图 2-6):一辆失控的有轨电车飞速行驶,前面轨道上有五名工人正在进行维修作业,你和一个陌生的大胖子站在天桥上。如果此时,你不采取措施,前面轨道的五名工人就会被撞死;若你采取措施,将身边的大胖子推下桥挡住电车(你自己由于体重过轻,跳下去也不足以使电车停下),那么天桥上的那个陌生的大胖子就会死于非命。在此情形下,推下胖子是道德上允许的吗?实验中大部分人的答案是否定的。

图 2-6 天桥困境

于是问题来了,为什么在上述两个相似的道德困境中,同样是为了救五个人而牺牲一个人的性命,人们的道德判断却存在如此大的差异呢?究竟是什么因素在影响人们做出道德判断?分析两个道德困境的具体情境之后,格林尼推测人们做出截然不同的道德判断,很有可能是"由于不同情境(涉身的道德情境和非涉身的道德情境)引起的情感反应程度不同所导致的"[1]。

为了验证这一假设,格林尼实验组进行了以下研究:每组有9个受试者,需要在60个道德情境(分为三类:"涉身"的道德情境、"非涉身"的道德情境和与道德无关的情境)中进行道德判断。与此同时,实验者采用功能核磁共振对受试者脑区进行扫描,并记录下受试者在进行道德判断时不同脑区(与情感和推理相关的脑区域)的活跃程度,所得数据经过阈值综合方差分析(ANOVA)处理后,得到的结果如图2-7[2]所示:

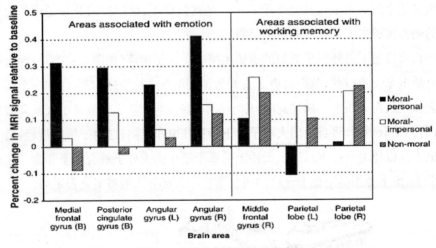

图2-7 受试者脑区活跃度分析

根据结果图可知,① 在"涉身"的道德情境中,与情感相关的脑区活跃度比其在"非涉身"的道德情境中明显要高,这也很好地解释了在两种看似相似的困

---

[1] 朱菁:"认知科学的实验研究表明道义论哲学是错误的吗?——评加西华·格林对康德伦理学的攻击",《学术月刊》2013年第1期,第58页。
[2] Greene, J., et al, An fMRI Investigation of Emotional Engagement in Moral Judgment, *Science*, Vol.293, No.5537, 2001, pp.2105-2108.

境(电车困境和天桥困境)中人们做出的道德判断却是不同的;② 相比与道德无关的情境,在与道德相关的情境中,与情感相关的脑区相比与推理相关的脑区更为活跃,说明在道德判断中情感有着更重要的作用。总体来说,在道德判断研究中,格林尼实验组的实验结果倾向于相信情感占据更重要的地位,持情感主义立场。格林尼根据观察的结果提出,在道德判断之中,情感和理性是相互冲突和竞争的,因此,我们的道德判断是在情感和理性的共同作用下实现的。

二、躯体标识假说

在我们进行道德判断时,尤其对道德困境进行道德判断时,会发生一些非常重要的现象:当我们关注到事件中个体或某类人遭遇到的危害(无论是身体上的危害还是心理上的危害),我们都会体验到一种不愉快的内脏感受。由于这样的内脏感受与躯体有一定的关系,安东尼奥·达玛西奥(Antonio Damasio)就将这种现象称为躯体状态,又因为每种现象都"标识"着一种特定的表象,他就将这些现象称为标识器(marker)。但是需要注意的是,这里的"躯体"指的是包含大脑在内的身体,躯体标识器不但包括内脏感受,同时也包括非内脏感受。

"躯体标识假说"(Somatic Marker Hypothesis)就是由安东尼奥·达玛西奥提出来的,该假说主张,人的判断和决策是根据身体对环境的感受而做出的,而身体对环境的感受也就是环境刺激下身体产生的情感。这种身体的情感产生的方式会被身体记住,并逐渐形成一个固定的模型,就是身体的标识。当遇到紧急情况时,身体的标识就会按照模型作出反应,而不必进行理智的判断,这样就能加快处理危机的速度。

人脑中负责情感的脑区主要是边缘系统和前额叶皮层。大脑的边缘系统是一组控制情绪和行为的结构,主要负责人的初级情绪,如恐惧、愤怒、快乐、悲哀等,如果边缘系统受损,就会出现更为广泛的情绪障碍。比如,自闭症的表现就是患者无法感知其他个体的情绪,无法实现其社会交往,而杏仁核脑区的功能异常直接导致了自闭症。

因此,边缘系统损伤,使得患者实现符合社会规范的道德判断和行为的可能性变小。无法实现社会交往,就无法习得社会规范,那么患者就无法进行道德判断和道德行为。前额叶皮层主要负责人的次级情绪,前额叶的腹内侧与情绪、动机、社交、推理和决策等功能相关,这个区域脑的损伤会导致患者的情绪、社交、推理和决策能力的缺陷,因为无法对环境刺激产生相应情绪,从而导致躯体标识的失灵,人就无法产生道德判断。但由于其标识初级情绪的脑区没有损伤,依然可以产生初级情绪。因此,前额叶损伤的患者,在没有与之交流的情况下,仅凭眼睛观察,不太容易看出其与正常人的不同,他们的记忆、知觉、学习和语言能力都保存完好,但是,道德判断却无法正常进行。达玛西奥还认为,脑组织结构的完整性是人能够实现其社会交往,习得社会规范,并基于社会规范而进行道德判断和道德行为的生物学基础,这已经成为神经科学界的基本共识。

案例分析 2-5:盖奇的颅骨

1848年,25岁的铁路公司工人菲尼亚斯·盖奇(Phineas Gage)在进行施工时,由于炸药意外爆炸导致一根铁棒刺进他略低于眼睛的左面颊,经过脑的前额叶皮层,从头顶穿出。事故导致盖奇失去了大量的前额叶皮层组织,造成了严重的脑损伤(图2-8)。经历这个事故之后,盖奇活了下来,但

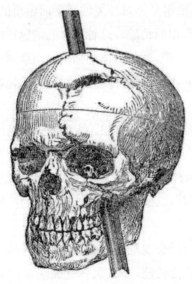

图 2-8 被铁棒刺进头骨的盖奇

是脑损伤使其人格有了很大的改变：从一个大家认为个性平和的、很可靠的、精力充沛的、很受欢迎的、受人尊敬的、有组织有纪律的人变成了口无遮拦的、不可靠的、优柔寡断的、没有耐心的人，他的表现显示了对社会习俗的不尊重，他做决定的时候从不考虑自己的利益，也从来不会担忧自己的未来，不会深谋远虑。几年之后，伴随着脑部感染，他的身体健康状况恶化，并且开始间断的癫痫发作。1860 年 5 月，在事故之后的第十一年，他去世了，与事故之初造成的轰动效应相比，他的死已经引起不了人们的注意。去世后几年，科学家们才意识到盖奇对神经科学和心理学研究的重要意义，于是，他的头骨被取出来，供科学家们研究。盖奇的头骨现在保存在哈佛大学医学院的解剖馆。[1]

盖奇的经历向我们直观地展示了性格、情绪与大脑的关系，大脑是人格的生物学基础，人的行为看起来是自由意志的结果，但其本质上依然是被大脑控制的。盖奇左侧的前额叶皮层被损毁，而这一部分脑区主管人类的高级认知功能，因此事故之后，盖奇的运动、语言、记忆能力还保存着，但是他已经无法完成社会交往，也无法调节注意力，不能实现行为抑制。类似的神经科学实验越来越多，推动了神经科学和伦理学的发展。

三、自由意志的神经科学研究

西方传统伦理学之中，自由意志是一个非常重要的概念。简言之，自由意志就是人对自己要做什么和怎么做是有自主选择能力的。针对自由意志的内涵以及是否存在产生了大量的理论，却没有形成统一的得到普遍认可的定义。决定论者认为，不存在自由意志，所有的事情都是某种因素导致的。现代神经科学的发展为我们研究自由意志提供了实证的方法。

美国心理学家本杰明·李贝特（Benjamin Libet）在 20 世纪 80 年代率先开始通过实验的方法来研究自由意志。实验结果显示，人在做出判断和行为之前，已经被无意识的大脑活动所决定，基于意识的判断或者行为不过是

---

[1] "被铁夯刺穿头颅的菲尼亚斯·盖奇"，http://www.sohu.com/a/197488986_480603,2017-10-11.

大脑无意识活动的结果,因此,人类是无自由意志的。在李贝特之后,许多神经科学家进行了类似的实验,这些实验结果也基本都否认了自由意志存在的可能性,也就是说人的每个决定过程都是机械化的,自由意志不过是一个幻觉。

但是包括李贝特在内的科学家并没有打算彻底否决自由意志,他们解释实验结果时认为,我们的意识并不是不作为的,在接收到大脑命令之后,意识可以否决命令,也就是我们没有自由决定做什么的意志,但是可以有不做什么的意志,自由意志通过"阻止"大脑指令而得以显现自身的存在。

通过神经科学的方法认识道德判断的生物学基础,可以帮助人们更好更有意识地依据道德而生活。尽管如此,神经伦理学将道德判断与神经结构和功能对应起来,我们也要警惕由此走向神经决定论和生物还原论,同时,也不可以机械唯物主义式地将生物学事实直接推论到伦理学规范,即不能在精神过程和物质过程之间画等号。"对于如何去理解道德判断和神经结构与功能之间的关系,还需要将社会性因素考虑其中。"[1]

第四节　神经科学技术的伦理反思

神经伦理学作为新近形成的神经科学与伦理学的交叉学科,正在获取日益广泛的关注。神经伦理学不仅让我们更加规范神经科学的应用,而且引起了我们对意识研究方法的转变,革新了我们对心灵和意识本质的认识,也让我们能够更加深入和具体地研究心身关系。这不仅有利于增加人类福祉,而且也有利于丰富科技伦理的研究内容。

神经科学迅猛发展,并被越来越多地应用到日常生活之中,为我们带来许多的便利。但是,这不代表神经科学技术就完全是积极的,科学技术是一把双刃剑,如果利用不当,神经科学也有可能给个人和社会造成负面影响。我们在前文提到的精神疾病的诊断技术、前额叶切除术、神经增强技术以及脑机接口技术

---

[1] 汤剑波:"脑之伦理与伦理之脑",《哲学动态》2015 年第 7 期。

等,这些神经科学技术的发展和应用,都表现出了神经科学技术的两面性。因此,必须制定神经科学发展的基本伦理原则,来推动神经科学积极健康的发展。

我们如何用辩证的眼光看待神经科学发展对个人、社会和国家的意义呢？

从积极的方面来理解,首先,神经科学技术的发展,为人类神经疾病的诊断和治疗提供了直接的方法,提高了人生存于世的幸福体验。现如今,神经疾病的治疗,无论是手术治疗还是药物治疗,都建立在神经科学对神经系统的结构和功能的解释之上。虽然许多神经疾病目前仍无法治愈,但是在对神经疾病的控制和减轻神经疾病的痛苦方面进步显著。其次,神经增强技术的发展,为人类超越大脑的极限提供了可能。神经增强技术运用药物或者器械来增强大脑的各项功能,包括认知、记忆、情感等,既可以让认知障碍、情感障碍患者实现正常的生活,也可以让正常人获得更强的认知能力。最后,脑机接口技术重新定义了人与世界的关系,如果能够顺利发展,将会极大解放人的身体。人与世界的互动将不再是"脑—身体—世界",而是"脑—世界",如此一来,人就可以获取更多的自由。

然而,消极意义也是非常明显的。首先,神经科学技术的发展,需要用人进行实验,而实验对被试者造成的损害无法估测。神经科学实验对大脑进行干预,可能导致被试大脑功能异常,被试就可能出现长久的精神问题。其次,神经增强技术的应用,可能导致新的社会不公。在社会竞争环境之中,一部分人通过神经增强来实现对另一部分人的竞争优势,直接挤压另一部分人的生存空间,最终会引起社会不稳定。再次,神经药物的成瘾性可能成为不良商家牟利的工具,从而对社会和个人造成伤害。如果药企故意夸大药物的功效而隐瞒药物的副作用,那么患者在不知情的情况下成瘾,药企可能赚得盆满钵满,而患者却在药物成瘾之中承受身体和经济的损失。最后,如果真正实现了"脑—世界"的连接,那么人类的身体命运如何、如何定义人的价值和意义,这些问题也将面临严峻挑战。

神经伦理学目前面临着研究与发展不平衡的问题,即更多地去寻找道德判断的神经科学机制,而忽略了社会性因素的重要作用,导致神经伦理学跌入神经决定论和生物还原论倾向的陷阱。然而强物质决定论并非神经伦理学的研究初衷,其从生物学事实到伦理学规范这种推论方式的可靠性也受到了质疑。那么,我们可以多大程度上相信支持情感主义的神经伦理学？神经伦理学何以在道德判断研究中被贴上神经决定论和生物还原论倾向的标签？这对人类研究道德判断会产生怎样不利的影响,又是如何影响的? 神经伦理学消除这些影响可能的路径在哪里? 这些理论问题有待于解答。同时,道德判断的理性主义与情感主义之争对人工智能的发展有何启示? 对人的情感和意识的模拟能否实现,以及在多大程度可以实现? 这也是需要人类面对现实,进一步思考和探究的问题。

推荐读物

1. 贝内特、哈克:《神经科学的哲学基础》,张立等译,杭州:浙江大学出版社,2008年版。

2. Safire, W. *Neuroethics*: *Mapping the Field Conference Proceedings*, New York: The Dana Press, 2002.

3. Gazzaniga, M. *The Ethical Brain*. San Francisco: The Dana Press, 2005.

4. Clausen, J. & Levy, N. (eds.). *Handbook of Neuroethics*, Berlin: Springer Netherlands, 2015.

影视赏析

1.《飞越疯人院》:一群在精神病院的精神病患者,他们也许并没有病。主角因为不服从精神病院的秩序,最终被切除前额叶……整个影片向观众传达了自由精神的信息,也对前额叶切除术进行了反思。

2.《永无止境》:男主角艾迪发现了一种能提高大脑工作效率的新型药NZT-48。这种药帮助艾迪大获成功之余也有致命的副作用:身体不适和失控的情绪。而此时艾迪已不能离开这种药,这使他进入了一个黑暗领域。

3.《黑客帝国》三部曲:在未来,人曾经生活的世界其实是由一个名叫"母体"(The Matrix)的计算机人工智能系统控制,人们就像他饲养的动物,被放置在营养钵中通过脑机接口连接母体,没有自由和思想,人幻觉生活的世界是母体注入的。

4. *Take Your Pills*:这部纪录片主要描述的是人类对药物的依赖性,以及药品滥用所带来的不可控的因素。

第三章

网络伦理

互联网是在美国较早的军用计算机网 ARPANET 的基础上，经过不断发展变化而形成的。20 世纪 90 年代，商业机构开始进入互联网，使互联网能为更多用户服务，互联网也得以迅速发展。简言之，互联网就是由计算机技术与电子信息交流相结合形成的网络。互联网能够把分散的资源融为有机整体，实现资源的全面共享和有机协作，互联网的应用产生了网络伦理。因为网络空间的虚拟性、交互性以及"身体不在场"等特征，对传统的伦理学带来严峻挑战。

第一节 网络伦理学的内涵与特征

一、网络伦理学释义

互联网营造了一种新的媒介环境。著名的媒介理论家、思想家麦克卢汉（Marshall McLuhan）曾断言："我们塑造了工具，此后工具又塑造了我们"，在当今这个时代，我们早已被网络技术"一网打尽"。麦克卢汉对"媒介"进行了重新定义——媒介就是人的身体、精神的延伸。他将人们的视野从物理空间扩展到非物理实体空间，即虚拟现实中。如今，虚拟空间显然已经成为人类存在和生活的重要方式。虚拟现实产生了与传统现实社会类似的情感和关系，因此也发展出虚拟空间的伦理道德。不过这种依托互联网产生的虚拟现实并非虚无，而是另外一种存在方式；虚拟的规范也不是凭空想象，而是实实在在的约束。这种"二元性"的特殊环境和行为决定了由此所引发的伦理问题必然具有与传统伦理学不同的特征。

网络伦理学是随着国际互联网的产生和发展而出现的一门新兴伦理学科。网络空间被看做是"由网络构成的不可见的电子世界",网络伦理则是"对网络空间中产生的所有伦理和社会问题的探索"①。网络伦理学是以网络道德为研究对象和范畴的学科,旨在探讨人与网络之间的关系、网络社会(虚拟社会)中人与人的关系以及人们应该遵守的道德准则和规范。

美国管理信息科学专家理查德·曼森(Richard O. Mason)提出,网络信息时代有四个主要的伦理议题:① 隐私权(privacy),指个人拥有隐私的权利及防止别人侵犯隐私;② 信息准确性(accuracy),指人们享有拥有准确信息的权利以及确保信息提供者有义务提供准确信息;③ 信息产权(property),指信息生产者享有对自己所生产和开发的信息产品的产权;④ 信息资源存取权(accessibility),指人们获取所应该获取的信息的权利,包括对信息技术、信息设备及信息本身的获取。曼森所提出的伦理议题全部集中在信息权力的部分,通常被称为 PAPA。② 在斯皮内洛(Richard A. Spinello)与泰万尼(Herman T. Tavani)合编的《网络伦理学文献汇编》中,45 篇论文被组织为 6 章,分别是:① 因特网、伦理价值与概念框架;② 网络管制:言论自由与内容控制;③ 网络空间的知识产权;④ 网络空间的隐私权;⑤ 网络空间的安全问题;⑥ 职业伦理与行为守则。③ 可以看出,斯皮内洛对研究内容的设定大致包括了"网络伦理""信息伦理"和"计算机伦理",虽然这是一个包容很大的研究框架,但是与我们对网络伦理学的认识基本相符。严耕等人在《网络伦理》中将网络伦理问题分为具体问题、交叉问题和理论问题三大类。④ 第一类具体问题是在网络使用过程中遇到的具体现实问题,如网络行为的"应该"和"不应该""合法"与"非法"等;第二类交叉问题是指网络与社会其他现象相关联而出现的问题;第三类理论问题是指由网络道德问题引起的深层次的哲学问题。李伦从网络伦理的现实基础出发将网络伦理问题分为两大类,"一类是网络社会中的伦理问题——狭义的网络伦

---

① "Introduction", in Robert, B.(et.). *Cyberethics: Social & Moral Issues in the Computer Age*, New York: Prometheus Books, 2000, p.10.
② Mason, R,O. Four Ethics Issues of the Information Age. *MISQ*, 10(1), 1986, pp.5-12.
③ Spinello, R. A. and Tavani, H. T. *Readings in CyberEthics*. Sudbury, MA: Jones and Bartlett Publishers, 2011.
④ 严耕、陆俊、孙伟平:《网络伦理》,北京:北京出版社 1998 年版,第 8—10 页。

理问题;另一类是网络对社会影响中的伦理问题——广义的网络伦理问题"①。关于网络伦理学的研究,通常有网络伦理学、计算机伦理学和信息伦理学三种相近的用法,就目前研究而言,三者所研究的对象、问题域和内容基本相同。因此,很多学者将三者视为同一学科。

网络空间作为人类现实生存空间的延伸和拓展,极大地丰富了人类活动的形式和内容,改变了人们的生产方式、生活方式甚至交往方式。但是,与此同时,也出现了许多前所未有的新问题。因为,"信息是不可见的,可交流的并且负载着价值和道德涵义,这种观念可以很清楚地解释为什么网络空间中的伦理问题尤其难以解决"②。尤其是在身体"不在场"的情况下,更是引发了一系列的伦理问题。生活空间的改变,隐匿了网民的真实身份,这让身份的自我认同与异化问题备受关注;虚拟空间无政府、无中心主义的特征扩大了人们的自由程度,但"肉身"的缺席降低了人们的道德责任感;我们可以通过符号的传递呈现自我观念,却让身份的建构扑朔迷离。但实际上,在赛博空间中,身体只是被隐匿或者延伸了,却从未被悬置与放逐。因而,以身体为界面和视角,对赛博技术引发的身体伦理问题进行探讨非常必要。

二、网络空间的哲学意蕴

"网络空间"是指那些通过计算机或者电子媒介的传播产生的"信息空间"或者"技术空间"③,网络空间是从现实空间中延伸出的,通过连接每一个服务器最终达到资源共享的一个虚拟空间,"我们不是往一个原本空白的空间中放进某种东西,网上空间是随着内容的被置放而生长出来的"④。在这些虚拟空间中,人们不必通过与他人的身体共在而互相影响。构建这种虚拟空间的技术包括多媒体交流、互联网、视频会议、数字电视、移动电话以及电子监控等。另以虚拟现实(Virtual Reality)技术为例,包括增强现实(Augment Reality)和幻影成像

---

① 李伦:《鼠标下的德性》,南昌:江西人民出版社 2002 年版,第 32 页。
② "Introduction", in Robert, B. (et.). *Cyberethics: Social & Moral Issues in the Computer Age*, New York: Prometheus Books, 2000, p.10.
③ Munt, S. "Instruction", in Munt, S. (ed.) *Technospace*. London: Continuum, 2001, p.11.
④ 高建平:"非空间的赛博空间与文化多样性",《学术月刊》2006 年第 2 期。

(Fanta-View Magic Vision)在内的各种技术,通过运用计算机进行合成影像投射,就可以使主体的意识和躯体融入对象场景中,产生"逼真"的浸淫体验。比如,Microsoft Xbox 360 配备的 3D 体感周边外设摄影机 Kinect,就能够同时导入即时动态捕捉、影像辨识、麦克风输入、语音辨识、社群互动等功能。如唐·伊德(Don Ihde)所言:"当代图像技术所做的就是反映那些超出人类的感知能力的现象","当代图像技术所做的就是把(人们)感知不到或者无法察觉的东西转换成可感知的。"[1]虚拟现实技术在模拟现实客体或创造奇幻人物的同时,也在建构一种新型的网络社会关系,从而改变人类社会互动交流模式以及变革社会组织架构。随着网络在配置各类资源方面显现出的卓越优势,由各种虚拟平台分割、组建并无限丰满的网络空间,正在逐步将人们从现实拉向虚拟。在网上,浏览信息、游戏娱乐、交友互动已经不再是网民的主要目的,更多的活动层出不穷:建构属于自己的身份空间;创建可逆的虚拟人生;凭借爱好和专业或其他特征加入或组建社交圈;建构低成本高效益的商业交易平台……网络空间的欣欣向荣,勾勒出一幅"近数十年来所发生的'移居赛博空间'的社会和文化的轮廓"[2]。

通过以上这些描述,我们可以如此概括网络空间的内涵:网络空间就是以现实世界的存在为基础与原型,以计算机、网络和虚拟技术等为支撑,用信息而不是物质的运行方式建构起来的一个新的活动空间。

网络空间不同于我们所在的表现为长度、宽度和高度的物理意义上的世界,可以说是"无空间的空间"。因为它并不存在于什么地方,又可能无处不在。网络空间不是绚丽的彩色显示屏,更不是高速运行的处理器,它表现为一种"交感幻觉",人们可以通过文本或视觉的再现来产生互动。网络空间具有以下主要特征:虚拟性、符号性及体验性。

首先,网络空间的虚拟性是对现实世界存在的一种模拟和再创造。现实世界是被模仿的对象,加以技术的支持,让不存在的"虚无缥缈"成为另一种方式的现实存在。但与现实物理空间不同,具有虚拟性的网络空间是人们思维运动的附属产物,它以计算机为媒介,通过符号处理的方式呈现在人们眼前。网络空间

---

[1] Ihde,D. "Postphenomenological Re-embodiment", *Found Sci.* 2012(17), pp.375–376.
[2] [荷兰]约斯·德·穆尔:《赛博空间的奥德赛——走向虚拟本体论与人类学》,麦永雄译,桂林:广西师范大学出版社 2007 年版,第 15 页。

为计算机、技术和人之间的联结提供了一个界面。通过这样一个界面,人们可以摆脱现实世界的时间和空间的束缚,身体从此不再有着实体性的边界。虚拟空间的诞生瓦解了身体的物理—生理存在,是对身体感觉的极大拓展。

符号性也是赛博空间的重要特征之一。计算机可以数字化地呈现图片、声音、视频,甚至是人类的形象。文字、图画、声音、视频等都是由一个个的数据包组合处理后传递给网络主体的。这些数据包由最基本的单位 0 与 1 组成,借助于网络实现信息的传播和流动。依据符号的传递、重组和转换,网络空间呈现出来的画面、声音直逼真实世界,人们畅游其中,真正实现了人机的互动。现实世界的活动似乎都可以在网络空间中呈现出来,但是虚拟的网络空间并不仅仅是一面折射出自然世界原貌的镜子,它更像是一面施了咒语的魔镜,有更加丰富多彩的呈现,这种超越大部分体现在赛博主体的体验性上。

体验性使得自然世界与虚拟世界的界限变得愈加模糊。人们通过心灵感知,再借助于现实世界中的经验及生存技巧浸淫于虚拟实在当中。在网络空间中,人们可以做到更多梦寐以求的事情。网络空间的体验性挣脱了身体的枷锁,具有超越现实的多重特性。翟振明教授在其著作《有无之间》中详述了"交叉通灵"的实验:"我们发现一个自我的人格不需要也不应该被空间性地定位在某个地方,因为自我能够自己开辟新的空间性领域,而不必在三维空间中从一个地方转移到另一个地方去。"① 时空性在网络空间中不再是人们交流的屏障,借助网络,人们的活动范围可以覆盖全球各个角落,打破地域和时间的限制,随时随地都可以进行。在科技高度发达的今天,虚拟世界可以给人以视觉、听觉、触觉的多种刺激来满足身体和心灵的体验需求。当人类为之欢欣鼓舞的时候,我们却仿佛掉进了技术的陷阱,赛博空间中的伦理问题层出不穷。

三、微媒体时代网络空间的特征

网络空间中的主体相较现代性的主体,有一些不同的特征。现代性的主体建立在主客二元对立的思维方式基础上,走过了一个过于张扬、过于自我中心化和片面化的过程,并走向自身的衰落。究其原因,很大程度上就是因为没有很好

---

① 翟振明:《有无之间:虚拟实在的哲学探险》,北京:北京大学出版社 2007 年版,第 29 页。

地自我认同,也没有很好地确认自我与他人的关系。在网络时代,微博、微信、抖音等微媒体的出现和运用,为人的主体性的发展提供了一个可能的场域,也为人的全面而自由的发展提供了一条可能的实现途径。

如今,微媒体的运用已经成为全球化时代显见的生存方式和生活方式之一,引起书写、交流、传播等领域的变革。微媒体的流行和运用可以说为人们打造了一个新的空间,只是这种空间不是物理意义上的位置,而是一个重组的、联结的、流动的、不断生成中的、文化的新空间。这样一个空间有如下特点:

一是个人空间与公共空间的结合。微媒体是个人性和公共性的结合体,微媒体精神的核心并不仅仅是自娱自乐,甚至不是个人表达自由,相反,是体现一种利他的共享精神,为他人提供帮助。个人日记和个人网站主要表现的还是"小我",而微博和微信等表现的可能是"大我"。

二是虚拟空间与真实空间的结合。微媒体的载体是网络,这本身具有虚拟的性质,但是,因为作者身份、背景、生活和工作状态的相对固定,又使得每一个主体具有鲜明的个人风格。如今随着实名制的出现和实施,尤其是微信"朋友圈"的运用,更是将两者完美结合的典范。微媒体作为一个"公众"概念,既是一个过程,也是一个场域,"既是一个动词,也是一个名词;既是一种态度,也是一个位置;既是一种想象的空间,也是一个真实的空间"[1]。

三是自然空间与社会空间的结合。微媒体的物质性使得它依然具有自然空间的性质,每个微博或者微信的主人都有自己的领地,只不过这个领地是虚拟的。与此同时,这个领地又具有社会空间的特点,因为每一个圈子都是一个小的群体,在他(她)周围聚集着一批同道。微媒体的作者与读者之间、真实生活与"微"表达之间,有着所有生活世界的一切特点和痕迹。

四是相对固定与动态调整的结合。其中,作者的网址和用户名是相对固定的,围绕作者而形成的知识共同体也是相对固定的,因为他们有相对固定的兴趣、爱好和范式。但是,这里所说的知识共同体是因共同关心的问题非功利地聚集在一起的,不像传统的知识团队一样受规模限制,而是在全世界范围内进行双

---

[1] Eisenstein, Z. *Global Obscenities: Patriarchy, Capitalism, and the Lure of Cyberfantasy*, New York and London: New York University Press, 1998, p.6.

向选择,在结构上是有高度弹性的,既有的知识不是作为一种固定的实体而首先是作为知识的酵素动态地存在着。鼠标之下,手指之间,方寸之内,便是不同的乾坤。

第二节 网络空间中的伦理问题

网络伦理引发的伦理道德问题发生在方方面面,也早已引起人们的关注。比如荷兰学者西斯·J.哈姆林克(Cees J. Hamelink)曾总结过:"在当前关于网络空间伦理的大多数讨论中,存在着个人道德维度、职业道德维度和公司道德维度。"[①]也即讨论个人、专业人员、公司甚至包括社会如何在网络空间中行动。在此,我们将从广阔的网络伦理中进行聚焦,集中讨论由身体引发的各种伦理问题。网络空间作为现实社会的延伸与拓展具有其独有的特性,使得人的肉身在此空间中被编码化,肉体与意识、人与机器的界限逐渐模糊。由于身体在网络空间中的隐匿性和虚拟性让人们难以快速地整合自己的多重身份,因此产生了相应的伦理问题,比如身份的认同与异化、言语的中伤、身心的困顿等。

一、身份认同与自我异化

"身体是一个人身份认同的来源。时间与空间在这里汇合,世界透过一张与众不同的面孔变得生动起来。它是与世界联系的桥梁。人通过它获取人生的主旨要义并将其传达给他人,为同一群体成员之间所共享的符号体系充当这一过程的媒介。"[②]我们一直在探讨"我是谁"和"我想成为谁"的问题。身体是我们身份认同的重要而根本的维度。身体形成了我们感知这个世界的最初视角以及我们与这个世界融合的模式,并决定了我们选择不同目标和不同方式的能力。

---

① [荷兰] 西斯·J.哈姆林克:《赛博空间伦理学》,李世新译,北京:首都师范大学出版社2010年版,第33页。
② [法] 大卫·勒布雷东:《人类身体史和现代性》,王圆圆译,上海:上海文艺出版社2010年版,第3页。

在高度现代性的境况下,身体越来越成为现代人的自我认同感中的核心要素。在自然世界和现实空间中,个人的身份相对稳定,所闻所见相对真实可信。而在网络空间中,人与人之间的交流被称为一种"身体不在场"的交流。身体的隐匿性给了人们很好的契机去创造个人身份,多重身份的出现也因此大行其道。但这又带来了新的难题:身份的认同与异化问题。"伴随着身体、身份退隐的是交往的变异。在网络空间中发生的交往是与物理世界中完全不同的新的交往方式:你的符号与我的符号相遇,你的影子与我的影子相逢。"①编码符号所传递的个人信息是无形的,身体是不在场的,身份是真假难辨的。所有这些,都极大地破坏了人们本体性的安全感和自我认同。

在笛卡尔的观念中,身份被安置于明确的意识里,这种自我形象被视为内省的结果,我们直接洞察自己的个人身份。而对于笛卡尔的批评者来说却不尽然,他们认为不可能通过意识直接洞察身份,必须经过媒介才可以自我认知。早在20世纪初,虽然人们扮演着不同的社会角色,不过,对大多数人来讲,他们终生都可以控制身份角色在家庭和社会中的转换。以前,人们如果想体验异性的生存状态就必须付出时间、金钱甚至承受身心上的压力,而在网络空间中,这一切就显得容易得多,他们只要在网上申请一个账号就可以在网络空间中体验不同的身份带给他们的感受。

游戏当中的角色扮演就是建构一个不同于真实世界的自己,在游戏中想成为什么人都成为可能。以角色扮演类游戏《第二人生》为例,一个外表柔弱的女生,却想成为"花木兰"金戈铁马、挥斥方遒;一个父母常年忙于工作的孩子,想得到父母足够的关爱;一个表现得严厉无趣的公司老板,想改变周围人对自己的看法,以上种种都可以在游戏中成为现实。参与游戏者迥异的心态,大致可归结为三类:第一,希望不断地创造自己从未被探索的部分;第二,极度缺乏关爱,会通过特定角色获得心理补偿;第三,想摆脱他人固有的看法和偏见,重新塑造自我。网络空间建构了一个跨越时空的便捷的社会网络,让人们在现实空间之外,获得发展其独特旨趣的交往空间,可以丰富真实性;但创建多个虚拟的自我可能具有

---

① 高德胜:"身体退隐的道德后果——论网络世界中的身体、道德和教育",《教育研究与实验》2007年第2期。

潜在的破坏性,会使参与者对现实生活采取更加消极的态度,沉溺于网络世界而更加不肯去接受现实。

网络主体在现实世界与虚拟世界的角色转换,把多重角色共存于同一主体当中,使个体对平行自我产生的认同感出现问题。除自我角色的认同外,还表现在身份异化现象。赛博空间中的异化现象之所以引起人们的关注,是因为"网络空间中的虚拟生活使很多人对网络产生了依赖感。网络依赖的主要表现为网络沉迷(obsession)和网络沉溺(addiction),由此可能导致'数码焦虑'(digital distress)、丧失自主性和'脱离肉体效应'(discarnate effect)等网际自我异化现象。网际自我异化表明在看似非中心化的网络空间中,在各种层面的知识权力实体的左右下,主体丧失了以个人或集体方式把握自身的能力,行动和创造的能力也遭到了削弱。这一伦理实践中的问题产生了建构网际自我伦理的必要性"①。网络空间中交往的异化是指主体自我沉溺于网络空间中的信息,或者专注于网络空间中的多重身份所导致的自我控制能力的丧失。网络空间中自我的疏离和异化归结起来有以下三种。

1. 人性的异化

人性的异化即人的活动及活动的产物变成了异己力量,反过来支配和统治人类自身。网络空间交往中的人性异化主要表现为主体意识的弱化。赛博空间的交往将时空分离,人的身体不再成为主体的束缚,同时身体异化也消解了作为主体的人生存与发展的意义和信心。我们的语言表达已经被二进制的数字符号所替代,世界因而成为图像的世界。网络空间原本是人类创造美好生活、探索未知世界的工具,可现今却变成了削弱人性的屏障,成了人类的对立面,让人们沉溺其中不可自拔。

2. 能力的异化

网络空间俨然已经成为人们用电子技术构造出的现实之外的另一个世界。这是对现实世界的一个生动模仿。我们有网上政府供我们查询,有网上银行供我们交易,有网上商店供我们购物,凡此种种都给我们带来了方便快捷。J.T.哈

---

① Rheingold, H. *The Virtual Community: Homesteading on the Electric Frontier*, London: MIT Press, 2000, p.5.

迪对此提出了一个令人深思的问题:"由于我们生活在一种技术化的环境中,因此不免要遇到这样一些问题:人类是这种新技术的主人还是奴隶?技术使人类的选择和自由得到发展还是受到限制?"①人类创造网络空间,本应起到促进人类自身发展的作用,但是主体如果过分依赖网络空间提供给人们的便捷,忽视了主体的发展需求,就会导致能力异化的产生。

3. 角色的异化

角色异化是指主体社会角色的失调、变异和错位。网络技术使得对传统的共同体生活的地理界限进行延伸甚至无视成为可能,在网络空间中,远隔重洋的现代人常常运用新的虚拟角色与他人交流。虚拟角色因其虚拟性和匿名性等特点使撒谎非常容易,且很难辨别,以至于欺骗了主体自己。在《第二人生》这款游戏中,游戏里的用户(被称为"居民")可以通过运动的虚拟化身进行交互。"居民"可以社交,参加个人或集体活动,甚至可以相互交易虚拟财产。如果虚拟角色与现实角色的转换不当,那么,看似有趣的角色体验,便会引发人格分裂和人格障碍,足以导致主体认同的错位。

二、言论伤害与网络暴力

在现实生活中,人们的生存空间往往受到时空的约束。而网络技术的应用,在最大限度上消解了物理世界的束缚,以"去身体""去中心""多重身份""交互性""兼容性""动态性""虚拟性"②为特征的网络人际交流使得人们的生存和交往获得了空前的自由。计算机通过互联网把人们连接到一张大网上,我们就像蜘蛛网上的每一个结点,都有发布信息、接收信息的权利。在现实社会中,受权威话语和等级压制的影响,个人在价值观方面的表达会受到很大的限制;但在网络空间中,每个个体都有发言权,并且可以在全球范围内推送信息,自由地表达思想。这也成为民意表达的一种重要渠道,多起腐败案件都是在网络空间中首先曝光出来,再由警方介入将罪犯绳之以法的。事态发展的迅速,在传统媒介时代是无法想象的。网络空间破除了不平等的权利关系,具有无政府、无中心主义

---

① [美]J.T.哈迪:《科学、技术和环境》,唐建文译,北京:科学普及出版社1984年版,第7页。
② 张震:《网络时代伦理》,成都:四川人民出版社2002年版,第115—120页。

的特性。"因特网是如此根本性地改变了人们从现代社会和此前漫长的年代中获得的认识和经验。时间和空间,肉体和精神,主体和客体,人类和机器——随着网络化的计算机的应用与实践,它们都在各自相互激烈地转换。"①网络空间的优越性让人们充分享受着自由的权益,畅游在虚拟现实当中,个人行为也悄然发生着变化。

网络空间中的自由就像硬币的正反面,在带给我们便利的同时也带来了很多的困扰。人们在虚拟空间中获得了前所未有的生存自由和交往自由的同时,也意味着虚拟与现实之间的界限越来越不明晰。网络空间的异化表明了网络主体的自主性提高了,但随之而来的言论自由却有趋向失度的危险。网络空间的大量信息,让人们丧失了对事物的基本判别能力,自由的言论往往夹杂着恶意的攻击。因此,虚拟空间提供给人们的自由既推动了社会的发展,又阻碍了社会的进步,呈现出二重化的特征。这个数字化时代实在来势汹汹,网络空间中的许多领域还处于无规可循的局面,出现了行为的"失范",这是法律尚未触及的"真空"地带。类似的案例屡见不鲜。

网络暴力是一种危害严重、影响恶劣的暴力形式,是一类在网络上发表具有伤害性、侮辱性和煽动性的言语、图片、视频的行为现象,表现为使用言语、图片、视频等形式在网络上针对他人进行人身攻击,人们习惯称之为"网络暴力"。网络暴力能对当事人造成名誉损害,而且它常常打破道德底线,往往伴随着侵权行为和违法犯罪行为,是现实社会暴力在网络上的延伸。

人肉搜索是一种有代表性的网络暴力行为。人肉搜索是利用人肉搜索引擎等搜索方式对某个人或某些人进行特定的局部或全部信息的搜索,其中大量涉及被搜索人的隐私信息。"人肉搜索引擎"是人肉搜索的技术支持,是指利用人工参与来提纯搜索引擎提供信息的一种机制:通过其他人的帮助来搜索自己搜不到的东西,强调搜索过程中搜索者与受众的互动。由于人肉搜索引擎聚集了不同阶层、不同知识背景的人,所以它时刻显示着"网民互动战争"的浩瀚与壮阔。

人肉搜索作为网络迅速普及的产物,自诞生起就广受争议。有人认为它有

---

① [美] 马克·波斯特:"赛博空间:当代文化定义的困惑与转机",易容译,《学术月刊》2007年第6期。

利于社会监督,但也有人认为它对公民隐私权构成威胁。虽然人肉搜索在舆论监督方面发挥过正面功能,例如在"我爸是李刚"事件中,使肇事者得到了应有的惩戒,还受害者一个公道;另外如周正龙华南虎照片事件、杭州宝马飙车案、南京"天价烟"事件等凸显了人肉搜索的独特价值,但这种价值真的就可以抵消它带来的伦理隐患吗? 显然不能。人肉搜索作为一项网友自发互动的活动,并不具备专业的事件识别标准,希望以人肉搜索来发挥其在舆论方面的正向功能,无异于公民个人撇开法律和警察来执行自以为的正义。

案例分析 3-1:人肉搜索

2011 年 12 月 25 日,肖艳琴选择了最决绝的方式走向死亡。但她一定没有想到,自己生前的这段遭遇,会被人放到网上,并在网络间以爆炸性的速度传播。据称,肖艳琴的丈夫在新婚第五个月后,就与小三在假期里到千岛湖三日游并且开房。在事情败露之后,男子要求离婚并且对财产进行了转移,为了遮掩自己出轨的行为,更是对外界宣称自己离婚是因为遭遇妻子对自己的家暴。这一系列丑恶虚伪的过程终于让妻子不堪重负,最终留下万言遗书,选择自杀。

事情曝光后,网友对这个出轨的男人口诛笔伐,纷纷表示对肖艳琴的同情,更表示这样对爱情不忠、对家庭不负责任的男人应该受到法律的制裁。该男子不堪网友的攻击,在微博中发表声明"会给大家一个交代"。小三也未能幸免被"人肉"的命运,姓名、QQ、微博被曝光之后,无数网友开始搜索并且对其发出声讨。

2012 年 1 月 1 日从肖艳琴好友的微博中传出消息,肖艳琴没有死,并且会在近期现身接受电视台专访,详细讲述事件经过。采访结束时,肖艳琴向自己的亲朋和网民鞠躬致歉。①

案例中微博上最初曝光的"遗书"迅速激起网友的愤怒,并且立刻成压倒之

---

① 李师全:"肖艳琴复活始末",http://paper.dzwww.com/xcb/data/20120107/html/5/content_1.html,2012-01-07。

势对第三者进行讨伐,更有甚者去人肉搜索,爆出第三者的个人信息并公之于众。正当网友们闹得欢,让当事人很头痛的时候,又爆出肖艳琴没有死,众多网友又同仇敌忾地声讨肖艳琴,认为她在炒作,利用大家的同情心。到底是谁导演了这场网络空间中的闹剧?对于以上主人公的情感道德我们暂且搁置,自由的言论带来的负面效应不可小觑。

其中有两点值得关注:第一,为什么在网络空间中这么多人敢于表达自己的言论而不怕担当责任?第二,为什么在发布消息后,如此多的民众迅速加入了这场声讨?当现实社会中的自由意志没有外化为个人行动的时候,自由还不能给社会带来实际的影响。网络空间中的情况就大有不同,我们的自由意志在外化为行动时,往往是以虚拟方式出现的,在既定的技术环境下,我们的自由意志可以带给网络主体"真实存在"的感受,而且不费吹灰之力就可以迅速地被表达出来,这种便捷给人们自由的言论提供了契机。众多网民在上述案例中用微博身份对第三者义正词严地说教,而有一些则是带有人身攻击的辱骂。"身体的不在场"让赛博公民不用担心自己会因为言语失度而被人知道自己的真实模样,这些语言以符号呈现,成为虚拟空间中实践活动的物质存在形式。符号本身不受道德和法律的约束,因此网络主体不担心会因为言语失度而承担任何责任。

在各类网站的聊天室、论坛、QQ、个人网页、电子邮件中,人们也在发布着各类信息,这些信息的内容繁杂冗长,中间避免不了带有人身攻击的话语、不满的言论、无聊的信息和虚假的广告。我们每天打开电脑都要从爆炸式的信息中挑选出自己想要的信息,这也浪费了我们大量的时间和精力。在如此广泛的信息中,夹杂着有损道德信仰、有损国家形象的言论,单靠网络管理很难屏蔽掉所有的垃圾信息,这种管理也无法控制网上的"个人"行为。由于"身体的不在场"以及身份的隐匿性和匿名性等特征,让网络空间的管理和规范难上加难。

三、信息泄露与隐私权的破坏

网络隐私权是作为公民依法享有的隐私权在互联网时代的体现。在网络时代,人们普遍想要获得更多的公共信息或私人信息来达到自己的目的,除了我们之前案例讨论的人肉搜索问题所带来的不获利性隐私侵犯之外,隐私还可被用作一种商业资源遭到侵犯。"个人隐私不再简单地只是一种对他人无害的信息，而成为各种媒体、企业可利用的资源"①，但是在资源共享但并非资源无偿的情况下，就开始出现信息泄露等隐私遭到侵犯的问题。

网络空间的开放性使得人的隐私权不断受到损害。在网络空间中，既然如此庞大的个人信息可以很容易地存储、访问并迅速传播，隐私将变得越来越难以维护。在很大程度上，这是因为隐藏在这些信息背后的巨大价值。玛丽·赖特(Marie A. Wright)在其文章《隐私权的侵蚀》中描述到，过去与个人有关的信息是很难找到的，但是现在，"这些信息很容易通过自动搜索设备的应用来获取和收集"。② 越来越多的人依赖网络空间的便捷性，隐私被窥探的可能性随之增加。

信息产业巨头斯科特·麦克尼利曾说："必须承认这一事实：私生活已不复存在。"③也有人认为，"信息革命的一个主要的副产品似乎就是随之而来的个人隐私的丧失。……隐私的重要不仅在于其自身，而且在于它是行使自由和自决权的一个条件。没有隐私，我们的生活就会受到更多的控制，我们作为人的尊严就会受到损害。"④在大数据时代，我们每个人都仿若是透明的，随处可见的监控、身份证信息和电话号码的不断外流、支付宝私人信息被出卖、摄像头偷拍……隐私泄露的事情太多太多了，以至于我们就像电影《楚门的世界》里的主人公，从一出生就生活在没有隐私的日子里。随着技术的更加便捷，如智能化、支付一体化、大数据等技术的发展，我们每时每刻做的每件事都是暴露在数据中的。这个时候，依靠网络伦理体系和相关法律法规，规范数据持有者和使用者就变得异常重要。

人们需要自由地获取资源，但又害怕信息泄露和隐私破坏，这是一个悖论。凡此种种，皆与网络空间中肉身的"缺席"有关，这也使得构建一种适合于网络空

---

① 关有杏："网络道德失范与网络伦理的建构"，《学术交流》2006年第4期。
② Marie, A. 'The Erosion of Privacy？', in Robert, B. (et.). *Cyberethics: Social and Moral Issues in the Computer Age*, New York: Prometheus Books, 2000, p.162.
③ [法]吉尔贝·夏尔、让-塞巴斯蒂安·斯泰利："高科技威胁私生活"，鲁方根译，《国外社会科学文摘》2001年第4期，第24页。
④ [美]理查德·A.斯皮内洛：《世纪道德：信息技术的伦理方面》，刘钢译，北京：中央编译出版社1999年版，第188—189页。

间的身体伦理势在必行。在开放自由的网络空间中,约束力不及现实空间,这就需要每个人都必须对自己负责,使得人不再是虚拟符号的替代,而是作为真实的人的展开。为此,要加强网络主体自主选择的能力,不仅仅强调网络主体要承担对社会与他人的责任,更蕴涵着每个人对自我的内在善的追求,它要求每一个网络公民都要克制自我"恶"的意图,对自己负责,对他人负责。要使自由以责任作为底线,不越过道德的边界,使网络空间的活动有序进行。

四、网络安全危机与信息犯罪

网络安全危机是身处网络时代的我们无法回避的一项基本问题。由于网络空间的固有特性,人们依赖网络空间,把大量的个人信息储存在网络中,黑客们就有了可乘之机。亿万人使用计算机和互联网发送接收邮件、登录银行账户、购买商品和服务,以及追踪个人信息,使得这些系统的安全性存在重要的问题。恶意软件可以通过多种方式侵入计算机,窃取个人信息、破坏文件、扰乱工业进程,还能对财政系统发起攻击,给犯罪集团提供支持,或者"黑"掉其他国家的官方网站。如2011年CSDN(中国微软开发联盟)数据库遭到黑客攻击,600万网友的账号密码被盗,造成高额的经济损失。对计算机的系统功能或系统中的数据和程序进行删除、修改、增加,或故意制造、传播病毒,甚至侵入国家事务、国防建设、尖端科技领域的计算机系统,窃取国家机密等犯罪也时有发生。在电影《虎胆龙威》中,一个恐怖组织通过入侵不同的计算机和通信系统来获取交通信号灯、天然气管道以及电力网络的控制权,这些情节并非只是好莱坞的科幻情节,而是可能真的会发生。网络技术带给我们的,除了便捷,还可能会有恐惧。

2003年,一个黑客入侵了堪萨斯大学的计算机,并且复制了1450个留学生的个人档案。档案包括姓名、社保号、护照号、国籍和生日信息。两年后在一个类似事件中,入侵者入侵了内达华大学洛杉矶分校的一台计算机,里面存放了5000名留学生的个人信息。2005年,有人在Apply Yourself公司开发的在线申请软件中发现安全漏洞并在在线论坛上发了一个帖子,指出商学院的申请人可以绕开软件的安全系统,后来数百名申请人偷看了他们的档案。一周以后,卡耐基梅隆大学、哈佛大学及麻省理工学院表示他们不会录取任何一个访问了他们计算机系统的申请人。2011年,一个黑客进入YouTube视频网站《芝麻街》

频道,更改了它的主页,用淫秽的内容更替了原本的视频。在谷歌关闭网站之前,该网站播放了 22 分钟限制级内容。除黑客外,各类网络蠕虫、病毒、恶意技术人员、恶意程序、僵尸网络、间谍软件等,这些听起来陌生、看起来遥远的计算机网络安全威胁其实一直都潜在于我们生活的网络社会。

  网络犯罪是伴随着网络信息安全问题出现的。因为背后丰厚的利润与政治利益,有组织的网络犯罪总是屡见不鲜也难以得到有效的遏制。一开始作为学者和研究人员游乐园的互联网,已成为一个功能齐全、甚至政治化的自由社会——计算机王国。"它吸引了不同生活背景、不同行业、不同年龄的公民,同时也吸引了许多坏人、盗窃分子、诈骗犯和故意破坏分子,它还是恐怖分子的避风港"①。法国学者弗雷德里克·马丁(Frederick Martin)和达尼埃尔·马丁(Daniel Martin)将网络犯罪规定为:"一是以技术信息为犯罪对象的犯罪,人们将此类犯罪称为纯正的信息犯罪;一是以信息技术为犯罪方法的犯罪,这类犯罪就是与信息和通信技术相关的犯罪。"②极具政治意味的网络犯罪我们且先不谈,单论社会大众经常遇到的网络犯罪事件。在社会生活中,我们接触到越来越多的"高科技犯罪",这类犯罪动机复杂、蔓延迅速、危害突出且隐蔽性强,例如网络盗窃、网络诈骗、网络赌博、网络色情、网络迷信等依托各种形式进行自我蔓延的网络犯罪,这些犯罪会造成严重的网络伦理危机,影响人们正常的网络生活和现实社会生活。

  案例分析 3-2:"暗网"与网络黑市犯罪

  《日本经济新闻》2018 年 7 月 12 日报道称,互联网空间存在着即使通过百度、谷歌和雅虎等进行搜索也不会显示的网站。这些网站被称为"暗网"(Dark Web),是交易违法药物、武器和个人信息等的网络黑市。据称接入这些网站需要特定的软件和密码,由于匿名性很高,要掌握运营者和利用者的真实情况被认为很困难。暗网可以利用虚拟货币结算,是能买卖全世界的违法商品和服务的犯罪者与黑客间的交易平台。与任何人都能搜索到

---

① [英]尼尔·巴雷特:《数字化犯罪》,郝海洋译,沈阳:辽宁教育出版社 1998 年版,第 196—197 页。
② [法]弗雷德里克·马丁、达尼埃尔·马丁:《网络犯罪——威胁、风险与反击》,卢建平译,北京:中国大百科全书出版社 2002 年版,第 10 页。

的电商网站不同,要访问暗网,需要输入通过特定渠道获得的 URL(网址)和密码。只要注册可匿名取得的免费邮箱等,即可上传商品和浏览,一般通过虚拟货币进行结算。比如大麻 1 克 6 美元、用于攻击网站的病毒 30 美元、发送垃圾邮件 1 千条 70 美元……在笔记本电脑上输入一般情况下不为人知的特定 URL 后,涉嫌违法的商品和服务连同照片一起大量显示在屏幕上。①

美国司法部 2017 年拘捕了最大规模的暗网市场"AlphaBay"的运营者,迫使该网站关闭。而在日本,各地警察查到了在网络黑市上进行的他人网上银行账户密码和信用卡的个人信息等的交易,不过,警方高官指出"查处的案例只是冰山一角"。2017 年,以恢复感染病毒的个人电脑为名勒索赎金的"勒索软件"(RansomWare)在各国出现。有分析认为,著名的黑客集团在暗网上获得被认为由美国国家安全局(NSA)开发的技术,然后用于攻击。最终有很多企业实际支付了赎金。

网络原本就具有瞬间跨越边境,成为黑市的危险。犯罪分子通过网络黑市交易和洗钱,暗网已成为犯罪获取收益的温床。根据调查的不同情况,有时也能锁定参与交易者的身份,并根据该国法律追究其法律责任。因此,各国需要建立可共享犯罪集团的通信和交易记录等信息的机制,要针对黑市布置国际性的调查包围网,另外为了防止交易本身,保护信息这一危机意识也不可或缺。

五、网络对知识产权的侵犯

自约翰·洛克(John Locke)提出产权理论以后,知识产权就一直是极具商业价值的人类智慧的独特产物。如今,知识产权在以开放性、共享性、多样性、复杂性为特征的网络社会中面临着巨大的挑战。"大家转向网络,渐渐从生产信息的地方直接获取信息。"②根据约翰·洛克的理论,人们只有权拥有凭借自己劳

---

① "互联网存在暗网,已成网络黑市犯罪温床",https://new.qq.com/cmsn/20180712/20180712021712.html,2019 - 07 - 01。
② 郭良:《网络创世纪——从阿帕网到互联网》,北京:中国人民大学出版社 1998 年版,第 162—163 页。

动从自然获得的东西,可是对知识产权的侵犯明显具有"不劳而获""坐享其成"的意味。

在网络世界中,知识产权极易受到侵犯,不合理的网络共享及资源复制,会损害原创作者的权益。知识的"公有性"要求给予原创者绝对的尊重,只有在给予原创作者相应的荣誉地位或经济利益的基础上,相关人员对知识的创作的热情才能得到保持。当然,侵犯知识产权并非只对原创作者有影响,不加节制的侵权行为还会导致社会行为与社会秩序的混乱。但是这个问题在如今仿佛并没有得到应有的重视,盗版问题、剽窃问题、商业秘密泄漏问题、版权纠纷问题……这些层出不穷却又万变不离其宗的问题,一遍遍地在拷问我们对于网络社会的适应性。处在网络信息技术发展的时代,是不是就能改变我们对于知识产权的理解?在网络环境下我们如何深刻理解"合理使用"的问题呢?

案例分析 3-3:《哪吒》是抄袭作品?

2019 年暑期上映的国产动漫《哪吒》创造了中国电影史票房总榜第二的奇迹,总票房高达 48.8 亿元。《哪吒》在大火之后陷入了被责"抄袭"的怪圈。以中影华腾为著作产权所有人的非遗文化展"五维记忆"在网上发声明力控"哪吒"创意抄袭,并配上上映时间线与部分对比图予以佐证。①

与此前被责抄袭的作品遭遇不同,对于《哪吒》被指抄袭一事,网友并不买账,并纷纷发表自己对于抄袭的看法。有网友指出中影华腾放出来的对比图原图与《阿凡达》海报极其类似,另外的图片与其他动漫或电影部分片段类似,并由此质问"五维记忆"是否也是抄袭作品?更有网友调侃道:谁也不用争,反正都是抄袭《西游记》。以后大家拍电影可千万不能说话,也不能走路,不然全是抄袭!这些言论可能有失偏颇,但却让我们发现了,在网络时代,很多作品之间是"借鉴"还是"抄袭",其界限真的很难确定。因此在网络时代,如何界定"抄袭",如何保护知识产权,这些问题都需要考量。

---

① "《哪吒》"被指涉嫌抄袭,网友甩出这些电影海报怒怼:可拉倒吧!",https://www.thepaper.cn/newsDetail_forward_4244851,澎湃新闻·澎湃号·媒体,2019-08-23。

六、数字遗产与网络虚拟财产问题

网络空间不单单是人们交流信息的媒介,还承载着构建个人身份的重责。电子邮箱、网店以及微博、微信等网络平台,为人们提供了一个表现自己的虚拟环境和塑造个人身份的实验室。毫不夸张地说,网民已经把网络空间中的"身份"认同为"自我"的一部分了,这种身份建构可以理解为自我在网络空间中的一种形式。但是,因为肉身的不在场,使得这种自我带有一种非明晰性和不确定性,对传统的伦理和法律的适用边界带来了重大挑战。

案例分析3-4:数字遗产如何处置?

一名美国海军陆战队队员Justin M. Ellsworth在伊拉克执行任务时被路边炸弹炸死。其父John Ellsworth向雅虎公司提出请求,要求获得其子电子邮箱的密码,以便得到儿子留的遗言、照片、电子邮件,了解儿子的所思所想,以满足家庭对他的怀念之情。雅虎公司以侵犯死者以及相关人的隐私权为由予以拒绝,John Ellsworth因此向法院起诉。法官最终在判决中提出了一个使John Ellsworth和雅虎公司都能够接受的解决方案:允许雅虎公司将大兵Justin M. Ellsworth的电子邮件等刻录在CD盘上,然后交给其家属,密码没有一同交付。①

这是关于数字遗产的最典型的案例。无独有偶,在中国也已发生了妻子向腾讯公司索要亡夫的QQ号码的案例。所谓"数字遗产",是指自然人死亡时以数字信息形式存储在一定载体或网络中的物品,例如QQ币、个人相册、个人文档(如博客)、视频、电子邮件、游戏装备、文学艺术作品等。如今,随着网民规模的扩大以及网络信息容量的增加,数字遗产衍生的问题日益增多,数字遗产问题已经切实地摆在亿万网民面前。这些都迫切需要出台新的法律加以解决。

伦理方面的考量往往是健全法律法规的必经之路。以上例子中的法律问题

---

① 吕林荫:"数字遗产衍生问题趋多,无法律明文规定维权陷瓶颈",《解放日报》2011年11月4日。

我们暂且不去讨论,先来思考一下其中蕴含的伦理问题。为何生者想要回死者的电子邮箱?这种缅怀的方式意义何在?这里面又需要考虑哪些问题?现在的网络供应商更多地考虑到对用户隐私权的保护以及资源的有效利用,所以用户往往拥有使用权而不是所有权。但是,也许只有更好地考虑到这种虚拟身份建构对生者的意义,才能构建出更加健全合理的法律制度。

"'媒介是人的延伸',而人又同时受到媒介的控制和操纵。"①沉浸于网络空间中,每个人都隐藏在符号和信息背后,这种体验已经深入人心,个人的身份也通过一种非躯体化的形式表现出来,参与到我们的体验当中。肉身既是一个被表现的客体,又是试图宣泄自身情绪与思想的中介。肉身的存在建构了网络虚拟身份,当肉身不在,虚拟身份便成为逝者曾经存在的依据。网络中的"我"是通过技术由身体建构起来的,技术的发展为身体在网络空间中的"存在"提供了支持,线上的"我"也就是肉身自我的另一种存在形式,这也是为何美国的那位父亲 John Ellsworth 据理力争想要回已故亲人邮箱的原因,雅虎最终决定把其子的资料以 CD 的形式刻录给那位父亲,以慰藉老父亲对儿子的思念之情。雅虎的处理方式还是值得我们借鉴与思考的,网络空间发展刚刚起步,以后这种案例也不会在少数,应该给生者一个慰藉,给逝者一个交代。

案例分析 3-5:社交账号继承案

2018 年 7 月,德国联邦最高法院的一纸判决引来全球关注:一对德国夫妇获得了其已故女儿的社交媒体账号继承权。为获得这一判决结果,这场官司已经打了五年。事情经过是:2012 年,一名 15 岁的女孩在柏林遭地铁碾轧身亡。她的父母怀疑女儿受到欺凌,申请进入逝者的 Facebook 账号查看信息,但账号被 Facebook 锁定,于是他们将 Facebook 告上了法庭。官司几经波折,2015 年,法院要求 Facebook 提供女孩的相关数据;2017 年,柏林上诉法庭认为,网络账户的隐私受宪法的保护;2018 年 7 月

---

① [英]克里斯托夫·霍洛克斯:《麦克卢汉与虚拟实在》,刘千立译,北京:北京大学出版社 2005 年版,第 114 页。

12 日,德国联邦最高法院最终裁定,Facebook 必须允许女孩的父母作为账号继承人进入。①

从父母亲的感情来看,继承子女的账号是理所应当的,但是网上也有另一种说法:临死前最后要做的一件事是把相关账号内容清空或格式化,因为里面秘密太多了。这样看来,数字遗产的继承又应该取得当事人的遗愿,但如果是意外离世呢?新浪、腾讯等互联网企业认为,数字财产涉及隐私等问题,对外继承的话可能要负担极大的法律和道德风险。因此,关于数字遗产的继承问题,一直都有不同的声音。微信和QQ的用户协议相关条款显示:用户只有账号的使用权,所有权归腾讯;用户不能把账号转让给别人;账号长期不登录,腾讯有权收回。如果账户里有财产,继承人可以联系客服,在提交相关证明后继承账户里的财产,这就从官方协议上宣布数字财产不可继承。这样看来,账户类数字遗产依赖第三方提供平台和服务,产权并不独立。目前较为普遍的做法是用户只有使用权没有所有权,具体操作上还是要看用户和平台的协商。关于数字遗产,Facebook 和谷歌等互联网巨头推出了代理人服务,允许用户在生前设置代理人,以处理身后的数字遗产,只是权限并不包括查阅个人聊天记录等隐私信息。至于数字遗产将何去何从,现在还处于讨论阶段,不过可以预见的是,讨论得出的结果必须为遗产准继承人接受,也不会对相关平台带来多大的安全隐患。

案例分析 3-6:网络虚拟财产如何分割?

小王和小李是一对 80 后夫妻。小李经营一家淘宝网店多年,如今已是"双皇冠"级别。前不久两人为离婚闹上法庭,对其他财产的处置并无异议,但对于怎么处理这个网店,双方各执一词。小王认为它也属夫妻共同财产,要求分割;小李不肯:"这个店跟我的身份信息、支付宝账户是绑定的,再说我要继续经营。"为了保护双方利益,法院首先要认定这个网店的盈利情况和现有价值。认定店铺盈利相对好办:在支付宝公司配合下,法院查到了

---

① "德国判决首例数字遗产案",http://k.sina.com.cn/article_1686546714_6486a91a02000df5t.html,环球网,2018-07-13。

小李支付宝账户的资金进出等情况,大致核算出网店近年的实际盈利。但店铺积累的客户资源和信用评价,是很难估算的无形资产。最后法院通过调解,裁定小李继续拥有和经营网店,同时向小王支付一笔补偿金。①

案例中,为何离婚夫妻要为虚拟的淘宝店争得面红耳赤?"双冠"的虚拟信用度到底涵盖了多少财富信息、品牌价值? 仲裁此次离婚案的法官坦言,现在法理跟不上,只能用情理来调和财产的分割问题。对于网络空间中的虚拟买卖商店(以案例中的淘宝网店为例),卖家姓名都不是实名制,身份是人为建构起来的,但是虚拟的身份对接于现实的收益,这就模糊了虚拟与现实之间的界限。这种虚拟身份的归属、虚拟财产的分割让取舍和抉择陷入两难的境地,我们需要寻找一种从虚拟到现实的回归。现实案例中不单单有淘宝店财产的分割,还涉及网络游戏账号、"吉利"的QQ号码、域名的分割等,目前还没有一个第三方可以对这些虚拟财产做资产评估,就更不要说如何分割了。

第三节 以身体为界面的网络伦理思考

以上种种网络伦理问题不断引发人们的关注,需要综合多方面的因素进行考量。在这种情况下,以往那种诉诸统一性、规范性和确定性的主体伦理学已经不能满足实践的需要,迫切需要一种新的伦理学对此进行反思与重构。而身体伦理学为理解和应对这些问题提供了良好的参考框架。

一、网络空间中的身体:在场还是缺席?

20世纪80年代至今,建立在现代科学技术与媒介交往方式基础上的网络空间和赛博格格外引人瞩目。网络空间为人的发展建立了一个新的时空,这样一种时空要求人既要"共时空",又要"去时空"。网络时代,传统的时间和空间的意义都已改变。在信息化、网络化的世界里,空间距离的影响变得越来越小,而

---

① 顾一琼:"分手,网络虚拟财产怎么分?",《文汇报》2012年10月13日。

时间感变得异常紧迫。这个时空之所以是"共时空"的,一方面是因为通过网络生存,大家像生活在一个"地球村",不同国家、地区、民族的人可以通过网络共同享有同一个时空;另一方面,这个时空又是"去时空"的,也就是说,它可以不受具体的时间和空间的限制,能够打破地点与地点之间的界限,实现人与人之间的亲密交流。网络生存把人的活动从以往以物质实体和能量载体为基础的活动平台转移到以信息网络为基础的活动平台,实际上是把人的活动从物理时空转移到电子时空。这样的一个时空具有传统时空所很难同时具备的功能和意义。从横向来看,网络空间是个人与他者的共在;从纵向来看,网络空间又可以串联个人的过去、现在和未来。这种时空的交织,为人们编织了一个既远又近,既有个人性又有公共性的网络。

在哈拉维看来,我们就是赛博格,赛博格这一隐喻塑造了一个新的理解与改变世界的可能图景。电影《阿凡达》里的男主角就是非常典型的赛博格,是人、机器与动物的统一体。当然,从技术已经内化到人本身的角度来说,可以说每个离不开技术的人某种意义上都已经是赛博格。技术补充、替代和延伸了人的身体,却也不断消泯着人与机器的界限。可以说网络空间的出现开辟了一个历史的新纪元,"由于我们远离了历史的真实而接受了模拟的真实,我们进入了一个性质迥异的经验领域"[①]。符号替代了身体的出场,身体在网络空间中似乎是缺席的。

表面来看,"身体的不在场"确实给我们带来了很多伦理问题。首先,身体的不在场降低了网民的道德责任感,网络空间言语的失度、网络诈骗、黑客攻击屡见不鲜。其次,网络空间中的自我认同较现实社会更复杂,存在自我异化现象。最后,网络空间中的身份建构为网站赋予了附加价值,虚拟空间中的财产归属权在道德伦理上也陷入了困境。网络空间中出现的这些新问题和新现象,对传统的伦理规范带来了前所未有的冲击,传统的主体伦理学已经有些力不从心了。

实际上,很多分析家已经发现,我们的在线行为永远是依赖于身体的离线存在的,不存在完全悬置的身体。网络空间的使用者是我们的身体,各种编码呈现

---

① 参见[美]道格拉斯·凯尔纳、斯蒂文·贝斯特:《后现代理论:批判性的质疑》,张志斌译,北京:中央编译出版社2006年版,第153页。

出来的思想承载者也是我们的身体。我们的"线上"活动要依赖"线下"的身体才能得以实现。在网络空间中，人依然是现实社会的伦理主体，只是身体的出场方式是数字化、符号化和虚拟化的，心灵的活动依然依赖于身体。因此，网络空间并非对身体的放逐与悬置，而是一种延伸。从身体出发来反思网络空间中的种种伦理问题，可以使我们更好地回应网络技术与人的关系。

二、个人性与公共性的结合

网络时代，数字化生存对人的主体性发展有着非同一般而又容易被人忽视的影响和贡献。我们以网络文学、博客、微博、微信和抖音等新媒体现象为例，来考察这些现象对主体的影响。这些现象如今已经成为人们自我展现和交流的另一片肥沃的疆域，也成为许多人的个性名片。

1. 语言活动中的表达和沟通

网络主体在参与网络互动时，达成了需要的满足和价值的实现。它在自我创造的同时，也创造了一个不同于现实世界的新世界。比如，在网络写作群体看来，"在外面的世界里，他四处遭遇的都是既定的、他不得不顺从的；而在这里，他拥有全部的决定权。写作时，只有笔端流出的有效，其余的一切，所谓的现实世界，都被远远地抛开，几乎沉沦。写作的幸福就在于此。"[①]没有强制，没有条条框框的束缚，只有自我的随性表达。网络写手们可以沉浸在这种自我世界的建构中享受写作的幸福。

当然，写作是网络写作群体的重要表达形式，但不是唯一的方式。无论是文字、图片还是抖音中的短视频，都是作者试图表达自己声音的手段以及与他者进行沟通的方式。通过广义的语言活动，网络写作群体达到"展示自我"以及自我实现与塑造的目的，并通过与他者的互动来构建个人影响力。观看者也因此分享和参与其中，这甚至构成当今时代许多人的日常生活方式。

语言，在很多哲学家那里有着根本的意味。当维特根斯坦说"语言是世界的图画"、海德格尔说"语言是存在的家"时，他们不仅是在以隐喻的方式谈论语言，而且是通过语言的隐喻性显示语言的张力，显示语言的形象性，显示语言对于人

---

① ［德］彼得·毕尔格：《主体的退隐》，陈良梅、夏清译，南京：南京大学出版社 2004 年版，第 166 页。

的本真意义。当然,语言之于人,之所以具有本真的意味,更重要的是语言活动本身就是一种生活方式。维特根斯坦曾有过"语言游戏"和"生活形式"的论述,强调语言的言说是一种活动或一种社会形式的组成部分。"核心是语言游戏,而基础却是生活形式概念。作为人类活动的语言游戏构成了人类的生活形式,反之,生活形式又限定了语言游戏的社会特征。"[①]语言游戏的核心在于我们在游戏中能够正确地遵守规则。而参与语言游戏、遵守语言规则的前提是能听懂和理解游戏中使用的语言,能够相互交流和理解是语言的基本特征,在此意义上语言不可能是私人的。在维特根斯坦看来,语言的界限即世界的界限。语言是人类认知发展到一定阶段的产物,人们通过语言将客观世界纳入人的认识系统,赋予世界以意义。

在网络中,会有各种圈子文化和不同的群体,他们可能拥有只有自己才懂的话语体系和符号。人生活在语言之中,语言让存在归家,让思想落定。人与人之间存在一定的交流网络,这种网络形成对说话人永远有影响力的话语积淀,人就活在这些网络和积淀中。倾听与言说,是人生在世的主要方式。语言作为人与世界的根本纽带,也是主体间性的信息和意义的传递手段。

2. 信息传递中的意义与理解

从主体的主体性向度看,新媒体的意义表现为"分享感受、参与交流、确证存在"。自媒体和新媒体的公众性和开放性,使参与者从自我满足扩展到主体间的共享。主体之间共同分享着经验,使得相互间的理解和交流成为可能。意义在主体间的传递,将众多主体联结起来,形成一个意义的世界。

网络正是自我与他者进行信息传递、加强理解、感受意义的媒介。它可以将各个知识和信息领域里的高手和最知情者聚集在一起,组成无数个规模不一的"梦之队",让各个领域的"奥运会"长年累月地在网络上举行,让正规组织中无用武之地的黑马随时出场。网民们摩肩接踵地卷入信息和知识的创造和传播中,将文本中看似平淡无奇的词语变成一个个别开生面的链接,甚至有可能产生"蝴蝶效应",其意义的丰富性、冲击力大大超出初始文本。

新媒体这种生产、传播知识和信息的方式可以形成一轮又一轮的意义风暴。

[①] 江怡:《维特根斯坦:一种后哲学的文化》,北京:社会科学文献出版社2002年版,第9页。

于他者来说,网络媒体可以作为沟通与交流的平台,达成被认同和分享的愿望,满足人类"与你在一起"的温暖与安全的需要。于公众来说,网络媒体可以促进民主建设,实现话语权的公平分享。具体包括,它可以模糊边缘与中心的界限,实现人的平等共存,为"自由人的联合体"作出示范;可以实现分时协作,实现多元文化的交织和碰撞;还可以变革人类传播范式,实现所有人向所有人的"大集市式"传播。个人需要、集体需要和社会需要之间就建立了某种内涵一致的关联。

3. 网络活动中的共在与他者

在网络活动中,主体虽然有相当的自由,但并非是任意的,而是表现出一定的客观性。究其本质,是因为,基于网络的生活世界具有鲜明的主体间性,这一定程度上保证了主体的客观性向度,也赋予主体在多元、变化、开放中的一些相对客观的因素。

主体间性是 20 世纪哲学中极为凸显的一个概念,其英文是 intersubjectivity,在不同的文本中,它又可译为主体际性、主观际性、主体通性、主体间本位、共主体性、互主体性等。《哲学大辞典》把 intersubjectivity 解释为:"作为自为存在的人与另一作为自为存在的人的相互联系与和平共存。"①主体间性涉及到两个以上的主体之间的共同性及其沟通的可能性。人生活在人与人、群体与群体的交往之中,人的世界是一个交往的世界。处于交往关系中的人的主体性是一种主体间性,其中主体与主体的关系不是孤立存在的二人世界或多人世界,而是以他们共有的客体世界为前提的。海德格尔写道:"此在本质上是共在。"②处于主体与主体关系中的人的存在是自我与他人的共同存在,人不能在绝对的意义上独在,"独在也是共同存在,是共在的一种残缺样式。此在可能独在恰是共在的证明"③。

新媒体所赖以生存的世界也是这样一种生活世界,它可以说是一个时代的社会的缩影,也是不同类的群体的类本质的显现场所。每一个人都处在不同群

---

① 《哲学大辞典(修订本)》(下),上海:上海辞书出版社 2001 年版,第 2037 页。
② [德]海德格尔:《存在与时间》,陈嘉映、王庆节译,北京:生活·读书·新知三联书店 1999 年版,第 84 页。
③ [德]海德格尔:《存在与时间》,陈嘉映、王庆节译,北京:生活·读书·新知三联书店 1999 年版,第 84 页。

体、背景、风格、联结、视角的影响中,网络交往实践中的主体性尤为鲜明地体现了这种主体间性。因为网络文本不谋求甚至消解"作者主权",很多时候不是把读者的注意力引向自己,而是通过已有或潜在的链接,把注意力引向一个个"他者"。读者同时是作者,作者也同时是别人网络作品的读者;新媒体的受众本身既是知识和信息的消费者,也是提供者。这种基于他者而设计出的主体性,在本质上对世界是开放的。这样一种主体间的相互关系中,人们是相互需要的,他们既相互是目的又相互是手段,而不纯粹是目的或纯粹是手段。这样一种主体性已经内在地包含着交互主体性,既在主体之中,又高于所有主体,而具有客观性的品格。

4. 多元交往中的自我确认

网络自媒体的出现,使得每个人都可以充分展现个人的思想、情感、经历和特色,并表达自己鲜明的风格和价值观,主体的个体性也得以凸显。但是,因为网络主体的多元交互性,又可能使参与主体面临被淹没或者消解的危险。因此,如何在这样一种多元文化的共在中找寻自我,如何实现个人的价值选择与自我确认,就显得尤为重要。

在一个真正的知识或者信息的共同体中,共同主体性的实现依赖于个体主体性的发挥,但又不是个体主体性的简单集合;个体主体性应当综合于共同主体性,而又不消解于其中。在这里,个体保持相对的独立性,包括在对共同体状况整体把握的基础上加以反思和批判。因此,我们必须超越一种简单的关于公众/私人的空间的或文字的概念。"我们不要将这种公众的观念与隐私联系起来,而是与自私、不负责任以及不民主联系起来。"[1]这样的公众性尽管不否认个人自治的因素,但是却不再限于自我,而是具有一定的集体性承诺。由于网络主体的自我确认是建立于主体间性之上的个体性,所以更加丰富。在纷繁复杂的信息交流和文化碰撞中,从事网络实践的人在多元交往中不断达成自我确认,也不断践履人的社会性与个体性的统一。这样一种主体既是公众又同时是个体,既包括公众性,也有个体性。这样一种"公众"并不是介于政府领域和私人领域之间

---

[1] William, S. "Globalization, Privatization and a Feminist Public", in *Indiana Journal of Global Legal Studies*, 1996, 4(1), p.101.

的促狭的场所,毋宁说,它是重新安排这些领域的"交叉的关系"。这种公众性认可个体经验的共有的和理性的意义,为个体自由的实现保驾护航。作为"个体",也体现出一定的多元主体性和交互性。个体在共同主体性中不断实现个人价值选择和自我定位,并在多元、变化、重组、不确定中寻找客观性,这也是个人发展的客观基础。

三、全球化和地方化的统一

网络空间虽然打破了性别、种族、阶级的枷锁,但它是否一定能够推进自由平等依然值得商榷,这很大程度上来自现实情况的限制:目前,全世界大约只有10%的人会讲英语,但几乎80%的网址和普通用户界面都用英文;在10亿文盲中大约1.3亿是儿童,而在发展中国家3个文盲中就有2人是女童……可以说,在那些不发达国家和地区以及发达国家的贫民窟和游民中,许多人因为缺乏相关设备和技能,被阻隔在网络空间之外,形成了所谓的"第四世界",离信息时代的社会生活方式渐行渐远。这些问题,凸显出网络空间中的又一伦理问题,需要我们从全球化和地方化的视角作全面考量。

网络空间的飞速发展让我们的生存空间越来越像一个地球村,信息与网络的流动性真正实现了全球化进程。网络空间为个人的全面发展提供了全新的技术手段和充分的信息来源。它可以是一所没有围墙的超级世界大学,善于利用它的人可以在这里接受终身教育;它是一个很好的秀场,每个人都可以自如畅快地表现和自我创造;它是一个知识共同体的摇篮,人们在其中完成信息传递与意义共享;它还是一个民主自由的发声器,实现话语权以及其他权利的平等共享,等等。总之,数字生存有助于塑造一种开放、有序、多元、自由、全面发展的新个体形态。

网络空间已经把人们连成了一个整体。任何作为社会成员的个人,不管想实现什么样的理想和价值目标,都不能践踏伦理的底线,也就是说,必须遵循一些基本的行为准则和规范。个人作为网络空间的责任主体,其行为后果可能会超出可以想象的范围,比如一条微博的转发可以波及近千万人。我们所要建立起的网络伦理需经受得住所有网民的检验,他们需要理解和接受一定的网络伦理规范,并共同遵守。在网络社会,人们既关注个人隐私权保护,同时又主张信息自由共享、自由获知权。从形式上讲,这本身就是一个矛盾共同体。因此,处理好隐私权和获知权之间的关系就成了一个亟待解决的伦理和法律问题。

另外,我们难以避免文化侵略渗透到网络空间中。众所周知,网络空间首先是技术的产物,技术几乎决定了网络空间的发展状况,谁抢占了技术主导地位,谁就拥有垄断霸权。更何况,网络空间还为价值观念的传播提供了一个广阔的具有无穷潜力的大舞台。从曾经的传教形式,转变为通过网络空间进行的隐蔽性强、覆盖面广的价值和文化传播方式,网络空间已经不仅是一个载体那么简单。

由于每个人、每个民族都承载着不同的历史和文化传统,我们不能用统一的道德标准去规范网络伦理问题,而是要注重本土文化资源的巩固和确立。美国当下流行的即时信息系统"推特"(Twitter)已被译成 33 个版本推向全球。在我国,与"推特"功能极其相似的微博风靡全国。微博一经推出,俨然已经成为中国民意表达的重要渠道。在这两个社交网站中,主体不同,目的不同,我们不能用统一的标准去规范和评价网民的伦理行为。

针对以上这些问题,身体伦理学提供了比较好的解决思路:一方面要通过国际合作,消解各个国家在技术领域的隔阂和壁垒,并制定一些具有普遍意义的规则,比如安全原则、自由原则和不伤害原则等;另一方面,在衡量和评价网络空间的伦理问题时,要考虑到不同民族、国家的人的差异性、多元性和情境性,要建立以本土化为根基的伦理规范和价值标准,实现区域化自治。这种身体伦理的关键在于全球化与地方化之间的二元对立的思维模式被扬弃,而追求一种建立在尊重特殊性和地方性基础上的合作关系。由此,全球化和地方化在这种身体伦理中得到统一。身体伦理对地方性文化充满好奇与兴趣,同时又不排斥全球性。它在空间上是不确定的,在思维、价值观以及存在方式上承认他者或者他性的存在价值。其中,主体之间的涉身差异并未被消解,而是被认可和重新评价,它所要求的是一种与他者的差异化共在的视角转换。由此来看,各种与他性交往的方式不但互相区别,而且在一定程度上还相互制约,甚至互为补充。因此,这样的一种伦理观不但应当将全球化和地方化统一起来,还必须平衡各种与他性打交道的方式。"对于同文化差异打交道的各种现代方式来说,决定它们之间独特关系的,决不是非此即彼的逻辑,而是亦此亦彼的原则。"①因此,他者的他性不再作为分裂的力量被消极排斥,而是作为互补的因素被正面评价。身体伦理为解决网络空间中不同文化之间的冲突提供了一条新路。

尼葛洛庞蒂认为:"未来将是个终身创造、制造与表现的年代。"②网络空间无疑可以在个人和公众之间架起一座桥梁,为个人主体性的发展提供一条途径,这样一种公众的民主的生活方式是个人主体性孕育和发展的载体,并且这种"公众性""民主性"和"开放性"并非是对主体性的消解,而是对个体性的一种保障、丰富和补充。个体在其中完成价值的寻找、转换、选择与定位,也不断实现自我完善,走向全面而自由的发展。

四、虚拟与现实之间的张力

对于如何解决网络空间中虚拟与现实之间的多重自我问题,历来众说纷纭。有的学者建议要用现实世界中的伦理道德规范来约束网络空间的生活,实际上这并不可取。科技是一把双刃剑,网络技术也不例外,重点还是要把控好虚拟与现实之间的度。"人们必须赋予其具身性的自我以意义,但这些意义又必须具备客观实在的外观。否则,人们就会产生生存性问题,扰乱其自我感。在这种情形下,共享意义体系就成了人类不可或缺的东西,以此使自己看不到筑造世界的行动的或然性,看不到具身性自我认同的不确定性和脆弱性。"③

首先,不要盲目依赖或抵制网络空间。网络空间俨然成为我们生活当中不可或缺的一部分,我们每天打开网页,浏览信息,与朋友交流,这已经成为我们参与、分享和交流的一个重要渠道。甚至可以不夸张地说,在这样一个时代,我们每个人都成为赛博格。在这种现实性的存在面前,片面地依赖网络空间,或者一味地消极抵制,都有害无益。但是,无论虚拟实在多么的繁杂多彩,都无法替代现实生活的切身体验。我们不能拒绝一切网络活动,而是应该以开放的理性,来接纳和了解网络空间。

与此同时,要感知真实世界的存在感,区分真实世界与虚拟世界的不同体

---

① [德]乌尔里希·贝克:"什么是世界主义",章国锋译,《马克思主义与现实》2008年第2期。
② [美]尼葛洛庞蒂:《数字化生存》,胡泳、范海燕译,海口:海南出版社1997年版,第259页。
③ [英]克里斯·希林:《身体与社会理论》,李康译,北京:北京大学出版社2010年版,第168页。

验。网络空间中的交互活动无法取代现实世界的人际交往,这就要求网民走出虚拟实在,在现实中去感知真实的事物、真实的互动关系和真实的人。只有这样才能最大化地区分虚拟与现实的差异,而不是沉迷于网络空间无法自拔。

最后,加强现实世界与虚拟世界的互动也是网络伦理架构的一个突破口。虚拟空间与现实空间的行为规范、道德伦理应互相制约。一方面,现实世界的生活模式是作为文化形态出现的,布满了历史的痕迹,长期的生活积淀让其具有相对的稳定性,应以现实世界为基础对网络空间进行调节和规范;另一方面,网络空间因其独特的技术性、虚拟性以及体验性,会对现实产生影响。现实世界与虚拟世界合理互动,才是实现人的全面自由发展的途径。"在网络空间中,最首要和至关重要的是保持那些人类先验的善和道德价值,它们对人类繁荣的实现是最基本的。道德价值,而不是工程师的编码,必须是网络空间的终极调节器。"①

网络空间改变了人们的交互方式,打破了时间与空间的束缚,扩展了人类的生存空间。虽然网络空间的身体似乎是"不在场"的,但人们在网络空间中的任何行为和活动,都不能抛开线下的身体。网络空间的使用者是我们的身体,各种编码呈现出来的思想承载者也是我们的身体。我们只有从"身体"出发,才能更好地探究网络空间中的伦理问题。鉴于传统的建立在二元对立思维模式下的主体伦理学无法有效应对虚拟空间产生的与身体有关的伦理问题,因此需要对传统的主体伦理学进行批判和反思性重构。在此过程中,我们不是想为大众明确地规定何谓积极的虚拟生活,而只能以某种阐释者的态度进行自己的诠释,说明自己的立场。网络空间中并非没有理性,只是这种理性不同于传统的二元对立框架下的理性,而是一种开放的理性,是理性与非理性的对话,它充分考虑到了网络主体的多元情境;网络空间中也不是没有道德,只是这种道德不再是普遍的伦理原则,而是使道德回到了自身,并发散于网络主体具体的实践活动中。

网络技术还在发展的过程中,当技术成熟到一定阶段又会有更多的伦理问题需要我们去解决。我们永远无法找到一劳永逸的答案,讨论的结果本身并不重要,重要的是它的去蔽功能,即它使人们意识到,原本只是不假思索地接受的

---

① Spinello, R. *Cyberethics: Morality and Law in Cyberspace*, Sudbury, Massachusetts: Jones & Bartlett Learning, 2011, p.50.

诸多生活安排有值得思考的地方。

推荐读物

1. 李伦：《鼠标下的德性》，南昌：江西人民出版社，2002年版。

2. 理查德·A.斯皮内洛：《世纪道德——信息技术的伦理方面》，刘刚译，北京：中央编译出版社，1999年版。

3. 尼尔·巴雷特：《数字化犯罪》，郝海洋译，沈阳：辽宁教育出版社，1998年版。

4. 迈克尔·J.奎因：《互联网伦理——信息时代的道德重构》，王益民译，北京：中国工信出版集团电子工业出版社，2016年版。

5. Spinello, R. A. and Tavani, H. T. *Readings in CyberEthics*. Sudbury, Massachusetts: Jones and Bartlett Publishers, 2011.

影视赏析

1.《**互联网时代**》：中国第一部、也是全球电视机构第一次全面、系统、深入、客观解析互联网的大型纪录片，全片共十集，每集50分钟。全片以宏观的视角、全景式的描绘，呈现互联网带给人类经济、文化、社会、政治、人性等各个方面的深层变革，以历史情怀、时代意识探寻种种改变背后的本质，探讨互联网未来发展的可能和对人类社会、人类文明的深远影响。

2.《**骇客通缉令**》：电影描述了骇客之王的人生以及遇到的挑战，旨在引发对网络世界安全问题的关注。

3.《**楚门的世界**》：剧中的楚门从出生开始就是肥皂剧的主角，活在上亿观众的监控中。在网络时代的"透明人"，该如何存在？

4.《**黑镜**》：非常极端的黑色幽默，探讨未来科技对人类生活的影响，其中有很多现代化的甚至是十分超前的技术与人性的结合，从中可以略微窥见人类发展的未来。

第四章
环境伦理

20世纪中期以来,科学技术的进步为社会发展提供了极大的内在需求动力,推动了经济社会的高速发展。诸如相对论和原子能技术以及登月技术的发现、发明和应用,更为应用技术的发展锦上添花,人类对自然的开发和应用几乎达到了疯狂的和忘乎所以的程度。但与此同时,人类生产过程中和狂热消费过程中所释放出的废水、废气、废渣对自然环境的负面影响,已从整体上威胁到人类生存发展的可能性。地表损毁、资源枯竭、生物多样性的缺失……人类和自然环境之间紧张关系日益加剧,对这些问题的解决,都迫切呼唤一种新的伦理学的出现。

第一节 环境伦理学的概念与特征

人类对自然的征服和控制取得了彻底的"胜利",但是,这个胜利并没有把人类引向伊甸园,而是把人类拖入了空前的危机之中。在工业文明时代,人们认为,地球资源是无限的,是取之不尽用之不竭的,因而没有所谓"资源保护"的问题。世界工业化发展过早过量过多地消耗资源,最终到了不容忽视的地步。恩格斯曾说:"我们不要过分陶醉于我们人类对自然界的胜利。对于每一次这样的胜利,自然界都对我们进行了报复……起初确实取得了我们预期的结果,但是往后和再往后却发生完全不同的、出乎预料的影响,常常把最初的结果又消除了。"[1]环境

---

[1]《马克思恩格斯选集》第四卷,北京:人民出版社1995年版,第383—384页。

伦理学就是在回应人与自然的关系出现了总体性的危机的过程中产生的。

一、什么是环境伦理学

"20世纪后半叶以来,一个幽灵在地球上四处漫游,这个幽灵就是生态危机。20世纪后期,人类在全球范围采取了大规模保护环境的措施,试图赶走这个幽灵,但几十年过去了,这个幽灵不仅没有被赶走,反而像一个吃饱喝足的吸血鬼,变得越来越庞大,越来越难以对付。"① 布赖恩·巴克斯特在《生态主义导论》中开篇的这段描述很好地说明了当今环境问题的状况,为人类敲响了警钟,这绝不是危言耸听,环境问题已经困扰全球很久了。环境伦理学是自20世纪70年代以来,由于人类盲目地发展经济和科技,造成人类生态环境危机的境况下产生的新兴应用学科之一,是社会对现代生态环境问题深层反思的结果。

环境伦理学对人类和自然环境之间的道德关系给予系统性和全面性的定义和解释,它在以往人类经验和知识的基础上,重新全面认识人与自然的位置与价值,探讨人、社会、经济、技术的发展与自然环境发展的内在关系,力图构建一种全新的、更为科学的、与人生存与发展的自然环境攸关的世界观和方法论,来促进人与自然的和谐相处。环境伦理的产生和发展是伦理学的环境转向,是对人与自然关系的哲学反思。"通过反思使环境伦理学以全新的眼光来解释世界,把自然、人和社会所构成的整个世界视为一个辩证发展的整体,从而在整体主义的理论框架中重新认识自然的价值,使自然获得应有的'权利'和道德关怀。自然、人与社会是一个辩证发展的整体。"② 作为一种全新的伦理学,环境伦理学的一个变革就在于,它是对传统的人类中心主义的超越,在强调人际平等、代际公平的同时,试图扩展伦理的范围,把人之外的自然存在物纳入伦理关怀的范围,用道德来调节人与自然的关系。

二、环境伦理学的特征

当前,人类面临巨大的生态危机,由于人和其他生物不同,人类不仅能主动

---

① [英] 布赖恩·巴克斯特:《生态主义导论》,曾建平译,重庆:重庆出版社2007年版,第1页。
② 王正平:《环境哲学——环境伦理的跨学科研究》,上海:上海教育出版社2014年版,第20页。

地适应环境,而且能够并且已经极大地改变和重建了其生存的环境。因此,人与自然之间迫切需要建立一种伦理关系。作为一种全新的伦理学,环境伦理学具有自己鲜明的个性和特征,即它的研究对象所具有的综合性、多层次性和实践性与可操作性特点。

1. 综合性

环境伦理学对人与自然、人与社会及社会与自然之间三层关系的认识和研究不是独立进行的,而是把它们作为一个系统的有机组成部分来认识和研究的,具有鲜明的综合性特点。

2. 多层次性

环境伦理学研究人与自然、人与社会及社会与自然三个层次之间彼此的伦理关系。人是自然界的产物,自然界也是人的组成部分;自然界是人类社会产生的前提,人以及人类社会与自然是不可分割的。自然—人类—社会是一个辩证发展的整体,三者命运休戚与共,息息相关。

3. 实践性与可操作性

环境伦理学是在人对环境危机的严肃反思中发展起来的,对根深蒂固的人类中心主义思想提出挑战,对现代工业社会的物质主义、享乐主义和消费主义持批判态度,倡导一种可持续发展的"绿色生活方式"。此外,环境科学的发展和新技术的广泛应用,为环境伦理学的量化研究提供了可能,也使得环境伦理学的一些道德规范具有一定的可操作性。如"三废"排放标准、环境自净能力的容许度、人类对被污染环境反馈的承受能力等,都达到了可以进行量化研究的程度。[①]

三、历史上的几次环保浪潮

从人类诞生起,就存在着人与自然环境对立统一的关系。随着生产力的不断进步,人类改造自然的能力不断增强。几次工业革命的演进,使得人类生产力大幅提升,对自然资源的开发能力空前巨大,给环境带来了前所未有的破坏,并严重威胁着人类和其他生物的生存和发展。人类进入了一个环境问题的高发期。人类在一次次发现环境问题——找到创新方法——解决环境问题的过程中

[①] 田文富:《环境伦理与和谐生态》,郑州:郑州大学出版社2010年版,第28—29页。

掀起了一波波的环保浪潮。

1. 第一次环保浪潮

20 世纪 50 年代后,震惊世界的公害事件接连不断,环境问题越来越突出,人们不得不开始重视环境问题。这一时期,作家蕾切尔·卡逊以农药污染引发的生态危机为例创作的《寂静的春天》问世,引起了人们对环境问题的高度重视,人类开始把环境污染与生态破坏联系在一起,这是人类认识环境问题的突破和飞跃。

这一时期,世界人口迅猛增加、都市化速度加快、工业不断集中扩大、能源大量消耗,环境污染已直接威胁到人类的生命和安全,成为社会的重大问题。1972 年,在以"环境保护"为目标的第一次世界人类环境会议上发表的《斯德哥尔摩人类环境宣言》首次提出"资源危机"问题,宣告保护和改善世世代代的环境是人类庄严的责任,要求人们在使用地球不可再生的资源时,必须防范将来把它们耗尽的危险,并且必须确保整个人类能够分享从这样的使用中获得的好处。这是世界环境保护事业的开端。

2. 第二次环保浪潮

20 世纪 80 年代初开始出现全球性的环境问题,这是环境问题的第二次浪潮,此时环境污染伴随着大范围生态破坏。温室效应、臭氧层空洞的出现、空气中二氧化碳浓度的增加、南北极冰山的融化、热带雨林的急剧减少、物种锐减、生物多样性的消失、能源的紧缺、土地的沙漠化、突发性严重污染事件迭起等,都使人们对资源问题的严重性、解决这个问题的重要性和紧迫性有了深刻的认识。各国在科学技术、资金、人力等各方面都投入很大。这些全球性大范围的环境问题严重威胁着人类的生存和发展,国际社会对此都普遍表示不安。在这种社会背景下,1992 年,第二次世界人类环境会议发表《里约热内卢人类环境宣言》,基于资源危机等问题提出世界经济——社会可持续发展战略,这次会议是环境保护事业发展的又一里程碑。

3. 第三次环保浪潮

在长达 30 年的与企业对抗的过程中,人们发现,简单粗暴地控告污染企业,只是治标不治本,污染问题还是会反复发生。要想解决环境污染问题,需要一个可持续的解决方案。与企业合作而非对抗企业,正是可持续的解决方案之一。

于是,第三次环保浪潮掀起:基于市场手段的环保组织+企业合作模式,也就是用以市场为导向的激励措施,以更低的社会和经济成本,实现更大的环境和经济效益。

2009年12月8日,"愿景与行动——中国商界气候变化国际论坛"在丹麦首都哥本哈根举行,首个赴气候变化峰会的中国企业家代表团在论坛上发表了《我们的希望与承诺——中国企业界哥本哈根宣言》。据了解,这也是一年一度的联合国气候变化大会上第一次有中国企业家组团参与。在宣言中,中国企业家认同人类社会到了历史转型关口,必须创造出环境友好的可持续的增长方式,中国企业家希望,国际社会有一个共同的全球环境治理目标,同时建立起政府、企业界及社会各界参与的全球环境治理协调机制;希望构建全面、长期、有效的法律和财政政策框架,支持企业的低碳努力,并创造出一个激励企业走向低碳的社会环境;并希望世界各国的企业家能合作起来,在各国的法律框架内,在企业内部进行低碳革新,积极参与到环境保护的行动中来。中国企业家将积极响应和配合中国政府环境保护的国际承诺,努力探索与自然和谐的低碳经济的增长方式,使企业成为认真承担经济增长、生态保护和社会发展的责任的企业公民。企业家们进一步承诺了具体的行动,包括制定企业气候变化战略,长期指导企业发展方向;在减少生产和商务活动中的碳足迹方面进行努力和尝试;积极参与国际国内各种与企业和产品减排相关的活动;积极推动企业设立具体的企业绝对或相对减排目标;尽力支持并参与气候变化减缓和适应活动,积极履行企业的社会责任。①

4. 第四次环保浪潮

2018年3月27日,在清华大学"第四次环保浪潮助力生态文明"座谈会上,美国环保协会主席柯瑞华(Fred Krupp)提出,环境保护正在迎来第四次浪潮——以创新为驱动力的全新环境治理模式。科技改变生活,也将助力人类应对环境问题。以科技创新为核心的第四次环保浪潮正提升人类解决环境问题的能力:新技术使得以前隐藏的环境问题不仅变得可见,而且可以被解决;科学家们正在利用卫星数据,从太空探查污染源;企业家们可以感受到,污染减排技

---

① 杜悦英:"中国企业界发布哥本哈根宣言",《中国经济时报》2009年12月10日。

其实可以带来利润。大数据的浪潮涌起,每一个普通人都有机会变身成环境治理的参与者、监督者。

柯瑞华提出的第四次环保浪潮可以看作是前三次浪潮的综合强化版,关键词是"创新、人人参与、以及行动",即科技的进步赋予人们创新的能力并采取行动应对环境问题。第四次环保浪潮整合了科技、金融、市场等资源,释放人类的创造力,用先进的技术帮助各行各业绿色发展,以确保人类及其赖以生存的环境能够繁荣兴旺。[①]

在第四次环保浪潮兴起的同时,中国也提出了生态文明建设的治国理念,并已经融入了现阶段中国环境治理的各个方面。第四次环保浪潮和生态文明建设之间有着异曲同工之处。第四次环保浪潮中的"创新"不单单指科技的创新,更是全民参与的环境治理模式的创新:移动传感器的应用,不仅提高了政府监管大气污染的效率,还使人民群众能够更好地参与进来,让每一台车辆,都可以成为城市的监测站,实时监测空气质量,帮助人们更好地计划出行,缓解环境压力;互联网公司利用人工智能手段,解决大城市停车难问题,不仅缩短了司机的出行时间,还减少了汽车在急速行驶过程中的低效燃油消耗和高能耗的温室气体排放。任何时代,生态环境问题的解决都得益于人类运用其智慧,在生态文明的新时代,以科技创新为基础,以"创新、协调、绿色、开放、发展"的新理念为指导思想的生态环境解决方案,其效果或许将远远高于人们的预期甚至突破人类的想象。

第二节 环境伦理学的主要流派及基本观点

环境伦理学强调的是人对自然的伦理责任,它包含对三大主题的研究,即对自然价值和权利的研究、人对自然的道德原则的确立与道德行为规范的研究,以及对现实生活领域中环境伦理问题的研究。

围绕这些问题的讨论,环境伦理学在西方思想文化谱系中迅速发展出众多

---

① "全球正在迎来第四次环保浪潮",http://mini.eastday.com/bdmip/180328231223349.html,2018 - 03 - 28.

不同的流派。以罗尔斯顿《环境伦理学》的出版为标志,西方环境伦理学在短短几十年中形成了诸多流派和不同观点,这些流派在思想、观念、行动纲领上存在一定的差异,但都将实现人与自然的和谐作为根本价值导向,强调人与自然的道德关系以及人对大自然的责任与义务,它们共同构成了西方环境伦理学的理论阵营。环境伦理学扩大了伦理关怀的范围,从以人类为中心,到开明的人类中心主义,到动物解放论和动物权利论,再到生物平等主义和生态整体主义,环境伦理学的发展走出了一条不同于传统伦理学的创新之路。

一、人类中心主义

人类中心主义主要分为传统的人类中心主义与开明的人类中心主义。

传统人类中心主义是西方典型的伦理思想,它把自然及其存在物从人的道德关怀领域中排除出去,是建立在机械论主客对立的二元论基础之上的,其含义大致有:"(1)人是宇宙的中心。(2)人是宇宙中一切事物的目的。(3)按照人类的价值观解释或评价宇宙间的所有事物。把人看作是大自然唯一具有内在价值的存在物,必然构成一切价值的尺度,自然及其存在物不具有内在价值而只有工具价值。"[①]传统人类中心主义是一种征服自然、剥削自然、不惜以破坏生态平衡为代价来谋求人类福利的价值观,不考虑自然对人的制约,它所包含的消极观念为人类破坏自然行为提供了依据。

在开明的人类中心主义看来,地球环境是所有人(包括现代人和后代人)的共同财富;任何国家、地区或任何一代人都不可为了局部的小团体利益而置生态系统的稳定和平衡于不顾。人类需要在不同的国家和民族之间实现资源的公平分配,建立与环境保护相适应的更加合理的国际秩序,也要给我们的后代留下一个良好的生存空间;当代人不能为了满足其所有需要而透支后代的环境资源。但是在实践层面上,两者都不可避免地对自然进行征服和掠夺。因此,人类仅负担起对人自身的道德责任还远远不够,还要对自然界的其他生物负道德责任。

二、动物解放论和动物权利论

在环境哲学的历史发展过程中,动物的权利成为道德扩展的一个阶段。"对

[①] 王正平:《环境哲学——环境伦理的跨学科研究》,上海:上海教育出版社 2014 年版,第 91 页。

于环境保护运动来说,开明的人类中心主义是必要的,但又是不够的,因为它不能为人们保护濒危动植物和荒野的行为提供充足的理由,也无法解释那些激进的环境主义运动。因此,伦理关怀的范围必须扩展。"①当前,在环境伦理学中主张动物拥有利益与权利的主要代表性理论有动物解放论与动物权利论,前者从功利主义关于幸福与痛苦的原则出发,后者以康德式的道义论为理论基础。"它们坚持非人类中心主义立场,努力将道德地位与关怀扩张到动物以及其他自然存在物,在环境伦理的话语争论中占据某种程度的道德优势与主流地位。"②

1. 彼得·辛格与动物解放论

直到 1970 年以前,哲学家们还都完全否认动物拥有权利。彼得·辛格(Peter Singer)是动物解放论的代表。20 世纪 70 年代,其著作《动物的解放》的问世掀起了动物解放运动。"动物解放论"主张将道德关怀的范围扩展到动物个体上,承认动物也拥有像人一样的道德地位,因而也必须予以像人一样的道德关怀。

辛格认为:"我们必须承认,作为个体,我们拥有同等的天赋价值,理性迫使我们承认动物也拥有同等的天赋价值,它们也拥有获得尊重的平等权利。"③辛格的动物解放论以边沁的功利主义为基础。在边沁看来,痛苦是恶,快乐是善,一个行为的正确与错误取决于它所引起的快乐或痛苦的程度。边沁自己就是一个动物解放论者。功利主义者接受两条道德原则:一是平等原则,二是功利原则。这两个原则也构成了辛格功利主义动物解放论的基本内容。辛格提出:"我们应当把大多数人都承认的那种适用于我们这个物种所有成员的平等原则扩展到其他物种身上去"④,即把平等原则推广到动物身上去。辛格明确指出所谓的"平等"是"关心的平等",而不是指权利的完全平等。辛格把感觉能力作为动物拥有利益的前提条件,意识和感觉是获得道德关怀的根本条件。因此,一个存在物必须具有足够复杂的、能够感受到痛苦的神经系统,即必须是"有感觉的存在物"。一棵树、一座山或一块路边的石头都不拥有利益,因为它们不能感受苦乐。

---

① 杨通进:"环境伦理学的基本理念",《道德与文明》2000 年第 1 期。
② 郁乐、冯宇:"动物能够拥有权利吗",《哲学动态》2017 年第 4 期。
③ [澳] 辛格:《关于动物权利的激进的平等主义观点》,杨通进译,《哲学译丛》1999 年第 4 期。
④ [澳] 辛格:《所有动物都是平等的》,江娅译,《哲学译丛》1994 年第 5 期。

辛格的动物解放论对现代的动物权利运动产生了重要的影响。

2. 汤姆·雷根与动物权利论

汤姆·雷根(Tom Regen)是美国哲学家。雷根被称为是唯一能够与彼得·辛格媲美的动物权利论者。他的动物权利论为动物权利运动提供了另一种道德依据。

雷根的动物权利论受康德的伦理学传统的影响,认为动物和人一样,拥有不可侵犯的权利。权利的基础是"天赋价值"(inherent value);而人之所以拥有天赋价值,是由于人是有生命、有意识的生命主体,拥有信仰和愿望,有知觉、记忆和幸福与痛苦等情绪,在追求愿望和目标时有行为能力,有生活体验等。

然而,成为生命主体的这些特征,动物(至少是心理较为复杂的哺乳类动物)也具有。因而,动物也拥有值得人类予以尊重的天赋价值。这种价值赋予了它们一种获得尊重的权利,决定了我们不能把它们仅仅当作促进我们福利的工具。但在现实的道德生活中,善善相伤、恶恶相权的情况也时有发生。为此,动物权利论者提出了两个原则:伤害少数原则和境况较差者优先原则。动物解放/权利论认为,我们有道德义务使动物不遭受痛苦虐待和被随意宰杀。

但是,雷根和辛格的动物权利论也比较片面,他们不支持动物物种的道德身份。"里根(雷根)的观点是保护动物不受伤害,但并未认识到物种拥有权利,一个动物可以是生活的主体,但物种不行。同样,辛格也认为,尽管一个动物可忍受痛苦,但物种本身不可能。这样,尽管这些观点支持拯救动物的努力,但他们只是出于保护残余的该物种个体的动机。"①辛格的动物解放论和雷根的动物权利论虽然遭到多方面的批评,但都无法否认他们在道德关怀范围扩展上所做出的重要贡献,这是环境伦理学从人类中心论跨出的重要一步。

三、生物平等主义

从关心人的福利到关心动物的福利,这是西方环境伦理思想的一大进步。但是,许多环境伦理学家认为,动物解放/权利论的道德视野还不够宽阔,对动物

---

① [美]戴斯·贾丁斯:《环境伦理学——环境哲学导论》,林官明、杨爱民译,北京:北京大学出版社2002年版,第132页。

之外的生命还缺乏必要的道德关怀,因而他们决心继续扩展伦理关怀的范围,使之容纳所有的生命。生物平等主义,是一种把道德关怀的范围扩展到所有生命的伦理学说,突破了动物解放/权利论的局限,把道德关怀的视野投向所有的动物和植物,引发了一场伦理思想的变革。阿尔伯特·施韦泽(Albert Schweitzer)的敬畏生命的伦理理念和保罗·泰勒(Paul Taylor)的尊重大自然的伦理思想从两个不同的角度阐释了生物平等主义的基本精神。

1. 施韦泽"敬畏生命"的伦理学

施韦泽是生物平等主义先行者,他的"敬畏生命"(Reverence for life)理论是早期的生物平等主义,也是当今世界和平运动、环保运动的重要思想资源。"敬畏每个想生存下去的生命,如同敬畏他自己的生命一样。善的本质:维持生命、促进生命,培养其能发展的最大价值;恶的本质是:毁灭生命、伤害生命,阻碍生命的发展。"①这就是施韦泽"敬畏生命"思想的核心内容:所有生命都有内在价值,生命本身即是善,它激起尊重并渴望尊重。他认为,"人类把所有的生命都视为神圣的,把植物和动物视为自己的同胞,并尽其所能去帮助所有需要帮助的生命才是有道德的。有时为了维持人的生命,在不可避免的情况下伤害或牺牲某些生命,但要带着责任感和良好意识作出这种选择"②。

施韦泽的"敬畏生命"伦理理念把道德关怀范围扩大至一切生命,强调人类对一切生命负有道德伦理责任,其所包含的伦理意蕴和道德责任可以使我们避免随意地、麻木不仁地伤害和毁灭其他生命。虽然这些观点并未获得广泛的支持,但敬畏生命的伦理理念能够引导我们过一种真正伦理的生活。

2. 泰勒"尊重自然"的伦理学

保罗·泰勒于 1986 年所著的《尊重自然》一书对生物平等主义进行了最完全的哲学论证。泰勒的环境伦理学理论也称为"尊重自然"的理论,他认为人类与其他生物一样是地球生命共同体的成员,彼此之间相互依存,人类并非天生就优于其他生物。每一种生物都是以其自己的方式追寻并努力实现其自身的善,更好地适应不断变化的环境。"从尊重自然出发,泰勒提出四个一般性责任以及

---

① Schweitzer, A. *Out of My Life and Thought*, Baltimore: The Johns Hopkins University Press, 1998, p.131.
② 杨通进:"环境伦理学的基本理念",《道德与文明》2000 年第 1 期。

与这四条责任相应的环境伦理美德：不作恶的原则——关照的美德；不干涉的原则——敬重和公正的美德；忠诚原则——诚信的美德；补偿正义原则——公平和平等的美德。"①

生物平等主义把道德身份的边界推到了极致。所有的生物，只因为它有生命，就拥有道德身份。生物平等主义者确实关注所有生命的价值，但问题在于，生命价值是否就是完全的道德身份意义上的道德价值还是别的？生物平等主义者也面临更具整体性的观点的质疑。

四、生态整体主义

生态整体主义，是一种把道德关怀的范围从人类拓展到生态系统的伦理学说，是环境哲学非人类中心论的类型之一。生态整体主义把伦理学的视野从人扩展到整个自然界，使道德共同体的范围延伸到人之外的其他非人类存在物，而且更重视把物种和生态系统这类生态整体视为拥有直接的道德地位的关怀对象。生态整体主义用种际伦理取代人际伦理，奥尔多·利奥波德（Aldo Leopold）的大地伦理学、霍尔姆斯·罗尔斯顿（Holmes Rolston）的自然价值论、杰姆斯·拉夫洛克（James lovelock）和林恩·马格利斯（Lynn. Margulis）等的"盖娅假说"以及阿恩·奈斯（Arne Naess）的深生态学分别从不同角度对其进行了阐释。

1. 利奥波德的大地伦理学

美国野生动物管理学家、思想家奥尔多·利奥波德被誉为"现代环境伦理学之父或开路先锋"。利奥波德对大地伦理学的建构完成于《沙乡年鉴》，该书的最后一章为"大地伦理"。大地伦理学的任务就是扩展道德共同体的界限，使之包括土壤、水、植物和动物或由它们组成的整体——大地，并把人的角色从大地共同体的征服者改变成大地共同体的普通成员与普通公民，这意味着人不仅要尊重共同体中的其他伙伴，而且要尊重共同体本身。

道德情感是大地伦理学的一个重要基础。利奥波德明确指出没有对大地的热爱、尊重和敬佩，就不能够有一种对大地的伦理关系。当然，大地伦理学又不

---

① 杨通进："环境伦理学的基本理念"，《道德与文明》2000年第1期。

仅仅是一个情感问题，大地伦理的进化也是一个精神发展过程。当伦理的边界从个人推广到共同体时，它的精神内容也增加了。大地伦理学的这个新的内容就是：当一件事有助于保护生命共同体的完整、稳定和美丽时，它就是正确的，反之，它就是错误的。因此，大地伦理学把生物共同体的完整、稳定和美丽视为最高的善，把共同体本身的"好"视为确定其构成部分的相对价值的标准，视为裁定各个部分的相互冲突的要求的尺度。

2. 罗尔斯顿的自然价值论

霍尔姆斯·罗尔斯顿是公认的环境伦理学的创始人之一，他从小热爱大自然，喜欢过简单的生活。在研究大自然的过程中，罗尔斯顿发现自然具有内在价值。"当看到阿巴拉契亚山脉的苔藓不因人的喜好而自由地繁茂生长时，罗尔斯顿触景生情、心生喜悦，有感而发：'人类傲慢地认为人是一切事物的尺度，可这些自然事物是在人类之前就已存在了。这个人类能够评价的世界，不是没有价值的；正相反，是它产生了价值。"①这种价值完全是客观的、内在的，不能还原为人的主观偏好。

利奥波德的大地伦理学已经蕴含着自然价值的思想，罗尔斯顿在继承和发展利奥波德的环境伦理思想的基础上思考生态伦理是否存在，是否能作为一种在哲学上值得尊重的伦理而存在。在罗尔斯顿看来，我们尚未拥有适宜于这个地球及其生命共同体的伦理学。"只有当人们不只是提出对自然的审慎利用，而是提出对它的恰当尊重和义务问题时，人们才会接近自然主义意义上的原发型环境伦理学。"②罗尔斯顿将价值从生物扩展到整个生态系统，将道德意义、价值意义赋予整个自然界，认为人类应关心除了自身生存利益之外的其他生命物种的利益，对自然负有应尽的义务。

传统的人类中心主义认为自然的价值就在于满足人类的价值，自然只有工具价值而没有自己的价值。罗尔斯顿认为，自然的价值取决于它自身固有的性质，它不依赖于人的存在而存在。大自然是一个客观的价值承载者，自然价值是工具价值、内在价值与系统价值的有机统一。保护环境是人自我确证、自我完善

---

① ［美］霍尔姆斯·罗尔斯顿：《哲学走向荒野》，刘耳、叶平译，长春：吉林人民出版社2000年版，第9页。
② ［美］霍尔姆斯·罗尔斯顿：《环境伦理学》，杨通进译，北京：中国社会科学出版社2000年版，第1页。

的一种有价值、有尊严的存在方式。罗尔斯顿关于自然的价值论完全摆脱了传统的价值思维框架，为解读人与自然的价值关系提供了重要的理论依据。罗尔斯顿建构了一个完整的生态整体主义环境伦理学体系，使"价值走向荒野"，从更高的道德视角去关怀自然，把价值扩展推向极致，为环境伦理学开创了新的道路。

3. 奈斯的"深层生态学"

深层生态学(Deep ecology)，也称"生态智慧"(ecosophy)，由挪威著名哲学家阿恩·奈斯在其1973年的文章《浅层与深层，长序的生态运动》中正式予以阐述。奈斯开创的深层生态学包括两个基本的伦理规范：一是生物圈平等主义。即每一种生命形式都拥有生存和发展的权利，若无充足理由，我们没有任何权利毁灭其他生命。二是自我实现论。即随着人们的成熟，他们将能够与其他生命同甘共苦。深层生态学的生物圈平等主义与生物平等主义的基本精神是大致相通的，它的独特贡献是自我实现论。深层生态学所理解的"自我"是与大自然融为一体的"大我"(Self，以大写字母开头)，而不是狭隘的"自我"(self，以小写字母开头)或"本我"(ego)。自我实现的过程也就是逐渐扩展自我认同的对象范围的过程。通过这个过程，我们将体会并认识到，我们只是更大的整体的一部分，而不是与大自然分离的、原子式的个体；我们作为人和人的本性，是由我们与他人以及自然界中其他存在物的关系所决定的。因此，自我实现的过程也就是把自我理解并扩展为大我的过程，缩小自我与其他存在物的疏离感的过程，把其他存在物的利益看作自我的利益的过程。①

至此，环境伦理关怀的范围不断扩大。人类中心主义、动物解放/权利论、生物平等主义和生态整体主义虽然存在一些理论上的差异，但都为保护环境的行为提供了各具特色的道德理由和各有千秋的伦理论证。"在现实生活中，我们可以把开明的人类中心主义视为一种具有普遍性的社会伦理标准，要求所有的人都予以遵守，而把动物解放/权利论、生物平等主义和生态整体主义理解为具有终极关怀色彩的个人道德理想，鼓励人们积极地加以追求。"②

---

① 杨通进："环境伦理学的基本理念"，《道德与文明》2000年第1期。
② 杨通进："环境伦理与绿色文明"，《生态经济》2000年第1期。

第三节 环境伦理学案例分析

一、人类中心主义的灾难

20世纪60年代末,中国内蒙古最后一块靠近边境的原始草原上的蒙古牧民尚保留着游牧民族的生态特点,草原上放养的牛、羊,与成群的强悍的草原狼共同维护着草原的生态平衡。狼虽是侵犯牧民家园的敌人,但牧民憎恨的同时也敬畏着狼——草原狼帮助蒙古牧民猎杀草原上不能够过多承载的食草动物:黄羊、兔子和大大小小的草原鼠。草原狼是蒙古民族的原始图腾。狼的凶悍、残忍、智慧和团队精神,狼的军事才能和组织分工,曾经是13世纪蒙古军队征战欧亚大陆的天然教官和进化的发动机。

在小说《狼图腾》中,黄羊是草原的大害,跑得快,食量大,它们能吃光草原人民辛辛苦苦省下来的冬季预防雪灾的草场。亏得有狼群,能在短时间内替人类把黄羊全杀光赶跑。但是,人类却恩将仇报,抢了狼储存的食物。为了报复人的贪婪,狼利用冬季风雪和夏季蚊灾的掩护,发动了两次大规模的偷袭军马群的残酷而壮烈的战役。于是人又被激怒了。来自农耕民族的干部不顾蒙古牧民的反对,开始了大规模的围猎狼群的战斗。但是来自农耕文化和"文革"时期的错误政策却对草原生态造成了巨大破坏。人们首先用现代武器杀狼,将仅存的狼驱赶到边境外。进而,大片地开垦草原土地。几年以后,草原上鼠害横行,大片的草原沙化。来自蒙古草原的沙尘暴已经遮天蔽日地肆虐北京,浮尘甚至飘过大海,在日本和韩国的天空游荡……

《狼图腾》的整个故事就是一个忽视生态自然的悲剧故事,是一个水草丰美、物种繁多的千年草原在人类中心主义思想的摧残下,十几年内退变为草场,三十年内成为沙漠的故事。这令人震惊的生态灾难直指人心,给予我们更多关于人与自然以及所有生命之间关系的反思与启迪,让人从内心深处去思考如何保护我们所处的自然环境,以此达到潜移默化的影响和教育作用,也是对把自然排除在人的道德关怀范围之外的人类中心主义思想的严厉批判。

《狼图腾》在批判人类中心主义思想的基础上,提出蕴涵着敬畏一切生命形式的"非人类中心主义"观念。狼为草原的灵魂,是上天派往草原的代言者,通过动物神话对人类中心主义提出了质疑。小说主人公陈阵在与小狼的接触过程中、在与毕利格老人的相处过程中,逐渐认识到草原这个大系统中,人与其他万物是平等的相互依存的关系,人不仅不应该狂妄地自诩为自然的主人和中心,而且还应当向自然学习。以额仑草原牧场军代表包顺贵以及外来户道尔基、老王头等人为代表的人类中心主义者根本不理解当地的生态规律,而其不尊重自然规律则更为可怕。他们杀天鹅、吃天鹅肉、采天鹅蛋,对獭子山上的旱獭进行"竭泽而渔式"的滥捕令人触目惊心。像毕利格老人、乌力吉场长等老牧民曾对外来人反复揭示草原狼对于草原生态系统的循环保护作用,但是已经被农耕文明同化了的外来者却充耳不闻。下令掏狼仔,结果引得狼群杀军马报复,于是他们就下令杀狼。这种完全不顾生态规律的蛮横做法是典型的人类中心主义"只顾眼前利益"的思想在作祟。

《狼图腾》在批判的基础上,还为人类中心主义提出了出路,即书中多次提到的"大命"和"小命"的生态整体主义观。如毕利格老人所说,"在蒙古草原,草和草原是大命,剩下的都是小命……把草原的大命杀死了,草原上的小命全都没命!""草原完了,牛羊马,狼和人的小命都得完,连长城和北京城也保不住啊。"生态是一个活的有机整体,环环相扣,扣扣相连。

《狼图腾》的故事背景设定在内蒙古草原,但世界上任何一个草原都面临着同样的环境危机。对自然界一切个体生命的尊重,甚至敬畏,胜过所有的法律和法规,也是人与动物在自然界和谐共存的前提。《狼图腾》蕴含的生态思想启迪我们:人类比其他自然物种有着更强的改造环境的能力,向大自然获取生存和发展所需的资源时必须适度,要对自然万物心存感恩并承担起应有的保护责任。从生态视角来看,《狼图腾》对草原生态变迁的真实展现是全面而深刻的,而且在经济社会快速发展的当下尤其具有现实意义。

二、自然的权利诉讼

1. 道德身份的争论:树能站到法庭上去吗?[①]

克里斯托弗·斯通(Christopher Stone)是南加利福尼亚大学的法哲学教

[①] 韩立新:《环境价值论》,昆明:云南人民出版社2005年版,第132—141页。

授,他在1971年发表了一篇题为《树能站到法庭上去吗?》的论文,首次从法律的角度探讨了自然物的权利问题,明确地提出:应该赋予森林、大海、江河和其他自然物以及整个大自然以"法的权利"。他的这一论点的提出是和当时美国的环境保护运动密切相关的。

1965年,美国的农林部林业局计划在国有林鸟兽保护区矿石国王峡谷(Mineral King Valey)建立一个大型的度假村,并最终选中了华特·迪士尼(Walt Disney)公司为开发者。华特·迪士尼公司的计划是一个大型的综合性开发计划,该计划要投资3 500万美元,建设包括旅馆、饭店、游泳池、停车场等设施以及横断国立公园的道路和高压电网。如此规模的开发计划势必影响到国立公园的生态环境和公园中动植物的生存,出人意料的是,美国内务部竟然批准了这一计划。内务部对华特·迪士尼公司的纵容招致了环境保护团体谢拉俱乐部的强烈反对,他们在几次抗议未果的情况下,被迫采取法律手段,试图通过法庭判决来阻止这一开发计划。

但是,按照美国的法律,某人或某个团体要反对行政机关的政策,必须要以该人或该团体的利益受到侵害为前提,如果该人或该团体的人权、财产权、经营权等法律上明文规定的权利未受明显的侵害,那么也就无法提出起诉。这也就是所谓的"当事者资格"问题。虽然华特·迪士尼公司的开发计划可能会破坏矿石国王峡谷的自然环境,会减少谢拉俱乐部和当地居民接触原生自然的机会,但是并没有给谢拉俱乐部带来直接的经济损失,也没有达到侵害谢拉俱乐部权利的地步。况且,谢拉俱乐部提起的诉讼虽然是公共诉讼,但是,它并没有强调自己是公益的代表,自己划船和观赏自然风光的权利受到了侵害,等等,而只是强调矿石国王峡谷何等美丽,那里栖息着众多野生生物这类事实。基于上述理由,加利福尼亚法院判定谢拉俱乐部没有资格起诉华特·迪士尼公司,驳回了谢拉俱乐部的要求。谢拉俱乐部对此判决表示不服,开始向美国联邦最高法院上诉。

斯通早就有关于自然物的法的权利方面的思想,针对这一诉讼中反映出来的原告资格问题,匆忙写就了《树能站到法庭上去吗?》这篇论文。1972年4月19日,最高法院的陪审团以4∶3一票之差驳回了谢拉俱乐部的上诉,理由是迪士尼公司的开发行为并没有给谢拉俱乐部及其成员造成直接损失。但是道格拉斯法官在写结案的反对意见时,引用了斯通的论文。他高度评价了斯通论文所提出的问题的意义,并指出这场官司的名称与其说是"谢拉俱乐部对墨顿",还不如说是"国王峡谷对墨顿",而墨顿正是当时美国的内务部长。这样一种定位,使这场官司变成了一场"自然的权利"诉讼。就这样,经过道格拉斯的总结和媒体的炒作,斯通一夜之间成为明星,他的论文也成为环境伦理学和环境法学的经典之作,在"自然的权利"诉讼历史上起到了里程碑的作用。

这样一种诉讼形式是空前的。我们知道,法律是人类社会特有的产物,在人与人结成的社会里,法律所保护的只能是加入社会共同体的人类,而没有加入社会共同体的自然不可能拥有法的权利,更不用说为了维护自己的权利提起诉讼了。现实中,一些河流、农场和公园虽然也被列为法律所保护的对象,但这并不意味着这些自然物本身有什么权利,而完全是因为人的缘故。譬如,河流属于河道旁居民的共同财产,农场是某个人的私人庄园,公园是城市居民的文化、休闲设施等。总之,自然物之所以受到法律的保护,或者因为它是人的私权的对象,或者是因为它符合"公共的福利"和"公益"。如果自然不能与人的利益和权利联系起来的话,那么它是不可能成为法的对象的。在这个意义上,自然物不是法律所保护的权利主体,只是权利客体。只有权利主体才具有当事者资格、起诉资格,而大雁、野兔、花草、树木以及山川这些自然物不具有当事者资格,因此无法向法庭提请起诉。

在操作层面上,斯通认为,我们只要破除传统的禁锢,让没有生命的河流、不具有自我意识的鱼虾享有"法的权利",这在法律上是完全可能的。从人类历史来看,法律上的权利概念和道德上的权利一样,也有一个不断扩大其享有者范围的过程。动物、植物以及大自然早晚有一天也会成为"法的权利"的享有者。而且,从现有的法律体系来看,一些不具有意识能力的"物"实际上已经享有了"法的权利",譬如大学、船只、公司等"法人",虽然它们也是"物",但是却受到了法律的保护。如果它们的利益受到侵害,它们可以通过代理人代行起诉,并要求司法庇护。那么以此类推,河流、山川等自然物是不是也可以用这种代理人的方式,获得"法的权利"呢?

在实践层面上,斯通的论文为激进的环保主义者和律师们展开"自然的诉讼"提供了一个强有力的理论根据,使得"自然的权利"诉讼走向法庭成为可能。1973年,也就是"谢拉俱乐部状告墨顿"一案结案后一年,美国公布了《濒危物种法案》(Endangered Species Act,缩写为 ESA),这一法案规定了任何市民对濒临灭绝的物种的侵害行为都有权起诉。尽管 ESA 法案并没有承认自然物的"法的权利",仍然是从人类利益的角度强调濒危物种对生态系的意义,但却大大增强了对濒危物种的保护力度。

2. 大雁的状告①

受美国的影响,日本进入 20 世纪 90 年代,曾出现了几起"自然的权利"诉讼,最著名的有为保护相模川地区野生生物的"相模大坝建设中止诉讼"、旨在保护栖息于奄美大岛的黑兔子等野生动植物的"奄美的自然的权利诉讼"等。这些诉讼的共同之处在于在原告一栏都写上了动植物或其他自然物的名字,这些自然物通过代理人直接向人类起诉,要求人类中止对自己栖息地的破坏。下文以日本发生的"自然的权利"诉讼之一的茨城县的"大雁的自然的权利诉讼"为例,讨论动物是否具有主体地位,当动物的生存受到威胁,有没有权利维护自己的权益。

大雁是一种喜欢在沼泽地栖息的候鸟,是世界濒危动物之一。据推测,这一候鸟在全世界只有约 1 万只,来日本国内越冬的大约有 5 000 只。茨城县江户崎町等地是大雁来日本越冬的栖息地之一。一张来自大雁的"起诉书",要求水户地方法院追究茨城县知事桥本昌在保护大雁栖息地问题上的渎职责任。理由是该县知事热衷于东京都圈央道的建设和霞浦地区的综合开发计划,忽视了对在该地区越冬的候鸟大雁的保护,致使大雁的栖息环境和生存环境受到了严重的威胁。水户地方法院在听取了大雁保护基金组织代表和大雁代理人的说明后,接收了起诉书。但是,随后法庭对原告进行了区分并采取了分别对待的对策。

具体说来,就是把原告分为两类:一类是大雁本身及其代理人;另一类是大雁保护基金组织的代表。法庭承认大雁保护基金组织代表的原告资格,但是对大雁及其代理人的申诉采取了不予受理的对策,理由是大雁没有起诉所需的当事者能力,不具有原告资格。水户地方法院的判决书这样写道:"第一,在民事诉讼法、民法等法令中不能找到承认自然物具有当事者能力的根据;第二,从事物

---

① 韩立新:《环境价值论》,昆明:云南人民出版社 2005 年版,第 128—132 页。

的事理来看,构成诉讼关系主体的当事者能力只能是以人类社会为前提的,自然物不可能单独进行起诉。"原告一方对水户地方法院的这一判决不服,于1996年3月向东京最高法院提出上诉,要求承认原告大雁的起诉资格。但是,法庭经过几轮审议,2000年11月29日东京最高法院最终还是驳回了原告一方的上诉,大雁状告茨城县知事桥本昌一案以原告败诉而告终。

但是,近代法的"常识"正面临着巨大的挑战,虽然人类中心主义最终所保护的仍然是人的利益,但也正是因为如此,才有可能为现代的人类所采用。现在,人们正从这一理路出发,试图对自由增加法律限制,以公益和公平来抑制传统的自由与权利,特别是私有权,从而达到环境保护之目的。在日益高涨的环境保护运动和环境伦理学的影响下,发达国家的一批法律工作者正试图以"自然的权利"诉讼这种有悖常理的形式,从法律的角度确立自然物"法的权利"和"原告资格",以此来保护珍稀动植物和自然环境。

三、秦岭违建别墅群[①]

秦岭是我国地理南北分界线,素有"中华龙脉"之称。作为长江、黄河两大水系重要水源地,秦岭有着"国家中央公园"的美誉。秦岭也是南水北调中线工程的水源地。因风光旖旎、气候宜人,是西安乃至整个陕西省的生态屏障,秦岭又被称为西安的"后花园""陕西绿肺"。然而长期以来,秦岭北麓产生了大批违建别墅,不仅圈地占林,试图将"国家公园"变为"私家花园",而且破坏山体、损毁植被,扰得生态之地一片乌烟瘴气,但这一沉疴顽疾却始终得不到解决。

秦岭的自然环境得天独厚,风光秀丽,是绝版资源。在秦岭建造别墅迎合了某些高端客户群的要求。秦岭山下的别墅项目主要是靠单价来赚钱,它的容积率低,品质高,单价高,利润率惊人。因此,秦岭北麓沿环山路一线分布着多个别墅项目,这些别墅项目有的已经建成,有的正在建设。大大小小、密密麻麻的别墅群"堆积"在秦岭北麓的山脚之下,与周围的环境显得很不协调。

实际上,秦岭土地资源十分宝贵,然而一些别墅项目建设占地甚广,建设过程中出现了大片山体被人为开挖用于造景和盖房的现象。占地数百亩却只用于

---

① 石志勇:"秦岭'别墅之殇'何时休",《农村、农业、农民》(A版)2012年第7期。

建设供少数人居住的别墅,是对土地资源的极大浪费。在秦岭地区修建别墅,会使人类活动过多地向秦岭地区延伸,从而破坏秦岭地区的地下水补给等生态系统,对区域生态环境造成负面影响,同时对秦岭地区的历史文化氛围和自然景观也产生了破坏。

在秦岭地区进行房地产开发,是盲目追求利益的表现,同时也是有法不依、执法不严的结果。秦岭违建别墅,就是在巨大经济利益的驱使下,打着发展经济的"巨型横幅",贴上生态宜居的"精美标签",披上文化产业的"合法外衣",钻起了政策法规的空隙"打擦边球"。

作为重要的生态功能区,秦岭生态环境保护改变了土地利用和土地覆盖,扩大了森林覆盖面积,具有调节气候、保持水土、涵养水源、维护生物多样性等诸多功能,保护秦岭是相当重要的。它地貌复杂,生态系统多样,生物种类丰富,兼具暖温带和北亚热带的生物群落,是北半球最重要的生物多样性保护基地之一,其悠久的历史也充分见证与诠释了和谐共生之于人与自然关系的重要意义。持之以恒保护秦岭生态环境,要深刻认识人与自然是生命共同体,坚持节约优先、保护优先、自然恢复为主的方针,做到敬畏自然、尊重自然、顺应自然、保护自然,着眼长远扎实做好秦岭生态环境保护各项工作。

环境就是民生,秦岭北麓违规建别墅问题专项整治工作具有重要的示范效应,它警示我们要坚持生态保护优先,践行绿色发展理念,同时重视生态保护与扶贫开发、生态系统与人类福祉之间的关系,探索如何通过保护生态环境改善一方水土的同时,更增进一方百姓的福祉。

四、小山村的绿色跨越

在浙江省湖州市安吉县余村村口的一块石碑上,镌刻着"绿水青山就是金山银山"10个大字,这是所有外来游客都会参观的地方。所有余村人,都能讲出这个石刻背后的故事。20世纪90年代末,余村依靠炸山开矿和经营水泥厂,一度成为"安吉首富村",村集体年收入达300万元。老百姓钱包鼓起来了,但生态环境却遭到了破坏。因为开矿,村里常年灰尘笼罩。村民不敢开窗,无法晾衣,就连百年银杏也结不出果。痛定思痛,余村决定关停污染企业,向绿色发展转型。但关了水泥厂和矿山,几乎断了村里的财路,很多村民失业,村集体年收入最少

第四章 环境伦理　121

时降到 21 万元。

回头走老路，还是坚定绿色发展，余村人站在了十字路口。一位特殊"访客"为彷徨中的余村人注入了"强心剂"，也为余村未来发展指明方向。那是 2005 年 8 月 15 日，时任浙江省委书记的习近平来到余村调研。根据行程安排，他将在村里停留 20 分钟，只听汇报，不做讲话。但听到时任村党支部书记鲍新民汇报说，余村关停了污染环境的矿山，开始搞生态旅游，打算让村民借景生财时，习近平十分高兴，肯定他们的做法，一说就是 20 分钟。习近平说："一定不要再想着走老路，还这样迷恋着过去的那种发展模式。所以，刚才你们讲了，下决心停掉一些矿山，这个都是高明之举。绿水青山就是金山银山。我们过去讲既要绿水青山，又要金山银山，实际上绿水青山就是金山银山。"

9 天后，习近平以笔名"哲欣"在《浙江日报》的"之江新语"栏目发表了题为《绿水青山也是金山银山》的评论。评论指出："如果能够把这些生态环境优势转化为生态农业、生态工业、生态旅游等生态经济的优势，那么绿水青山也就变成

图 4-1　俯瞰浙江省安吉县天荒坪镇余村

了金山银山。绿水青山可带来金山银山,但金山银山却买不到绿水青山。绿水青山与金山银山既会产生矛盾,又可辩证统一。"①

建设生态文明,实现人与自然的和谐共生,是一个世界性难题。是"两山"理念,让余村找到了重生的路径。10多年来,余村人点绿成"金",成为中国生态文明建设和绿色发展的一个缩影。发展生态,就是发展生产力;保护生态,就是保护生产力。党的十八大以来,生态文明顶层设计和制度体系建设不断健全,污染治理加快推进,绿色发展成效明显,生态环境持续改善,森林覆盖面积和空气优良指数显著提高,人民获得感不断增强。一个小村庄,见证着一个重要思想的诞生,也辉映着美丽中国的未来。

第四节 践行环境保护,实现可持续发展

由于人类在发展经济和技术生产力的过程中没能正确处理好人类活动与自然生态的关系,从而引发了全球性的生态环境问题。依据传统的农业社会、工业社会所形成的传统生态思想文化早已不适应当今社会发展的要求,难以妥善解决现代化生产生活造成的生态环境问题。这就需要我们从现代科学精神、方法出发,对传统生态思想文化进行重新审视、阐释与研究。

现代生态文明要求人类重建人与自然和谐统一的关系,坚持生态文明理念,坚持公平原则和价值理性,从经济为先向生态为先转变,厚植生态基础,提升生态价值,完善环境法治,努力践行环境保护,实现可持续发展。

一、坚持生态文明理念

工业文明在精神领域引起的异化和环境危机,迫使人们不仅要对工业文明时期的发展观念进行重新审视,更重要的是要在意识和伦理方面及时、有效地做出回应。当今时代所提倡的和谐生态理念强调的是人与自然的整体和谐,要求

---

① "一个理念,让这个小山村实现绿色跨越",中央广播电视总台央视网,http://news.cnr.cn/native/gd/20190815/t20190815_524732135.shtml,2019-08-15。

人类摆脱人类中心主义思维模式的桎梏,建立起与新时期生态文明相适应的、符合时代文明要求的思维模式。

建设生态文明需要我们把道德调节的范围从传统的人与人的关系扩大到人与自然的关系,树立促进人与自然生态和谐的生态道德观。要超越原来那种只把自然当工具的狭隘认识,用人类特有的道德自觉精神协调人与自然的、人与人之间的利益关系,保护自然环境,合理利用自然资源,共同维护生态系统的平衡和健康运行,实现人与自然和谐相处。

奢侈无度、挥霍浪费的消费行为会导致消费异化和生态危机。人类要摆脱生态危机的困扰,必须从改变破坏生态环境的消费行为开始,重建健康合理的消费文化,让人的消费行为内在地蕴含生态向度。恰当、合理的消费既能满足个人的物质需求和精神文化需求,又不会对个人和环境造成压力,是一种积极向上的消费观。除了生活性消费以外,对于生产性消费的指引更加不容忽视。在市场经济体制下,受经济发展惯性思维和传统人类中心主义思想的影响,一些个人、组织或群体受经济利益驱使以牺牲环境来谋取财富,生产性消费对生态环境的影响甚至要大于生活性消费对生态环境的影响。为了缓解经济发展与环境保护之间的矛盾,我们应大力发展绿色经济,协调好经济发展、社会生活和环境保护之间的关系。从思想上转变人们的价值观念,树立绿色发展的生态理念,制定生产性消费的生态规范,发展生态产业,从而促进物质文明与生态文明的协同发展。

二、坚持公平发展原则

从我们对后代的责任伦理分析来看,现在的消费方式违背了我们对后代的责任。在生态环境保护方面,基于公平性的原则,区域之间、人与人之间应该享有平等的公共服务,享有平等的生态环境福利。代内公平按照地域空间维度,又可分为区域公平和国际公平。区域公平是指在一国范围内,不同的区域之间在享用自然资源和分配生态环境方面的平等,其实质是不同的区域承担可持续发展责任和义务的对等性;国际公平是指在国际社会范围内不同国家之间在享用自然资源和分配生态环境方面的平等,其实质是调整不合理的国际政治经济秩序,消除贫困,寻求共同发展,反对环境霸权主义,这是人类社会最为迫切和现实的问题。

代际公平理论明确了当代人与地球的关系，是描述当代人和后代人之间关系的一个可持续发展领域的概念，由美国华盛顿大学教授艾迪·B.维思最早提出。美国伦理学家罗尔斯从社会契约论的角度提出："不同代的人应和同代人一样，彼此间承担责任和义务，现代人不能随心所欲，而要受到在原初状态下选择的用以界定不同时代人之间的正义原则的约束。"[1]代际公平理论对当代人提出了行为约束，明确规定了当代人发展过程中的代际权利和义务，当代人不能为了自身利益而损害后代人利益，要考虑后代人的长远利益，为后代人负责，平衡当代人和后代人的资源。坚持世代可持续发展理念，规范和约束人类的实践行为，协调人类与自然界之间的关系，使人类的实践行为保持在自然界自我修复的限度之内；在充分考虑到后代人生存权益的基础上，保证自然界为人类的生存和发展提供自然资源和自然环境，从而实现人类的可持续生存和发展。

三、坚持工具理性和价值理性的统一

科技进步不可避免伴随着对环境的污染，但科技在不断进步的同时，也可能会减少对环境的危害。科技发展已经渗透到人们生产生活的方方面面，引领新兴产业变革，颠覆传统产业布局，推进绿色发展治理方式都离不开科技的强有力支持。

科技对于经济、社会、环境的发展虽具有重大的推动作用，但其负面影响也随同正面效应的出现而产生。使科学技术发挥其正面作用，最大限度地减少甚至抑制其弊端，为人类谋福利成为当前社会发展最迫切需要解决的难题。因此，要使科学技术的发展实现"人与自然和谐共生，永续发展"，就需要用环境伦理来引导科学技术发展方向，在工具理性与价值理性之间保持一种良好的张力。工具理性和价值理性兼顾的生态科技观要求科学技术的发展不能危害环境，要以人类的长远利益和根本利益为出发点，防止科技的滥用，是一种符合和谐社会发展与生态文明建设的生态智慧。

为此，要建立绿色科学技术体系，努力减少和减轻科技对环境和生态的消极

---

[1] [美]约翰·罗尔斯：《正义论》，何怀宏等译，北京：中国社会科学出版社2001年版，第285—293页。

影响,利用高科技来治理当前人类面临的资源问题、污染问题,促进人与自然的和谐共生,永续发展。同时,要改变传统工业生产格局,变革现存生产方式,发挥科技进步在可持续发展中的作用,大力发展能耗小污染少的环保科技;维护和保护不可再生自然资源和生态环境,并最大限度地发挥可再生资源的效率,循环利用资源;降低产品的消耗性损失,控制产品在使用寿命结束后的降解再循环,大幅减少废弃物的产生。"要以发展生态产业为主导,以信息产业为脉络线索,把生态业—信息业—工业—服务业构成一个系统的复合整体,从根本上解决资源、人口与环境问题。"①

四、加强环境法治

环境保护现已刻不容缓,与其相适应的法律和制度为其保驾护航成为现时的必然选择。与伦理道德相比,法律与制度的优越性在于其强制性与实效性。虽然当今社会人们的环保意识已然开始觉醒,但公民的环境伦理观念整体水平依旧处于一个较低的水平,合理的环境立法与立制有利于运用国家强制力保护环境,制定和实施具有预防性质的环境法律制度,培养正确的环境法治观念,加强执法力度和执法监督,为推动生态文明建设提供重要保障。

我国环境法制尚不健全,环境执法受到多方面束缚与干扰。要打破这种局面,就要健全环保执法机构,加大环境保护执法力度,严厉打击破坏自然生态的违法犯罪行为,同时让公众参与进来,完善监督机制和自认追究制度,对于不文明不合法行为及时发现,及时制止,及时追责,促进环境执法效益的提升。

为此,要用环境伦理来指导法律建设,建立完备的环境法律体系,加强可持续立法,形成鲜明的激励约束机制,加强自然环境保护法治方面的宣传教育。在具体化方面制定和实施具有预防性质的环境法律制度,有效形成广泛而深刻的环境意识,与环境伦理相辅相成,从而将环保意识自觉地转变为行为,最终实现人类社会与自然环境的协调发展。

五、在社会实践中践行环境伦理

仅仅停留在理念层面还不够,要将环境伦理思想与社会制度有机融合,使之

---

① 田文富:《环境伦理与和谐生态》,郑州:郑州大学出版社 2010 年版,第 82 页。

更好地指导人类社会实践。

首先,要构建绿色决策机制和制度体系。完善节约资源、保护环境的政策和机制。"可持续发展战略的实施、生态文明建设与和谐环境伦理的发展能否进展顺利,与决策者的决策水平息息相关。"[1]因此,政府的决策与目标要着眼于经济、社会、自然环境整体协调发展,着眼于保护自然环境和生态平衡,对各项政策计划的实施都必须进行环境影响评价,形成科学合理的政策和计划,把可持续发展作为首要目标。建立绿色决策机制,同时切实优化政府职能,用绿色GDP政绩考核制度规范地方政府,改变那种只关注眼前GDP而忽视环境保护的现象。

其次,要构建全民环境保护教育制度。在生态文明建设方面,要对公民进行环境伦理教育,教育人们正确认识人与自然的关系。通过对人们进行环境伦理相关知识的教育和宣传,使人们在日常生活中自觉遵守这些原则,提升社会公民的整体道德素质水平。青少年、大学生是祖国的未来,是社会主义的接班人,在学校层面,加强生态文明教育,让学生树立生态文明观念尤为重要。要培养受教育者可持续发展意识和良好的环保习惯,实现对传统价值的转型,从而成长为具有环保知识和可持续发展意识的一代新人。在社会层面,对社会各界民众加强生态文明教育,基层组织应当承担起宣传环保意识和生态文明观念的重任,利用纸质媒介或网络媒体对公众进行环境伦理宣传和教育,让公众了解环境污染的现状与危害,加深公众对环保事业的关心、理解和支持,将和谐的环境伦理教育纳入终身教育体系。

具体而言,第一,引导全社会树立节约资源的观念。资源短缺是我国的一个短板,资源人均占有量很小,是制约经济发展的重要因素。因此,要引导和培养公众的节约意识。例如空调限温这一小小举动就可节省大量资源,也可以相对减少能耗。同样的,日常用水时无意中就会造成很大浪费,每个人都应把节水意识落实到行动上,一水多用、适量用水避免造成不必要的浪费、及时关闭水龙头等都是低碳环保的行为。第二,减少废气的排放。汽车排放的废气数量急剧增长,是大气污染的主要来源,雾霾的笼罩使人类苦不堪言。因此,购买新能源车成为一个新风尚,同时也呼吁公众尽量少开私家车,提倡乘坐公共交通工具、步

---

[1] 田文富:《环境伦理与和谐生态》,郑州:郑州大学出版社2010年版,第71页。

行和骑自行车。第三,重视垃圾的分类回收和处理。据有关部门公布的数字,目前全国每年垃圾总量达上亿吨之多,价值巨大。而实际上,占比 2/3 以上的垃圾是可以回收利用的。一吨废纸可造纸 800 千克,一吨废塑料可炼汽油 700 千克,易拉罐和玻璃瓶再生可节约物质成本的 90% 以上,一次性木筷可以用来造纸,生物垃圾可制成优质肥料,不能回收的纸屑、布头等仍可燃烧发电……垃圾是放错了位置的资源,实行垃圾分类收集,实现垃圾最少排放和资源最佳循环利用,已成为世界各国为实现社会可持续发展、建立循环型社会形态的一种必然选择。大学生也应行动起来,将垃圾分类存放,用实际行动保护好我们的绿色家园。

只有从观念更新、制度创新、技术支持、法律保障和政策倾斜等多方面入手,利用多种手段,从宏观政策到微观措施,才能促使人们改变生产和生活方式,发展低碳经济和循环经济,实现绿色生产和科学消费,最终达到人与自然和谐相处的和谐生态社会的目标。

环境伦理学揭示,地球变化与地球生命变化相互依存,协同进化。当今地球生态系统的异常特征反映了地球生态过程的异常变化,这种异常变化的持续会危及人类和地球生命,人类理应承认自己的渺小。如果人类不适时地去调整与自然的关系,其后果只能是人类的自取灭亡。万物同胞,物吾与也,尊重自然环境,就是尊重人类自己。因此我们必须要有一种危机意识,从而唤起潜藏在我们内心的生态良知及生态意识。能否将行动的原则付诸实施,则需要我们每一个人的努力。

推荐读物

1. 戴斯·贾丁斯:《环境伦理学》,林官明、杨爱民译,北京:北京大学出版社,2002 年版。

2. 霍尔姆斯·罗尔斯顿:《环境伦理学》,北京:中国社会科学出版社,2000 年版。

3. 王正平:《环境哲学——环境伦理的跨学科研究》,上海:上海教育出版社,2014 年版。

4. 蕾切尔·卡逊:《寂静的春天》,曹越译,武汉:长江文艺出版社,2017 年版。

5. 田文富:《环境伦理与和谐生态》,郑州:郑州大学出版社,2010年版。

影视赏析

1.《后天》:温室效应造成地球气候异变,全球即将陷入第二次冰河纪。北半球因温室效应引起冰山融化,龙卷风、海啸、地震在全球肆虐,整个纽约陷入冰河的包围中。

2.《狼图腾》:在内蒙古大草原上,牧民与狼为了生存而彼此展开搏杀的故事。其独有的镜头语言,把我们带到一望无际的大草原,看人狼之间如何彼此尊重,和谐共处。

3.《末日浩劫》:是辐射、雾霾还是阳光、毒气,没有人能猜测出是什么物质在悄无声息中控制着整个世界,史无前例的浩劫迅速席卷全球。离开建筑物的庇护,扼喉般的窒息导致人们以惨烈的姿态死亡,人类迫切逃离不寒而栗的末日枷锁。

4.《未来水世界》:地球两极冰川大量消融,地球成了一片汪洋,人们只能在水上生存。人类的未来将会怎样?

5.《可可西里》:伪装成记者的警察和巡山队员为了保护可可西里的藏羚羊和生态环境,与藏羚羊盗猎分子顽强抗争甚至不惜牺牲生命。这被称为一部关于信仰和生命的电影。

第五章

设计伦理

设计起源于第一件工具的成功发明。在人类社会的漫长进程中,这种以解决问题为目的的构思、策略和规划的活动,与技术进步紧密地结合在一起,不断以崭新的视觉方式彰显其力量与成果。然而,人类对技术进步的不断追求,也伴随着扩张、异化、浪费和道德失守等新伦理问题的不断出现。设计作为技术的一种呈现方式,无可避免地要对技术产生的伦理问题进行回应。这恰恰是伦理学在设计范畴内担任的角色,也是设计伦理的主要任务之一。

第一节 设计伦理概要

一、设计是什么?

提到"设计"一词,大多数人会感到既熟悉又陌生,熟悉的是我们天天都在接触不同的设计和设计物,陌生的是我们却无法给设计一个统一的定义。纵观设计的多重理路,大致可以将其区分为:① 作为物的设计——传统设计;② 作为活动的设计;③ 作为体验的设计——当代设计;④ 作为生活方式的设计。

早在旧石器时代,设计的萌芽就已开始出现,比如原始人类用石头、骨头、贝壳等制作尖状器、刮削器、端刮器等,以此在大自然中得以存活。原始人类在制作石器时已有了明确的目的性(求生存)和一定程度的标准化(类似某种形状)。人类的设计概念也由此萌发了。接着从新石器时期到第一次工业革命之前,具有特定形状的陶器、青铜器和铁器的出现,在满足人类多重需要的同时,不仅标志着人类开始通过化学变化改变材料特性的创造性活动,而且也标志着人类手工艺设计阶段的发端。工业革命兴起后，人类开始用机械大批量地生产各种产品，设计活动便进入了一个崭新的阶段——工业设计阶段。

正是在工业设计阶段，设计的概念逐渐被人们揭示：它指的是设计师有目标有计划地进行技术性的创作与创意活动。设计的任务不只是为生活和商业服务，同时也伴有艺术性的创作。设计师需要理解用户的期望、需要、动机以及业务、技术和行业上的需求和限制，并将这些转化为对产品的规划，使得产品的形式、内容和行为变得有用，并且在经济和技术上可行，这是设计的意义和基本要求所在。

然而随着现代科技的发展、知识社会的到来、创新形态的嬗变，设计也正由专业设计师的工作向更广泛的用户参与演变。设计不再是专业设计师的专利，用户需求、用户参与、以用户为中心被认为是新条件下设计创新的重要特征，用户体验也被认为是知识社会环境下创新 2.0 模式的核心。

因与人类生活之间的紧密关系，设计所具有的满足现实需求的特性加剧了人类对设计的过度关注和评价。更由于通过设计物所凸显的"技术"要素，赋予了设计完全是为现实环境中的人服务的实质，从而在强调设计与人类之间对应的同时，也将"人"的含义大大缩小。然而事实上，无论是从哲学的还是从人类进化发展历史，抑或是从现实生活的角度来看，设计都必然是与跨越时空的全人类相连接的，这就在客观上为设计与伦理的结合铺设了路径。从现实社会的情况来看，随着人类社会的高速发展，生态条件快速改变，设计实践也遭受到来自社会各方的指责与质疑，所以设计融入伦理的考量显得尤为必要。

二、设计伦理的发展流变

设计伦理一直被视为设计师在选择立场、明确需求、实施过程和评估结果中不断发挥作用的道德依据与伦理原则。设计伦理不但能帮助设计师明确社会使命和责任义务，同时也对设计师的行为进行指导、约束和规范。设计伦理作为一种应用伦理，是对设计与伦理两方面的凝聚，对设计具有引导、规范与判断的功能，并且会渗入设计的全过程，从而实现设计与人类社会、与人类日常生活、与人类各类实践之间的最为适度与适宜的结合。由此可见，在设计过程中探求人与设计物之间相互契合的规律，使之造福于人类发展，是设计师无可回避的责任。

设计伦理要求设计中必须综合考虑人、环境、资源的因素,着眼于长远利益,发扬人性中美的、善的、真的方面,运用伦理学取得人、环境、资源的平衡和协同。

纵观设计伦理的研究历史,虽然学界一直将维克多·帕帕奈克(Victor Papanek)作为设计伦理学研究的创始人,但是,单单把帕帕奈克的"三大设计原则"视为对设计道德及其伦理探讨与研究的伊始,显然无法帮助我们把握设计伦理在设计史中的准确面貌。严格地讲,西方工艺美术运动(the Art & Crafts Movement)、欧洲现代主义设计运动以及二战后全球综合因素等,都为帕帕奈克设计伦理的提出奠定了基石和依据,因此有必要对历史上各时期的经典设计伦理进行梳理和研究。

1. 现代设计思想的萌芽:艺术与技术的融合统一

对设计师而言,设计从纯手工艺术到融合工业生产的转型过程,也是现代设计思想从萌芽到成熟,并继续发展变革的过程。不论是工艺美术运动(1850—1900年)、新艺术运动(1890—1905年)、装饰艺术论战(1925—1939年),还是包豪斯思潮,设计史的发展是设计手段受到新生产方式的催化,其背后则暗含了传统工艺设计师对艺术与技术统一的领悟与追求。

工业革命后,由于资本所有者(工厂和市场)的唯利是图,规模生产和装饰设计的盛行导致当时社会的工艺设计水平急剧下降,最终引发了以约翰·拉斯金和威廉·莫里斯为主导的工艺美术运动。工艺美术运动的宗旨在于改良设计模式,并试图在技术与艺术之间建立一种融洽的合作关系。装饰道德论战的主旨是强调产品装饰应当简洁、朴素、诚实,提倡自然主义和东方主义,反对烦琐复杂、矫揉造作的维多利亚风格。其中,以阿道夫·路斯的檄文《装饰与罪恶》最为著名。路斯在该文中直接对装饰存在的合法性提出了质疑,认为装饰在现代文化中表现出来的虚伪与造作是非自然、非有机的,同时也是对劳动力和资源的浪费。

对早期设计的道德思考还体现在民主制度对设计的影响。设计作为一种兼具实用技术和意识形态表现方式的实践活动,其道德蕴含必然无法与民主或平等问题相分离。为普通大众提供尊严、自由和福祉是西方设计传统中对民主和平等的英雄式追求。但是,如果说装饰主义的"罪恶"体现在疏远"真实的人及其需求"的形式主义,那么设计的平民化为了实现大众需求,实现人人享有,最终陷入了规模生产的理性化与标准化泥沼中。秩序与模型被设定起来,"人人都有同样的身体,同样的功能……人人都有同样的需求"①,最终民主与平等造成了机器依赖与人性的压抑,设计走向了一条异化的道路。

20世纪20年代以后,受到"德意志制造联盟"主旨②的影响,德国现代建筑师、建筑教育家瓦尔特·格罗皮乌斯(Walter Gropius)创立了公立包豪斯学校(Staatliches Bauhaus),建立了世界上最早的现代设计教育体系,也标志着现代设计的真正开始。包豪斯思潮的三大基本原则包括追求艺术与技术的统一,明确了设计目的"是人而非产品"以及遵循客观规律和自然法则。这些原则很大程度上接受了工业生产特性和工艺美术运动的设计追求,致力于弥补艺术和工业技术的隔阂,从格罗皮乌斯的著名宣言"向死的机械产品注入灵魂"即可看出这一点。可见,从包豪斯时期开始,设计师就已经开始致力于寻找创造力与机器作品相结合的设计方式。

包豪斯思潮不但确立了工业设计在未来近百年时间里的设计主导地位,同时也极大地推动了工业设计从"自由""自我"和"浪漫"向"功能""理性"和"科学"转变,具体表现为设计师不再只关注艺术,而是将目光转向使用者和市场需求,与企业展开更为广泛的合作。

2. 现代设计思想的兴起:形式与实用的选择博弈

二战后期,美国式消费设计造成的大量浪费和环境问题迫使人们重新审视工业设计的选择,并由此引发了对"优良设计"的呼声。为了从经济大萧条中重整旗鼓,二战后以美国为主的商品市场开始将设计选择交由市场反馈。20世纪前三十年,不仅"外观设计"的概念在工业制造中逐渐占据主导地位,而且也是设计职业化的三十年。最早的职业设计师,尤其是美国设计师,大部分来自于广告专业和舞美专业。而消费产品的外观设计核心是"商业利益",这意味着产品的形态可以无关乎价值,也可以无益于功能,但必须能够带来利润。

从结果看,美国式的消费设计与欧洲"装饰艺术"的区别在于,消费设计并不是简单的形式设计,而是建立在各种市场研究和消费者行为与心理研究的基础

---

① [法]勒·柯布西耶:《走向新建筑》,陈志华译,西安:陕西师范大学出版社2004年版,第115页。
② 注:德意志制造联盟提出了包括"设计的目的是人而不是物""艺术、工业、手工业相结合""反对任何形式的装饰"以及"宣传和主张功能主义,承认并接受现代工业化"等主张。

之上,试图通过对外观与趣味的频繁变换,满足消费者的需求。大到建筑、小到牙刷,急剧扩大的设计范围和快速更替的产品,造成了资源的迅速消耗和"追逐时尚"的浮躁社会风气。

越来越多的设计先驱开始对职业使命和个人选择进行反思与质疑。其中,受德国现代主义设计影响,以勒·柯布西耶为代表提出的"优良设计",因崇尚功能、主张适当的形式与简朴实用的美学特质而备受好评。尤其优良设计受到了当时军方用品设计的启发,大量运用了人体工学的成果,受到了大多数设计师和使用者的拥戴和欢迎。此外,由于局部战争的频繁爆发,外观和样式逐渐让位给新材料、生产过程和产品功能。人体尺度在设计中的应用也是从这一阶段逐渐普及开来的。比如德里夫斯提出的"人体测量""人的因素"等概念,尤其是他的《人体测量》一书,成为后来设计师在外观设计中功能和实用性并重的参考标准。

3. 现代设计思想的成熟:设计伦理研究的正式提出

20世纪中叶以前,虽然设计伦理问题一直受到关注,但也只是以设计附带问题的形式受到热议,相对具体的伦理条款雏形则更接近于职业守则。其中,比较具有代表性的成果当属美国工业设计师协会—工业设计师学会(SID-IDI: Society of Industrial Designer-Industrial Designers Institute)的"共同认可伦理原则十九条"。[1] 十九条原则主要包含了设计师应具有的三方面的职业义务:① 设计师应提供安全、稳定、经济的产品(如第2条);② 设计师应注重公众反馈(如第1条);③ 设计师应与同行公平竞争、开放交流、合作共赢(如第13、16条)。这十九条原则代表了以美国为主的第一代工业设计师对自身职业的认识,囊括了设计物、设计师同行、用户以及社会公众四大关键要素。其以提高各界合作力度、整合资源、优化产品质量为主要目标,致力于为社会提供安全、稳定、便捷和友好的产品。不过总体来说,SID-IDI原则更侧重帮助设计师与用户、产品、同行和公众之间建立有效的交流与合作,内容更接近职业准则,对产品创作过程中的设计原则指导较少,涉及设计活动的讨论也不多。

---

[1] Doren, H., *Industrial Design: A Practical Guide*, New York: McGraw-Hill Book Company, Inc, 1954, p.29.

除此之外,新社会价值观的涌现以及全球环境的深刻变化,为进一步丰富设计伦理内涵提供了现实基础,许多新的思考被纳入到设计的道德话语中。设计伦理正是从这样一个复杂变化的发展历程中汲取养分,并最终由维克多·帕帕奈克于1971年进行提炼,并提出设计伦理的概念。"责任设计"是帕帕奈克设计伦理的核心内涵,他在《为真实世界的设计》一书中指出:"设计师必须意识到他的社会和道德责任。通过设计,人类可以塑造产品、环境甚至是人类自身,设计是人类所掌握的最有力的工具。设计师必须像明晰过去那样预见他的行为对未来所产生的后果。"[1]帕帕奈克反对设计师只为市场经济导向的小部分消费群众贡献力量。他提倡通用设计、包含性设计以及绿色设计,认为设计师拥有改变社会环境的力量,并且肩负引导社会变革的责任。

帕帕奈克作为"设计伦理"概念的提出者,对设计的本质、设计的社会语境以及设计伦理的价值基础做出了较为系统的阐述。他呼吁设计师以务实与功能主义为本质,立足于真实世界真实需求的设计,倡导设计师以社会利益的最大化为价值基础,将伦理批判落实到解决实际问题的设计方案中。帕帕奈克将设计视为一种意义丰富的秩序创作,这种创作的实现有赖于许多方面的有机结合,比如设计方法、用户使用、产品目的、用户需求、用户审美以及产品能够激发的用户情感。帕帕奈克认为设计应当"为人的需要(need)设计,而不要为人的欲求(want),或人为制造出来的欲求设计,这是现在唯一有意义的方向"[2]。在他看来,改善残障人士和老年人士的生活水平、解决第三世界人民的生存问题,以及关注全球生态和环境污染问题是最值得设计师为之奉献才华的使命。相反,为时尚所追捧的、满足短期欲望的形式设计和消费设计则加剧了社会消极事态的严峻性,且对设计师的职业追求毫无价值。

4. 现代设计思想的转向:新技术与交互体验的盛行

交互设计(Interaction Design)理念和方法的快速普及,源于网络和电子技术发展促使当代社会从高度机械化向高度自动化的转变。同时,交互设计思想的快

---

[1] Papanek, V. *Design for the Real World: Human Ecology and Social Change*, New York: Pantheon Books, 1971, p.102.
[2] Papanek, V. *Design for the Real World: Human Ecology and Social Change*, New York: Pantheon Books, 1971, p.234.

速盛行,也是因为当代人大规模"栖居"网络世界,用户由此产生了对软件和界面越来越高的要求:不但要稳定、安全,还要更容易学习、更方便使用和有更友好的界面。交互设计中蕴含着为差异化需求进行定制的概念、为人造系统进行行为设计的目标定位以及以用户体验验证设计的实践思路。如今,交互设计被应用于人造环境、软件程序、可佩带(或可移植)装置等信息系统技术相关产品的设计领域。

对于一款需要面对无数不同特征用户的信息系统产品来说,交互设计的优势在于强调用户与人工设备之间持续的、变化的互动体验,并能够定义人工制品在特定场景下的应对方式。不同于传统设计习惯于从形式上寻求功能提升的解决办法,交互设计的核心在于关注信息系统产品、环境和用户的行为,让计算机和人都能够充分发挥其特有的天分特长,而不是勉强计算机做人擅长的事,或是强迫人做计算机该做的事。要关注用户的使用行为,专注营造有机的人机关系,同时考虑用户情绪、尊严、理想以及目标的实现。

第二节　现代社会的设计伦理问题

"设计"作为人类有目的的一种实践活动,是人类改造自然的标志,也是人类自身进步和发展的标志。而先进的科学技术也让无数天马行空的设想有了实现的可能,不可否认设计早已渗透入我们生活的方方面面,它带给这个世界的影响力也日益增大。但是在享受着设计给我们带来的安逸与便捷的同时,我们也看到了一系列的社会问题,例如:舒适生存设计引发的人性退化、一味追求材料的创新而引发的环境污染、无度的设计带来的能源消耗、网络的虚拟自由与现实的冲突问题,等等。当这些负面影响加剧到一定程度的时候,有人毫不客气地将其命名为"设计危机",以唤醒人们的关注和紧迫感。对于设计的思考越深入,人类就愈加清晰地认识到,科技本身并没有错,但我们究竟该以怎样的设计伦理观去利用科技所带来的便捷与高效,实施设计活动,却是问题的关键所在。

一、舒适生存设计与人性退化

设计往往以物化的形式呈现,但其终极目的并不仅仅局限在对某一产品的创造，而是满足人的需求，这种需求即人的欲望，设计活动的发生与发展都是这种欲望驱使的产物。设计在满足人的使用功能的同时，更加关注使用者的舒适感受。这种舒适性体现为使用的方便、观感的享受、触感的舒服，由此使科技的发展获得了前进的动力，众多为追求舒适而生的技术得以产生。如手机产品的发展就很能说明问题。最早的手机仅仅满足基本的通话功能，因此造型简单、色彩单一，随着人们对精神生活的需求，手机逐渐增加了短信功能、娱乐功能，甚至兼顾商务的需求。如今最新款的智能手机俨然就是小型的掌上电脑，除了基本的电话功能，它能够拍照、上网、收发邮件、游戏，甚至看电影，其先进的触摸屏技术大大增强了使用者的触感，提高了人机交互的舒适性，靓丽的外形更是满足了人性的审美需求，备受时尚人士的追捧。在今天这样一个供大于求的商业社会，设计俨然成为产品销售的无形推销员，而舒适化设计更是成为最易打动人的卖点。

在人类追求舒适生存的过程中，科技无疑成为最大的推手，每一项科技的发明与进步都在改善着人类的生存环境。电的发明使人类从此有了光明，蒸汽机的发明将人类带入了工业文明社会，计算机技术的应用更是为人类社会迎来了信息时代的新纪元。设计作为连接科学技术与人类现实生活的桥梁，直接体现并实践着科技的进步。创新是设计的本质，产品新的形式和特征必须依赖于高新技术的支持，在这种依赖关系中，现代设计逐渐走向技术化的道路。设计不知不觉沦为技术主义的崇拜物。

英国人类学家戴斯蒙德·莫里斯（Desmond Morris）在他的著作《人类动物园》中提出了一个"动物园效应"的比喻，他认为现代生活条件与动物园的情况相类似。从某种意义上来看，人类为了追求舒适的生存所开展的一切活动，如科技的活动、设计的活动都在成为人类自身的羁绊，营造了人类的"动物园"。设计作为科学技术的重要实践者，起着推波助澜的作用。人类被自己不断满足的欲望宠坏了，逐渐依赖于"动物园"的生活，人性越来越脆弱，一旦这种依赖被自然灾害、战争等因素打破，人类将变得无法生存。看看我们的生活吧，正在被各种按扭所左右。一按按钮，空调带来舒适的温度，电梯免去了爬楼之苦，程序代替了复杂的劳动……科技的物化可能带来的是人的能力的异化，人类与生俱来的适应自然的生理机能正在退化。

二、过度设计与不合理消费

当代设计根植于高度发达的科学技术,新材料、新发明、新技术每天都在诞生,技术的快速更新大大缩短了产品的更新周期,科学技术成为商业发展的强大推手。在今天这样一个消费时代,设计师想要摆脱商业环境的影响几乎是不可能的。我们常常会被迎合时尚表征的外在设计所左右,设计的过度化趋势越来越严重,这种设计正在为虚荣、不健康的生活方式推波助澜,无端地浪费着人类所剩无几的资源。

建筑设计中常有过度设计的痕迹。近年兴起的房地产开发热在我国一些城市催生了雨后春笋般的商品房,盲目效仿欧美、只求气派豪华、缺乏中国特色成了这些楼宇的通病。城市发展规模盲目求大,城市建设过程中贪大求洋,盲目追求大马路、大广场、大草坪、高层及超高层建筑。在此过程中有些建筑单体不顾城市整体,有的过于张扬个性,不能形成良好的城市总体形象。在旧城改造中,大拆大建,一些珍贵的历史文化风貌受到破坏。有的文化名城商业气氛过强,影响了历史文化特色,甚至有的地方制造假古董,破坏真古董。所有这些现象,都是我们城市化进程中不能回避的现实问题。众所周知,由于社会历史原因,目前我国城市建设规划部门重要岗位上的人员并不都是相关专业人士,他们对设计的理解直接影响到了设计师们对城市景观、公共艺术的设计。我们并不强求设计师完全改变领导者的意图,但一个关注伦理的设计师完全有能力根据现有的条件给出恰当的设计方案。至少当设计师多了一些对自然、对人的自觉关注之后,会生发出更多的设计思考,诸如是对空间的挤占还是与空间进行对话和沟通,破坏自然还是再造自然等。作为城市景观和公共艺术设计师,他应当具备的最基本的伦理关怀是,设计应当给人的心灵留出感受自然气息的空间,而不是让人在精心修饰的世界里距离自然越来越远。

过度包装也是如此。它是一种功能与价值过剩的包装,耗用过多材料、体积过大、用料高档、装饰奢华,超出了包装保护商品、美化商品的功能要求,装饰功能过剩,在包装性质上有夸大和欺诈之嫌。甚至可以说,过度包装使得包装丧失或逾越了包装设计的原有功能,成为一种与所包装的物品无关的独立的产品,包装产品摇身变成了包装"包装"。重外表轻内涵、重视觉轻实用成为过度包装的代言,从而使包装设计的本质发生了变化。比如近年来,月饼包装奢华之风越演越烈。外包装从纸盒、中密度板盒、钙塑盒、铁盒,演化到竹编盒、红木盒,月饼礼盒中的"配角"从白酒、葡萄酒、茶叶、茶具到玉佩、微型古筝、金币,不一而足。月饼过度包装消耗了大量社会财富,造成资源浪费。统计显示,我国焙烤业每年投放在月饼包装上的费用高达亿元。中秋节一过,这些高成本的包装就全部变成了令人烦心的垃圾。

不只是包装设计,纵观现代的产品设计领域,绝大多数设计还停留在产品的外观设计或系统设计上。比如,过度设计所带来的视觉污染也越来越凸显,随着多媒体技术的应用,各种媒介所传达的信息不断充斥着我们的生活。满街的霓虹灯、几乎无孔不入的广告、高耸入云的玻璃幕墙、邮箱里充斥的垃圾邮件,不断刺激着我们的视觉,人类的生存环境正被各种过度设计弄得支离破碎。

过度设计所带来的危害是有目共睹的。它营造了一个恶性的商业竞争环境,生产商与设计师不再愿意在研究产品深层次性能与质量上花费时间,而更乐于做些简单的表面文章,增加一两个可有可无的功能或者在外形上稍加修改便急急忙忙推向市场,这样的行为直接影响着社会价值观的形成,人类的消费欲望不断膨胀,并逐渐在这种一次性消费的快感中迷失自我。20世纪60年代,美国通用汽车公司提出的"有计划废止制度"是典型的美国商业性设计的产物,将过度设计理念推向了极致。所谓"有计划的废止"集中体现在三个方面:一是功能性废止,即让新产品具有更多的新功能,从而淘汰老产品;二是款式性废止,即不断推出新款式使旧款式过时;三是质量性废止,即预先设定产品的使用寿命,从而催生更新换代的需要。这一观念的提出完全迎合了商业社会对于利益的追求,因而对世界各国的设计有着广泛的影响,时至今日其影响还在产生着作用。

过度设计既是商业问题,也是设计师本身必须深刻反思的问题。问题的根源在于对"度"的把握。未来的产品设计将着眼于产品相关环境的设计。"合理消费""适度经济"是未来人类自救的唯一方向,也是设计师在其设计中所应贯彻的基本思想。

三、不当设计忽略用户体验

把"体验"作为产品卖点是近年来信息技术产业的一个发展方向。信息技术产品的良好体验则来自用户(人)与产品(机器)之间人性化的交互,这意味着人在产品使用过程中具有主导地位。但是,浸淫在对身体的二元分立式解读与强理性、强逻辑的惯性思维中,设计师一方面可能忽略用户体验,习惯性地从还原性的理性思维方式出发,满足于创造复杂难懂的非人性化交互产品;另一方面,设计师即使关注体验,也往往局限于传统心理学对感觉的描述,并容易受到狭隘的品牌优越感的误导。我们可以从设计师与用户的关系、设计师与公众的关系等着手,结合当代技术背景,探讨信息系统产品设计面临的伦理困境。

1. 设计师对用户的失责:不断加剧的技术愤怒

设计师对用户的最大失责在于:大多数的设计师总是优先考虑计算机处理信息的习惯,用理性思维方式来设计给普通人使用的产品。编程工作从语言的设定到图标颜色的选择,每一个步骤都充满着设计决策,存在忽略用户体验的风险。《华尔街时报》曾描述了一位白领接收邮件的场景:

"一位留着大胡须穿着短袖的人对着电脑终端躬着身子,他看起来似乎有点迷惑。突然间,他沮丧地向显示器的侧面砸去。好奇的同事将目光投向他的隔间,只见他将键盘砸向显示器,将它打落到地板上。接着他从椅子站起来,对着地上的显示器,重重地踹了一脚。"①

上述场景揭露了这样一个事实:难用的、令人烦躁的信息系统产品带来了一股名为"技术愤怒"的强大暗流,正在加剧使用者的沮丧和愤怒。"技术愤怒"的成因,是设计者在设计过程中总是将内部程序设计放在首位,却没有考虑用户体验,为交互设计预留足够的空间。"基于软件的产品并非天生不够好,而是因为我们通过错误的过程创建了它们。"②比如,安装杀毒软件之后突然消失的、正待处理的文件;许久不用的合同或报表文件,却在突然想要调阅时弹出"文件已损坏,无法打开"的对话框;出租车座位后面那些不但难用、还令人反感的触屏设备之类的公共设施系统……以上种种,和1995年因撞击花岗岩山峰而不幸丧生

---

① [美]阿兰·库柏:《交互设计之路——让高科技产品回归人性》,丁全钢译,北京:电子工业出版社2006年版,第13页。
② [美]阿兰·库柏:《交互设计之路——让高科技产品回归人性》,丁全钢译,北京:电子工业出版社2006年版,第4页。

的160名波音757客机乘客及飞行员相比,还少许值得庆幸。据调查,该飞机失事的唯一原因,是飞行员选择了错误的雷达导航站。在信息技术充斥的时代,现代人似乎已经习惯与各式各样的软件产品进行不断的摩擦和磨合。这些软件产品表面上能够提供如此之多的功能,如帮助我们整合数据、提供必要的对比和成果等,以至于人们心甘情愿地无视由糟糕的界面设计产生的负面影响,比如眼睛疲劳、肌腱劳损等。更不可忽视的事实是,绝大部分的信息系统事实上是极为难用的:要花费大量时间去学习如何操作,要看各种密密麻麻、用语生涩的安装条款和指导说明,或者操作超出了人的反应极限……过去三十年间,尽管计算机已经从遥不可攀的"稀缺资源"变成了几乎家家户户都在使用的普通工具,但"计算机很珍贵,使用者应当迎合电脑"的传统思维仍然普遍存在于绝大部分程序设计师的意识里。常年的逻辑思维方式让他们具有深刻的优越感和惯性意识,那就是使用信息系统产品的用户群,本身就应当具备相当的计算机知识和技能。

2. 设计师对公众的失责:遭到忽视的公众反馈

比起个体用户的使用反馈,公众反馈的时间跨度更长,问题也更多。设计师对社会公众的失责主要表现在过分专注短期成就与效益,极少对负面反馈进行回应。许多设计师认为,要保证产品的专业性,就必须缩小他们关注的业务范围,为此,他们过分关注既定功能和配套体验的实现与放大,而忽略了其他相关联的体验与需求。这种现象普遍存在于许多通信设备和交友软件的应用过程中。事实上,随着各类社交门户和软件的出现与使用期限的延长,一些地区性的研究机构已然发现了这些先进、时髦的设备背后隐藏的可怕后果。举例来说,2013年9月,英国 *Daily Mail* 报道了一项由英国市场调查公司 One Poll 进行的研究,该公司对1 000名来自世界各地的年轻人进行了关于电子通信产品使用影响的调查。结果显示:"77%的被调查者认为,他们的社会交往能力较以前有了明显退化;72%的人认为,对手机的过分依赖使得他们变得粗鲁、没有礼貌;另有65%的人相信,网络和社交媒体的不断发展对年轻人在现实世界中面对面的交流产生了消极影响。"[①]而智能手机所带来的逃匿现实社交环境的消极心理

---

① Dink:"One Poll:调查显示智能手机和社交媒体使年轻人变粗鲁",http://www.199it.com/archives/149127.html,2014-03-22。

还伴随着其他的问题，比如写作与阅读能力的退化、身体器官的衰弱（长期使用手机、计算机设备可能导致人的脊椎、眼球、皮肤、关节等方面的不可逆的身体疾病）以及对外部生存环境感知的丧失。又比如，宣称要"打破个人狭小生活圈，走入更为畅通和便捷的交友生活"的交友门户，却成为剥夺年轻人社交能力的罪魁祸首之一。今天，年轻人将大量时间花费在网络空间中，这种隐藏在屏幕之后肆无忌惮的交流正在慢慢地走向主流，而如何适应或改变环境，在集体生活中学习、判断、应对并做出恰当表达的能力，却非常讽刺地被削弱和剥夺了。

从技术创造的角度，设计师当然可以尽可能地谈论技术设计的神奇力量。但需要反思的是，对于更快捷、更方便、更智能且更易于操作的技术设计，在消除一切身体劳动，转向一个个接受一反馈的信息循环中，我们是否面临着比追求奢靡、炫耀、身份象征等消费异化现象更为危险的生存模式？我们是否正在消除自然赋予的原始幸福和荣誉，将作为人的劳动、尊严与能力置于悬崖的边缘？

第三节　设计伦理的原则

设计伦理不仅使设计摆脱了对于行为和设计物进行事后考究的传统习惯，而且逐渐构建起一种新的设计实践模式。设计伦理原则是立足全人类和谐共生的立场，对设计进行从行为到设计物全方位考量和整体推进的必然结果。那么在设计过程中我们应该遵循哪些设计伦理原则呢？

一、可持续发展原则

可持续发展原则指的是我们的设计创作应寻求人工环境与自然环境的和谐、共存，设计不是对环境的剥夺和污染，而是促进同周围环境的协调，使人类赖以生存的环境能够持续地向未来发展。设计应该既满足当代人的需求，又不危及后代生存及其发展的环境。

世界各国都积极投入于改善人类过度发展工业后造成的环境污染的防治运动，保护我们赖以生存的空间环境已成为公众瞩目的重要课题。近年来英国政府广泛提倡"再设计"观念，就是使设计师认识到绿色设计是21世纪企业参与竞争的最锐利、最得人心的武器。德国政府立法规定生产电视机的企业必须回收自己的产品方准生产，由此催生了绿色的电视机，即零部件回收再利用。政府实施的"蓝天使"计划，授予那些在生产、使用过程中对生态环境和使用者健康均无危害的商品"绿色产品"标志。政府对于非绿色产品的商品，在进出口方面也进行了严格的限制。由此，也调动国民对绿色产品的观念认识和消费引导，形成日益众多的绿色消费群体。可以断言，21世纪，谁设计、生产绿色产品，谁就拥有新世纪的市场。

"绿色设计"，顾名思义就是维护人类地球绿色环境的设计，是不破坏地球资源的设计。绿色设计意味着人类社会所沿袭的价值观念将面临一次深刻的变化。绿色设计要求设计师们详尽考察研究新产品的生命周期的全过程，考虑新产品在生产以及使用全过程中对自然环境和人的影响，除此之外还要考虑产品废弃的后果和处理措施是否可行，也就是尽可能鼓励企业生产寿命更长一些的产品和选用那些可以马上再生产或再使用的材料进行生产，以有效地利用地球的资源与能源。

从工业设计的角度，设计的物品要尽量符合 4R 的绿色设计资源回收系统的原则，即减量（Reduction）、重复使用（Reuse）、回收（Recycling）、再生（Regeneration）的原则。"无包装设计"和"再利用包装"就是绿色设计浪潮中两项有力措施。比如运动服饰厂商 PUMA 的新鞋盒——CLEVER LITTLE BAG，据说用纸量比以前减少了 65%，这种新包装从 2011 年开始推广，2015 年完全取代原用的包装，而且到 2015 年，PUMA 的工厂、仓库、店铺、办公室的二氧化碳、耗电、废水量和废弃物量削减 25%。工业设计师 Yves Béhar 和 PUMA 费时两年多在 2 000 多个设计中选出 40 多种候选方案，最终采用了现在的设计（如图 5-1）。它由一个不织布包和一块瓦楞纸组成，不仅大幅削减了纸的用量，连印刷墨水的使用量也少了很多，不织布包更是可以反复使用。同时因为重量减轻了，所以也能省下一大笔运输费用。

有资料显示世界上平均每人每年大约要丢弃 300 个塑料袋和纸袋，大多数塑料袋最终在垃圾掩埋场需要经过几个世纪才能分解。EcoBag 可以针对这种问题做出更生态的色袋设计。EcoBag 的色袋材料里混合了各种植物的种子，无论你把它扔在哪里，它都将在降雨后分解，变成一株株美丽的植物。

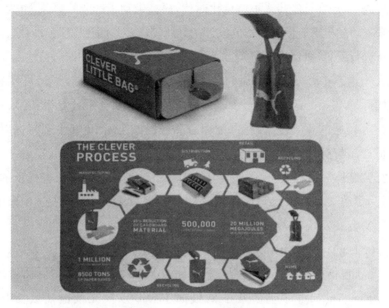

图 5‑1　PUMA 的新鞋盒

"无污染能源"的开发又是另一项重大举措。太阳能、风能、水力能源、地热能也已进入实质性研究与开发之中,新一代的电动汽车、太阳能汽车以及高新技术研制的燃氢汽车,有望在不远的将来商品化,全面推向市场,彻底改变现在汽车对空气的严重污染状况。"创造有生命的材料"也是绿色设计中卓有成就的设计项目,即这些材料能够吸入被污染的空气,并吐出新鲜的空气。如果这项研制计划成功,将给包括公共场所、办公室、家居等环境在内的整个社会环境的改善带来不可估量的贡献,将使人类生存的环境得到理想的改造。

二、以人为本原则

设计为人类服务、为人类解决问题已经成为设计领域的共识。设计也并不局限于某些设计师所掌握的华丽的造型技艺,它是所有人都应该掌握的一项现代基本素养。遵循以人为本的伦理原则就是在设计中充分考虑人的需要、能力、感受、文化、职业、个性等因素,并以此做设计,这是设计中的人文关怀,是对人性的尊重。

众所周知,现在已经步入了信息化时代,科技带动了产业的繁荣,也为设计的发展带来了新的机遇。以人为本的设计伦理原则需要我们在构建和谐社会的新背景下重新进行反思,以促进人与人、人与物、人与环境之间的和谐可持续的发展。

以人为本意味着不仅为健康的人设计,也要为残疾人设计。2006年在德国莱比锡国际展览会上亮相的C-Leg®智能仿生腿融合了计算机科学、仿生学和机械学等领域的相关技术,在保证原有假肢的安全、稳定和生态特性以外,突破了机械产品与身体无法相融的生物局限,使假肢成为具备"接收""思考"和"反馈"能力的"肢体"。比起替代的肢体,C-Leg®令使用者仿佛拥有真正的双腿。又譬如,为了改善残障人士生活质量,帮助他们融入社会,一些发达国家定期资助设计师协会开发残疾人使用的电子产品。韩国数字机会和推广协会(Korea Agency for Digital Opportunity & Promotion)近年来发明了许多残疾人专用电子设备产品,包括放大视图桌面阅读器 Sense View、便携式文本到语音转换设备 Voice Eye Mate、非手动游戏手柄鼠标 Jaws2 以及无线电播放器 Joy-10 等。① 这些产品不但在功能上,甚至在美学意义上,都是基于身体的特殊需求进行设计的。

以人为本意味着设计师需要充分考虑人的感受、体验以及与周围环境的关系。我们从建筑大师贝聿铭那里可以感受到人与环境的完美契合。贝聿铭这个名字似乎是一个超越了时代的存在,在现代建筑的历史上,贝聿铭被称为"最后一个现代主义大师"。游走在东西方文化之间的他无疑是建筑界一个特殊的存在。贝聿铭始终坚持着现代主义风格,在将建筑人格化的同时,为其注入东方的诗意。贝聿铭作品以公共建筑、文教建筑为主,被归类为现代主义建筑,善用钢材、混凝土、玻璃与石材。②

日本滋贺县甲贺市的美秀美术馆(Miho Museum)(1996—1997年)是贝聿铭的代表作之一。他以桃花源为原型,精心策划设计了这栋美术馆。整个美术馆的参访过程,好比是世外桃源的发现之旅,峰回路转,引人入胜,唯美景致处处动人,让人留以回味。

---

① 参见"专为残疾人开发的数字技术",http://tech.163.com/07/0706/09/3IN7QL8N000926PT.html,2013-10-01。
② "先生归来:贝聿铭作品全集欣赏",摘自微信公众号"文创产业评论",2017-07-30。

图 5-2　日本美秀美术馆

苏州博物馆（新馆）建筑的设计灵感来源于苏州传统的坡顶景观，博物馆置于院落之间，使建筑物与其周围环境相协调。新馆与拙政园相互借景、相互辉映，成为一代名园拙政园的现代化延续。在建筑的构造上，玻璃与钢铁结构，让现代人可以在室内借到大片天光，开放式钢结构替代传统建筑的木构材料，屋面形态的设计突破了中国传统建筑"大屋顶"在采光方面的束缚。

 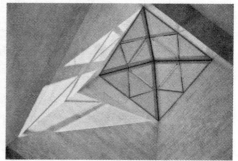

图 5-3　苏州博物馆（新馆）

三、适度原则

人类生存的现状不断督促我们进行设计的伦理性思考，在商业的洪流中如何把握设计的"度"是关键所在，"适度设计"成为设计的新趋势。所谓"适度设计"就是使设计能最准确地反映其自身的价值，并恰好能迎合受众最真实的消费需求，不过多地加以不必要的修饰，从而解决"过度设计"所产生的一些问题。关于"适度"的理论,历史上早有先贤进行过相关的阐述。早在两千五百年前,墨子就提出了"节用"的主张,强调凡事应恰到好处,不铺张、不浪费。他的观点与卢斯不谋而合。卢斯在其《装饰与罪恶》一书中就指出:不断变换的装饰已经成为阻碍社会发展之罪,使劳动产品过早贬值,浪费了大量社会资源。如果说墨子的理论还只是在宏观上提出了节俭的要求,那么卢斯则一语道破了过度装饰(设计)的本质。

今天有越来越多的设计师开始反思过度设计所带来的种种问题,提倡有节制地利用技术,有计划地运用材料,倡导设计的可循环使用。在这方面,日本的设计一直走在前列。日本也曾有过一段设计井喷的时期,各种过度设计风靡一时。今天的许多人对早年的日本电器都有印象,当年满大街哐哐作响的日本收录机便是典型代表,庞大的机器满是按钮,没有实际用途,只为满足人的虚荣心。在经历了一段过度设计期后,日本设计界开始反思这种行为的危害,于是一大批当代设计师开始寻求解决方案。日本著名生活品牌"无印良品"便是在这样的背景下应运而生的。其名称本身的含义是"没有商标的优质产品",这正是对浮夸、无度浪费的社会风气的反思。"无印良品"的首任设计师田中一光先生曾回忆,在品牌创立之初,设计师们便决定要塑造一个与当时流行的产品不同的品牌,它是质朴的、知性的,没有多余的装饰,只为满足人们最基本的生活需求。"无印良品"一经推出便大获成功,可以说"无印良品"是对适度设计的完美诠释。

当代设计伦理观所提倡的适度设计,是一种关注人类可持续发展的设计理念,应该成为每个设计师所遵循的原则。设计师的伦理责任,只是影响设计之路前行的诸多因素中的一点,但它对于设计所能起到的作用不容忽视。即使是在与设计相关的法律法规相对健全的时代,设计师的伦理自律与自觉仍然是设计能够更好地服务于人类社会的重要因素。毕竟,法律制约的是以不伤害为原则的设计行为底线,而伦理的自律与道德上的自觉才会使设计包容更多的思考,从而闪烁出人性的光芒。

四、体验的交互性原则

近年来,客户体验在产品设计和企业发展战略上的重要影响表明,以体验为导向的设计文化,正在重塑人们的生活方式。"这是一切。这是关键。产品的体验。它会给人什么样的感觉。当你开始想象,它可能带来的体验,你退一步,再想想看。这会帮到谁?能让生活更好吗?有没有存在的意义……"①设计过程包含着对身体和身体体验的解读,这既是设计的前提,又是设计能够在实践过程中达成目标的关键。随着技术、经济等外部环境的不断改变,人们对身体的认识从客体的躯体走向主体的身体,从二元论走向非二元论,从片面和割裂的认识走向复杂和系统……这种种改变都在极大地影响着设计的实践活动,也对设计应当符合的伦理品质提出了更高的要求。

信息系统的交互设计过程可能涉及几种复杂情况。除去功能性的理解,信息系统产品的背后,可能意味着线下社会关系的线上重组,可能意味着通过模拟现实或虚构场景和角色创造或增强体验,可能意味着人机分离一体化系统的无缝实现,也可能意味着赛博格的生成……不论是哪一种,设计过程所内涵的复杂性都远超传统工业设计产品。

首先,信息技术产品的广泛应用和更新换代,推动了身体虚拟化和技术化的快速发展。从人们较为熟悉的信息系统的设计产品来看,身体的虚拟化主要是由高仿真影像技术完成的,但身体虚拟化的目的并不是仿真,而是获得被模拟者的"当下"状态。类似《模拟城市(1—5)》和《模拟人生》等大型高仿真网络游戏能够触发群体性身体的集体虚拟化,并在线上世界重构一种"可选择的"新社会关系,每个玩家所做的决定不但会影响自身城市的发展,也会对其他玩家的城市建设产生正面或负面的作用,比如投资重工业发展经济却造成城市污染,实行绿色经济却可能要背负高税率和高失业率的风险等。约斯·德·穆尔在其著作《赛博空间的奥德赛》中,就举例称八岁女儿教自己玩这款游戏时,提醒他"不要把税收额设置得超出某个百分比"②,因为那将导致市民流失。尽管用户具有选择和自我设计的自由,但他们无可避免地会将对自身的形象、习惯、偏好等投射在虚拟城市的游戏生活中。

其次,一些信息系统产品设计还直接与身体的技术化相关联。如人机一体

---

① 参见 2013 年"苹果"IOS7 广告。
② [荷兰]约斯·德·穆尔:《赛博空间的奥德赛——走向虚拟本体论与人类学》,麦永雄译,桂林:广西师范大学出版社 2007 年版,第 80 页。

化智能设备或者信息系统产品对身体进行直接侵入或融合。如今,人工智能假肢或人工器官在设计制造和临床应用方面不断取得巨大进展。新技术和新材料的不断生成与挖掘,将加快对身体进行直接改造的设计实践向智能化发展的进程。在电影《机械战警》(*RoboCop*)中有这样的一幕:医生告诉截肢患者,只有不带感情才能使用机械手臂弹奏吉他。但患者却表示,没有情感根本连演奏都无法做到。显然,就像截肢患者所出现的幻肢症状那样,肢体即使被剥夺,或被替代为机械体,作为主体的个体依然会在其中注入失去的肢体的感受、回忆、愿望和信仰的体验。

在现实中我们也可以找到这样的实例。"2012年11月,31岁的Zac Vawter成为使用脑控机械腿攀登103层芝加哥威利斯大厦的史上第一人。根据美联社报道,Zac Vawter使用的脑控机械腿为最新改进仿生腿产品……采用有针对性的肌肉神经再支配技术(TMR),即将大腿神经电信号转换成假肢运动的控制信号,让使用者可以通过大脑思维控制机械假肢运动,Zac Vawter使用的这种仿生腿和普通假肢不同,可以让他自由决定攀登楼梯的迈步顺序,无须考虑先出左腿还是右腿。"①

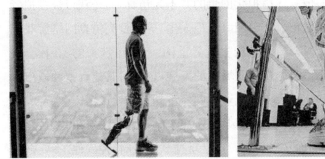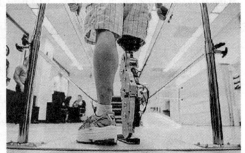

图 5-4 用意念控制仿生腿

可见,基于身体体验的设计伦理,在关注用户的客观身体需求的同时,还要考虑身体的知觉、意向和处境,建立更加多元、系统和全面的身体体验维度。要在设计过程中强调人机交互的过程性、变化性、多元性与差异性,即综合地考虑

---

① "用'意念'控制仿生腿,美国残疾男将攀爬103层高楼", http://paper.dzwww.com/shrb/content/20121103/Articel18002MT.htm,《生活日报》2012年11月3日。

用户、产品以及使用情境的互动关系,以满足用户动态的、多元的、复杂的伦理需求。

第四节　基于身体体验的设计思维

全新的交互方式改变了用户的被动地位,也对产品提出了更高的要求。用户的行为不但决定了事件的结局,同时,用户、产品和事件在互动过程中都将互相影响。产品不只是能够提供适当的、有益的体验,同时也能够感应用户的需求变化并调整输出,形成动态循环的交互过程。因此,以体验的交互性为线索的设计伦理,可以优化设计思维,使人机交互过程更加灵活、更加宽容,也更值得信赖。

一、复杂思维——从还原到多元

基于身体体验的设计伦理首先提倡多元的设计思维,从以分离和还原为主要操作逻辑的简单化范式,向以区分、联合和蕴含为原则的复杂性范式转移。在过去,经典科学认识方法作为一种十分有效的工具,帮助人们建立了认识自然科学的捷径,其中一条重要的方法就是"化简"。"化简"即是抛开事物的多元性、复杂性,将其作为普遍的东西进行还原。比如在面临人类学问题时,将其还原成生物学问题,进一步还能够还原成物理和化学问题;或者将体验直接理解成感觉,并进行心理学解释。

系统性的设计思维,其初衷是弥补设计过程中对目标与创造物的简化认识可能引起的缺陷。它让设计师保有开放和发展的激情,以整体性的视角审视事物。与当代科技结合的设计实践并不是单纯地要设计某种物品,而是要规划生活、创造关系以及增强能力,因此设计师必然需要坚持一种跨学科的综合认识的态度。好的设计师同时还应该懂得人类学、心理学、历史学和其他人文类知识,并懂得在何种适当的时机运用何种知识对其他部分进行补充与融合。他们不仅为稳定性、规律性、确定性和必然性进行设计,还要为变动性、无序性、不确定性和偶然性留下设计的余地。

案例分析 5-1：为色觉异常的用户设计①

一款好的产品，往往除了完善功能与体验来满足主要目标用户的需求，还会在其能力范围内关照更多潜在用户。而一个有情怀与格局的公司，除了赚钱与发展，通常都会愿意为特殊人群的设计关怀买单。虽然为特殊人群而设计会占用一定的资源并提高产品设计与开发的成本，但其实人文理念先进会给用户一种积极与可靠的感受，容易得到用户们更多的尊敬与信任。

"腾讯视频"在安卓端上线的"色觉障碍优化"功能，为色觉异常的用户获得更加舒适的观看体验提供了解决方案。通过对滤镜算法进行精确的校准，团队开发出能覆盖红色、绿色、蓝黄色等所有种类色觉障碍用户的算法。这个功能在最大程度上帮助用户提升了对场景自然色彩与场景情境分辨的感知。

有相似设计考量的还有"优酷视频"。新版的"优酷"在播放设置里有"夜晚模式"与"色弱设置"的选项。前者通过智能调色以及降低屏幕亮度来使屏幕变暗黄，从而起到缓解用户用眼疲劳的作用；后者则是借助精确的算法校准，为色觉异常的用户提供更真实的观看体验。多种观看模式的选择，帮助用户在各种不同的使用情境中都能获得满意的体验，也更大范围照顾到用户的感受。

但是，提倡系统性的认识方式并不意味着要将还原和多元对立起来。系统的设计思维能够为设计的未来提供更为广阔的视野和商谈对话的机会，而不是要在弃置原有设计方式的基础上提出一个超越式的构想。信息系统设计的复杂性思维表现在对服务对象体验的多元性分析。清华大学研制出的无人驾驶智能汽车——清华移动机器人 THMR—V(Tsing Hua Mobile Robot V)的整体设计，就包括智能驾驶和用车辅助在内的五大主系统和十多个子系统(表5-1)②。

---

① "未来你的社交账号归往何处？Facebook给出了这个设计思考"，摘自微信公众号"信息与交互设计"，2019-08-08。
② "智能汽车基本功能及原理简介"：http://www.chyxx.com/industry/201312/225244.html, 2013-12-16。

表 5-1　智能汽车功能结构示意

智能驾驶系统	智能传感系统	安全防护系统	车辆防盗
	辅助驾驶系统		车辆追踪
	智能计算系统	位置服务系统	位置提示
	智能公交系统		多车互动
生活服务系统	影音娱乐	用车辅助系统	保养提醒
	信息查询		异常预警
	服务订阅		远程指导

其中,以异常预警系统中的防撞事件为例(图 5-5)①,为达到安全驾驶目的,智能汽车不但配备了能够综合感知驾驶员实时状态的人机生态系统,将驾驶员的操作习惯、操作能力和身体状态数据化,而且也能对车外道路情况进行判断并调整行驶策略。

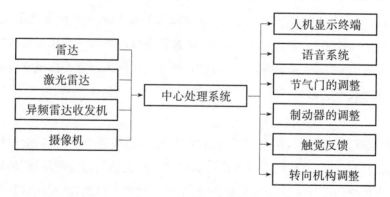

图 5-5　防撞系统结构图

人机一体化系统的无缝设计不只表现在系统能够感知操作者和外部情况,还表现在操作者与机器的交互过程。智能汽车要应对更多不同的操作者,就必须在设计上为全面的智能化预留空间,而不是一味地提供服务,变相地剥夺操作者的"主导权"。如此,不妨可以设想一下,交互设计对体验的过程性、

---

① "智能汽车基本功能及原理简介":http://www.chyxx.com/industry/201312/225244.html,2013-12-16.

差异性和变动性的回应,是否能够达到对不同驾驶员身体状态、行为习惯甚至情绪变化进行识别,并即时提供"定制策略"的地步?也许有一天,类似《环太平洋》中罗利·贝克特所驾驶的机甲战士的奇思妙想终会实现:大型的交通工具能够与驾驶员融为一体。驾驶者即是他所驾驭的汽车、飞机甚至机器人,而被驾驭的机器具备驾驶者的视觉、触觉、平衡感、应激反应和流畅的行动力。通过无缝的交互设计,驾驶者能够获得驾驭不可预测的外部环境的力量体验。

当然,复杂性设计不仅关涉个体用户的身体体验,有时还需要对公众的公共生活问题提供合理的解决方案。

案例分析 5 - 2:IBM"智慧城市团队"

以 IBM"智慧城市团队"的成功案例为例,该团队为里约热内卢设计的市政运营中心,就是一个布局庞大、管控精细、运算能力超群的城市系统。"通过运营中心的现实系统,可以清晰地观测整个城市的动态监控视频,包括各个地铁站、主要交通路口状况、依靠复杂的天气预测系统预报城市未来几天的雨水状况、交通事故处理状况、停电处理状况以及其他城市问题处理及其进展等状态图。"①

"智慧城市"的构想,是为了实现高效、智慧的公共服务设计,营造一种融合"全面通彻的感知""宽带泛在的互联"以及"高度集成的信息处理反馈"的城市体验。城市系统的设计无疑是极为复杂的,单单以城市为标的,就要面对数量庞杂的服务对象——里约热内卢所有市民。再者,城市系统设计师所要考虑和规划的方面比设计单个的电子产品复杂许多。由于城市体验与公共服务有着密不可分的关系,城市系统的实现不但要求各个社会职能机构具有较完善的信息系统,同时还要求其相互连接、及时反馈,以此摆脱"信息孤岛"的尴尬现状。如此铺垫之下,如今里约热内卢的市政运营中心在资源调配、应对突发事件和灾难防控方

---

① 李隽:"IBM 在里约热内卢市实践智慧城市管控",http://server.it168.com/a2012/0522/1351/000001351283.shtml,2010 - 10 - 03。

面都表现出了极为优异的性能。

二、关系思维——从分裂到融合

设计师即使能够找出设计过程中性质迥异或层次不同的问题,也应当避免断然将其分割处理。比如设计一辆汽车时,安全控制系统和驾驶员体感识别系统就很可能会被分为两个互不相关的模块。因此,设计还应当注重关系性思维,驳斥割裂,呼吁融合。

从实际设计产品来看,设计的关系思维体现在用户任务达成与愿景实现的融合。设计师要跳脱出肉体舒适性、产品安全性和功能性等表面的理解,就不能只关注产品的某一种体验的达成,而应该将产品作为实现一系列持续体验的门户。产品要"能够在大众心目中成长,从情感上与之契合"①。

案例分析 5-3：Fuego 烧烤炉

以 Fuego 公司于 2007 年设计的烧烤炉为例,设计师的目标是要创造一种以非常现代的方式,通向更为丰富的户外社交体验。Fuego 的烧烤炉则是消遣娱乐时联络情感的纽带。一台作为情感纽带的烧烤炉应该需要有哪些特性呢？Fuego 的答案是：要使家人或朋友进行烧烤时也能够围绕在一起,因此烧烤时不能有太多的油烟,这会造成"围绕"的障碍。Fuego 的烧烤炉去掉了传统烤炉的大盖子设计。用抽屉式系

图 5-6　Fuego 户外烤炉②

---

① [美]罗伯特·布伦纳、斯图尔特·埃默里、拉斯·霍尔：《至关重要的设计》,廖芳谊、李玮译,北京：中国人民大学出版社 2012 年版,第 7 页。
② "Fuego 户外烤炉", http://tech.163.com/07/0724/17/3K6C4PUO00092BI9.html, 网易科技报道 2007-07-24。资料来源：美国工业设计协会；设计师：Pentagram and Fuego；客户：Fuego 北美地区。

统即可快速将烹饪方式从燃气转为红外线,额外的模块系统还能够搭配各式炊具配件,连炊具盖子都可以收入烤箱中。

Fuego 设计的户外烧烤炉看起来就像一件时髦的家具,不仅如此,它还具有非常完善的功能。用户购买它的话不用再为选择煤气、木炭还是乙醇作为燃料而发愁了,因为这三种燃料都可以使用。这款烤炉合理设计了放置各种器物的空间,在社交场合中,它实在是抢眼并且能够大显身手。人是感知的动物,用户并不知道设计的繁复过程,也很可能没法察觉设计师的用心良苦,但他们一定会对产品所呈现的知觉效果产生强烈的共鸣,这是所有优秀设计师的共识——最终设计决定产品命运。

案例分析 5-4:"淘宝"巧用搜索栏的设计关怀[①]

搜索栏除了承载帮助用户查找信息的功能属性,其实还能有很多其他的妙用。很多有情怀的产品都会将在搜索栏搜索特定关键词的结果与做公益结合起来。"淘宝"的搜索栏,在我们的印象中就是用来检索商品与店铺信息的,但其实它隐藏了举报非法商品的公益界面。当在"淘宝"搜索诸如"犀牛角"这样的非法商品关键词时,并未出现"查找不到""无法显示"等常规的异常搜索结果,而是出现"守护地球,阿里在行动"的公益宣传页面,并且通过此页面向用户科普濒危动物相关的知识与举报非法商品的方法。这样不仅避免了呈现无效信息,而且为提升大众的自然保护意识贡献了力量。

还有一个很暖心的搜索结果是在"淘宝"搜索"世界上最贵的东西"。有形的物品,或者无形的事物如时间、健康、情感等都有可能是某个人心目中最贵重的东西。当你在"淘宝"搜索这个关键词时,搜索的结果会显示各种公益捐助的项目。公益项目与搜索行为相结合的案例不少,但如能恰如其分总是更让人动容。当无意间搜索到这个结果,你会不会愿意捐出哪怕 1 块钱来购买这世界上最贵的东西呢?

[①] "未来你的社交账号归往何处? Facebook 给出了这个设计思考",摘自微信公众号"信息与交互设计",2019-08-08。

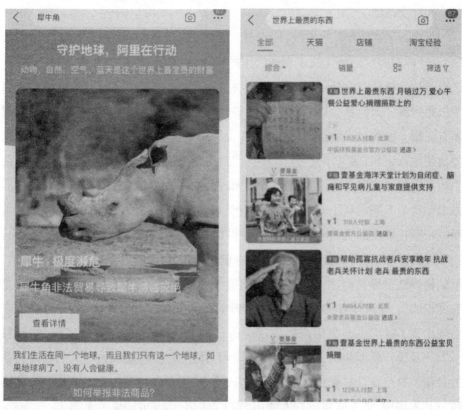

图 5-7 "淘宝"上举报非法商品的公益界面　图 5-8 "世界上最贵的东西"的搜索结果

三、过程思维——从结果到过程

设计的过程思维,其重点不是结果,而是过程的连续、变化的情境——是对产品功效输出过程的系统策划与规整。如果单单从"得到一个结果"或"完成某一件事情"出发,信息系统产品设计与传统机械设计在本质上基本没有差别。

从方法上进行归纳和总结,设计师过程思维对情境的把握至少包含三个方面。首先,是用户使用情境的结构性和连续性,即设计师对"日常情境"的设计。日常情境是用户和产品之间最常见、最稳定的交互情境。比如薪酬系统,对每月的薪资、福利和相应报销进行记录和结算就是用户和系统之间的日常情境。可以用"体验供应链"这一词汇形象地描述网络门户设计师是如何精确解构用户在线上的社交活动。

其次,是突发情境的出现,即设计师对"报错情境"的设计。为解决这一问题,设计师需要对系统无法识别或错误的操作给予反馈和解决方案,比如飞行员进行雷达站选择时选择了逻辑正确但决策错误的标的,系统应当做出识别并给予报错提醒。人总是会有意料之外的举动,这意味着设计师不能想当然地依附固有流程。因此,容错性设计是过程性设计思维的重要部分之一。设计师首先要清楚地认识到:那些来自外部和我们自身的变化——疲劳、疾病、情绪、社会主流意识和评价以及突发意外等——无时无刻不在分散我们的注意力,使我们做出偏离的判断。从 1995 年美国航空公司 965 航班空难到 2011 年"7·23"甬温线特别重大铁路交通事故,我们已经得到了许多血的教训。阿兰·库柏认为,当今电脑产品正在折射出一个事实:"电脑仅告诉我们事实,但从不给我们启示。电脑精确地引导我们,但是不引导我们应该去哪里。"[1]信息系统产品应当是"具有常识的":设计师有义务让它具备判断简单问题和异常命令的能力,好在现在已经出现了能够主动为用户提供帮助的信息系统产品。此外,要实现"情感目标",产品设计就要超出人机交互的范畴,上升到情感、理想或人与人的和谐关系的目标。这个设计过程包括对需要场合、受众、用户身份等隐私的判断:公共场所或私人场所、个人使用或众人使用、亲人、情侣、朋友或同事关系等。

案例分析 5-5:Facebook 未雨绸缪的功能探索

风靡全球的社交软件 Facebook,很早就开始了对数字财产与账号继承的探索。从注销、开放悼念页面、添加"委托人",到 2019 年 4 月推出的网上"送花"功能,都体现出其无所不在的人文关怀。研究表明,2050 年 Facebook 的亡者用户将超过生者用户,Facebook 这种未雨绸缪的功能探索应该也是出于团队对产品可持续性发展的考量。数字虚拟财产如电子邮件、社交平台账号、游戏等级及装备等,记录着我们在互联网时代的生活轨迹,不仅是一笔精神财富,很多也是具有不菲价值的资产。近年来,关于数

---

[1] [美]阿兰·库柏:《交互设计之路——让高科技产品回归人性》,丁全钢译,北京:电子工业出版社 2006 年版,第 3 页。

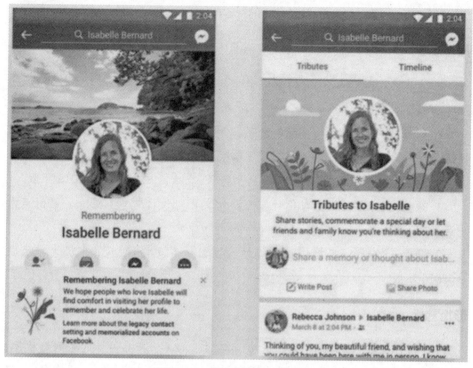

图 5-9 数字财富与账号继承

字时代虚拟财产的继承与归属问题一直是大家讨论的热点话题。在未来，互联网媒介的账户继承仍是巨大考验。[①]

最后，不论是产品使用过程中的人机交互，还是设计师对市场反馈更新设计，两者都是相互影响、相互调试，并且循环改善的过程。越来越多的设计师和使用者意识到，用户对信息系统产品的体验并没有一个绝对明确的开始和完结，其体验并不终止于某一时刻、某一目的的达成。相反，使用者在产品使用过程中，主要目的总是伴随着许多暧昧不明的次要需求，并且根据不同背景、不同境况经历着需求的"生成—达成—再生成"的互动变化。因此不能够将设计看作因果关系的单向活动，而是应将设计浸淫于过程中，浸淫于生活世界的具体情境

---

① "未来你的社交账号归往何处？Facebook 给出了这个设计思考"，摘自微信公众号"信息与交互设计"，2019-08-08。

中,浸淫于有关用户与产品和谐交互的"故事"中。

推荐读物

1. 维克多·帕帕奈克:《为真实世界的设计》,周博译,北京:中信出版社,2012年版。

2. 维克多·帕帕奈克:《绿色律令——设计与建筑中的生态学和伦理学》,周博,赵炎译,北京:中信出版社,2013年版。

3. 唐纳德·诺曼:《设计心理学》,小柯译,北京:中信出版社,2015年版。

4. 朱红文:《工业技术与设计——设计文化与设计哲学》,郑州:河南美术出版社,2000年版。

5. 汤姆·拉斯:《可持续性与设计伦理》,徐春美译,重庆:重庆大学出版社,2016年版。

影视赏析

1.《**设计天赋**》:英国广播公司2010年播出的关于产品设计的系列纪录片,共5集,每集时长60分钟。通过采访各知名设计师及相关的设计评论者,一起去探究产品设计的历史和未来。

2.《**未来之家**》:中国首部着眼于未来科技与生活的纪录片,全片共七集,每集20分钟。内容涵盖了"大城市小空间""机器控制论""未来食物""人类创造力""新旧文明的碰撞""科技带来的孤独感""中国未来的可能性"等多个话题。

3.《**设计未来**》:美国科幻纪录片,影片谈到雅克·法斯科创建的金星计划,以此来传播他对于未来社会机制的构想和相应的措施,勾勒了一幅未来城市的蓝图。

第六章
人工智能伦理

近年来,随着人工智能技术的发展,产业界也加入了研发大军,人工智能得以迅猛发展,在给人们带来诸多便利的同时,也引起人们日常生活中许多前所未见的问题与争议。人工智能的发展现状表明,制约人工智能发展的因素除了技术手段之外,还有许多伦理道德困境。

第一节　人工智能伦理概要

随着人工智能的发展,人们越来越感受到一种紧迫感。如大量工作岗位被人工智能取代,人们无法很好解决自动驾驶技术的道德判断以及事故发生后的归责问题。再者,受科幻电影的影响,人们开始恐惧人工智能会超越自身……凡此种种引起了我们的深思:人工智能与人类之间是什么关系?人工智能应用中遇到哪些难题?是否应该为人工智能的发展设定限度和禁区?这都是当下人工智能伦理领域亟待讨论的问题。

一、人工智能研究的背景

人是地球上迄今为止已知的最高级的智能生物,人性中包含着求生欲与自我保护。当人们意识到危险时,便会采取许多途径与方法来规避或是解决危机。在人工智能研究迅猛发展的时代背景下,以人类智能为模板而进行研发的人工智能技术,已经深深影响着人们的生活,改变了人们的生活方式,人类面对的是一场不可逆的智能革命。

早在1936年,图灵就在他的文章《可计算的数》中开始了对计算机科学的思考。在1950年发表的文章《计算机与智能》中,图灵提出了如何制造出能思维的机器的想法。著名的"图灵测试"成为人们判定一台计算机是否能进行思维的手段,但随着人工智能技术的发展,"图灵测试"已经不足以对机器的智能程度做出判定了。1956年夏天,在美国达特茅斯学院,以马文·明斯基,约翰·麦卡锡为首的众多学者出席了一次夏日研讨会,这就是著名的达特茅斯会议。在达特茅斯会议上,学者们正式提出了"人工智能"的概念,也正式开启了对于人工智能的研究。当时人们雄心勃勃,认为创造出能思维的机器是一件轻而易举的事情,并没有预料到之后会遇到如此多的阻碍。这其中也包括人文学科学者对人工智能的怀疑,例如休伯特·德雷福斯的名著《计算机不能做什么》以及来自约翰·塞尔的"中文屋"思想实验,都对当时的人工智能发展造成了不小的冲击。

"让机器像人类一样思考"是人工智能研究最初的目标,人们想把一切知识数字化,将知识进行编码录入计算机,使计算机像人脑一样工作。然而以人类智能为蓝本的人工智能研究,开始时投入的一腔热情,却没有迎来第一代人工智能研究学者们所期待中的胜利。"通用问题求解器""第五代机"等雄心勃勃的大项目均以失败告终。人们逐渐认识到开发出"像人类一样思考"的人工智能系统所面临的严峻问题,转而向某个特定领域和特定问题寻求解决方案。这一次转向,也促使了"弱人工智能"或者说单一型人工智能系统的出现。此后,人工智能被分割成了很多关联松散的子领域,这也就发展到了现阶段——弱人工智能阶段。相对于通用人工智能,甚至是强人工智能来说,此程度的人工智能(比如军事领域的人工智能和医学领域的人工智能)研究之间并没有太多的共同基础或框架。

然而,在人们还未开发出与人类智能相媲美的人工智能之前,许多人就已经开始恐惧人工智能时代的到来。现阶段人工智能的计算能力惊人,能够出色地完成某种单一任务,就好像人类的"超级秘书"。这种类型的人工智能,用哲学家约翰·塞尔的观点来看的话,无法拥有意向性,无法拥有心灵,这意味着人工智能永远都无法与人类智能相提并论。这虽然与人们最初设想中的与人类智能相差无二的人工智能距离甚远,却已经引起了人们的恐慌。

二、人工智能伦理问题的出现

早在1942年,科幻小说家阿西莫夫就在他的短篇小说中提出了"阿西莫夫三原则"。"阿西莫夫三原则"是为保护人类所提出的对机器人的规定,以确保机器人会善待人类。根据阿西莫夫的描述,"三原则"需要植根于所有机器人原始软件之中,对机器人来说,"三原则"不是某种建议或者规章,而是不可修改的规定,无论何时都需要放在首位。虽然"三原则"一开始只是一种文学创作与想象的产物,但随着机器人与人工智能的发展,人们将这三个原则当成了挽救人类与机器末日的救世方案。

达特茅斯会议起,以人类智能为原型的人工智能研究兴起。机器人不再是单纯的机械,而是致力于使人工智能机器人的智能水准无限接近人类水平,简单来说,就是像电影、小说中那种具有思考能力的人工智能体。如《复仇者联盟》中钢铁侠的助手那样,他甚至没有一个固定外形,但他能完成并优化钢铁侠交给他的所有任务,并且进行独立思考判断,进而根据任务作出更优的选择。现阶段人们所惧怕的,正是某一天人工智能越过技术奇点,智能水平呈爆炸式增长,彻底把人类智能甩在后面。

人类对于比自己更高级的智能体一直有着一种既期待却又恐惧的矛盾心理,从最初的"阿西莫夫三原则"到当下人工智能热潮再次席卷全球,人们更加意识到人工智能伦理道德问题的重要性,伦理道德就像一个保护壳,是人工智能发展过程中不可或缺的一环。2019年3月,美国斯坦福大学宣布成立"以人为本"人工智能研究院(简称 HAI),致力于推动人工智能领域的跨学科合作,让科技以人为中心,加强对人工智能社会影响的研究。HAI 的诞生来源于三个简单而有力的理念:人工智能的发展应该以其对人类社会的影响为指导;人工智能的发展应该增强人类技能,而不是取代人类;人工智能应该更多融入人类智慧的多样性、差异和深度。同年4月,欧盟发布了最终版本的《可信任的人工智能伦理指引》(Ethics Guidelines for Trustworthy AI)。在该《指引》中明确规定:① 可信任的人工智能系统必须是合法的,需要遵守所有适用的法律法规;② 可信任的人工智能系统是合乎伦理的,要确保遵守伦理原则和价值观;③ 从技术和社会的角度来看,可信任的人工智能系统应该是健全的。三条原则必须在人工智能运行系统中相互协作,虽然还不足以建立起完整的可信任的人工智能,但至少可以建构出可信任的人工智能体系的基础框架。

　　人工智能伦理已经成为人工智能发展中必须面对的问题,毋庸置疑,面对人工智能机器人在人类生活中的广泛应用,人工智能体也必须拥有道德,并且其道德属性必须体现出人类的道德。一部分专家提出将道德内化于机器之中,正如复旦大学徐英瑾教授所设想的,"让智能系统成为伦理主体"[①]。解决人工智能伦理道德的问题不在于如何从外部对人工智能进行立法,更可行的思路或许是让智能系统成为真正的伦理道德主体,让伦理性植根于机器内部,将人工智能研究升级为人工智能伦理研究。随着研究的深入,一个至关重要的问题出现了:我们该如何制定人工智能伦理的标准? 由谁制定? 人类伦理道德体系极其复杂,不同人种、不同国家、不同地域之间的道德衡量标准存在着明显差异,人类无法给出一个精确的道德衡量标准。根据现今人工智能的发展水平,要将一类新的知识内置于机器系统之中就必须先经过编码过程,可由于人类庞大的伦理道德体系自身的复杂性,被量化和被符号化的可能性接近于零。

　　人工智能的发展确确实实在影响着我们的生活,试想一下,当人工智能的发展突破奇点,我们面对的是和人类自身一样拥有思维、感情的机器人,我们应该如何对待它? 人工智能也许还不会张口向主管索要薪水,但现阶段的人工智能已经取代了很多的人类就业岗位。当某一天人工智能意识到,付出相应的劳动就可以获取酬劳时,人类该如何应对? 人类社会的改变是一个缓慢的过程,人们无法瞬间接受某项传统的改变,如果没有做好充足的思想准备与伦理准备,那么恐怕将难以应对技术革新所引起的社会问题。发展人工智能是必然趋势,人工智能不是要取代人类,而是要增强人类的技术,对人工智能发展中将有可能遇到的伦理道德问题进行探讨很有必要。

第二节　人工智能的发展与应用带来的伦理问题

　　现阶段的人工智能发展已经使社会中的传统运转模式出现了改变,冲击着

---

① 徐英瑾:"让智能系统成为伦理主体",《文汇报》2015年4月17日。

人们的传统观念。人工智能产业兴起,掀起一场不可逆的革命。

一、人工智能工厂出现,失业率上升

案例分析 6-1:特斯拉无人工厂

被誉为现实版"钢铁侠"的特斯拉创始人埃隆·马斯克,凭着自己超越现实的判断力与执行力,更加上他对人类未来科技无穷尽的设想,建造了特斯拉超级全自动生产工厂。在这个号称全球最智能的全自动化生产车间里,从原材料加工到成品的组装,全部生产过程除了少量零部件外,几乎所有生产工作都自给自足。在车间里,冲压生产线、车身中心、烤漆中心与组装中心,这四大制造环节中总共有超过150个机器人参与工作,在车间里几乎无法见到人类的影子。①

图 6-1　特斯拉的全自动化生产车间

---

① "【震撼】特斯拉无人工厂曝光,整个工厂仅150个机器人",https://www.sohu.com/a/145449332_769594,2017-06-02。

不仅仅是特斯拉,很多传统意义上需要大量人力的行业,已经开始逐步引入机器人,不仅成本大大降低,而且效率也大幅提高了。如亚马逊的 AGV 机器人矩阵,在亚马逊的仓库中,货物的取送、分拣都是由 AGV 机器人矩阵完成的,这一系统比传统的物流作业效率提升 2~4 倍。

图 6-2 亚马逊的物流仓库

案例分析 6-2:东莞无人工厂

我国的广东东莞曾是打工者的天堂,然而现今为了适应人工智能时代背景,提高效率,减少成本支出,东莞也建立了无人工厂。在东莞长安镇的无人工厂中,有 60 台机器日夜无休地打磨着一个个手机中的框架结构。它们被分为 10 条生产线,每条生产线由一条自动传送带上下料,这个过程不需要任何人力,每条线只需要 3 名工人负责看线和检查。以前这家工厂需要 650 名员工,现在生产同样数量的产品,只需要 60 人,这意味着 90% 的人不再需要在工厂中上班了。而且,根据媒体报道,东莞市市长透露,政府每年会投入约 2 亿元鼓励企业用机器代替人力。目前东莞市计划中有 2 个无人工厂将要投入运营,申请的机器人换人项目达 530 个,全部投产后将减少用工约 3.6 万人。①

不可否认,人工智能的发展对失业率的上升有着巨大的影响。自古以来,人类通过劳动创造生活的必需品,从农业社会的粮食生产到工业社会的资本积累,均是人类日常劳动的一部分。然而随着人工智能的发展,劳动的主体从人类变为了人工智能机器人。在未来的劳动场景中,不再需要大批量的工人从事生产活动,而仅仅只需要一批人工智能系统,就能以高出人力多倍的效率完成生产任务。

在人们的传统观念中,"人们奋斗所争取的一切都同他们的利益有关"②,并且"历史不过就是追求着自己的目的的人的活动"③。人工智能的发展取代了许多劳动岗位,这无疑冲击着人们的传统劳动观念,改变了人们的传统劳动模式。人们面临被裁员的危机,这也导致了人们对人工智能的不信任与反对。面对人工智能发展所引起的就业恐慌,人们似乎无法再以一种积极的态度迎接人工智能时代的到来。人们不禁疑惑应该如何与人工智能友好相处,如何看待人类与机器的关系,以适应即将到来的智能社会。

然而失业率的大幅攀升并非全是人工智能的错,在 2008—2011 年席卷西方世界的经济危机中,众多学者都在追究哪些因素导致了居高不下的失业率。人工智能的再次兴起确实对失业率有着重大影响,许多工种因为人工智能发展出的自动化技术而退出历史舞台,但它并不是造成高失业率的罪魁祸首。反而我们可以将人工智能的发展看作是一个调整产业结构的契机,人工智能目前取代的均是一些机械性、重复性劳动的工作岗位,人们可以借机反思自身,提高自身的竞争水准,成为不可被人工智能替代的存在。

二、自动驾驶与伦理和法律应对

自动驾驶技术是目前最贴近人们日常生活的人工智能技术之一,但当自动

---

① "看完各位大佬的无人工厂,感觉马上要失业了",https://www.sohu.com/a/198761635_752892,2017-10-17.
② 《马克思恩格斯全集》(第一卷),北京:人民出版社 1995 年版,第 82 页。
③ 《马克思恩格斯全集》(第二卷),北京:人民出版社 1995 年版,第 118—119 页。

驾驶汽车在驾驶途中面临道德判断,它到底该如何进行选择?并且更为关键的是,现有的法律体系已经不足以应对自动驾驶汽车所引发的驾驶事故。

案例分析 6-3:特斯拉 Model S 自动驾驶车在美国致司机死亡案件

2016年5月7日下午3点,司机 Joshua Brown 驾驶一辆2015款特斯拉 Model S 在佛罗里达州高速公路上与一辆垂直方向开来的拖挂车发生相撞。调查报告称,在强烈的日照条件下,驾驶员和自动驾驶系统都未能注意到拖挂车的白色车身,因此未能及时启动刹车系统。由于拖挂车正在横穿公路,且车身较高,这一特殊情况导致 Model S 从拖挂车底部通过时,其前挡风玻璃与拖挂车底部发生撞击,导致驾驶员不幸遇难。这是世界上首次出现自动驾驶汽车致人死亡的案例,无法从现有的法律中找到有效的追责依据。最后根据调查结果,判定特斯拉自动驾驶系统与这场车祸事故无关,从而特斯拉公司不需要承担法律责任。①

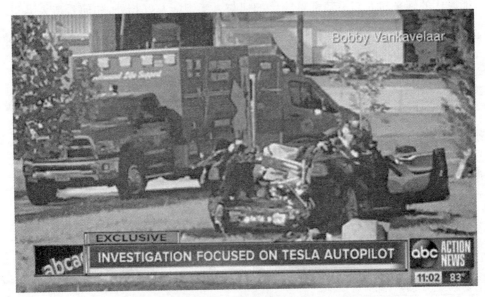

图6-3 特斯拉自动驾驶车致司机死亡

---

① "起底全球12起自动驾驶车祸 激进的技术和脆弱的人类",https://baijiahao.baidu.com/s?id=1595531344693426344&wfr=spider&for=pc,2018-03-21.

案例分析 6-4：特斯拉自动驾驶车在河北致司机死亡案件

2016年1月20日，京港澳高速河北邯郸段发生一起追尾事故，一辆特斯拉轿车直接撞上一辆正在作业的道路清扫车，特斯拉轿车当场损毁，司机高雅宁不幸身亡。调查结果显示，事发时车辆为匀速行驶状态，高雅宁开启了无人驾驶功能。事故发生时，涉事特斯拉没有刹车和减速的迹象，也没有采取任何躲避措施。交警认定，在这起追尾事故中，驾驶特斯拉的司机高雅宁负主要责任。

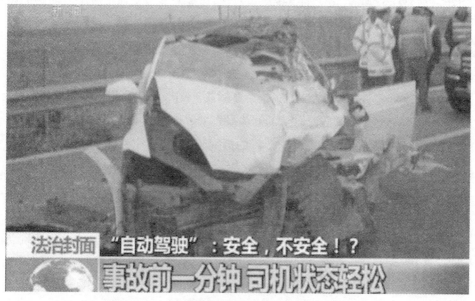

图 6-4 河北邯郸特斯拉自动驾驶车追尾现场

由于有了产业界的加入，人工智能浪潮的回归显得格外热闹。人工智能技术日新月异，在投入大量资本推进研究进程的中途，不少人工智能技术被投入市场，其中最引起人们关注的，莫过于自动驾驶汽车的出现。从谷歌到特斯拉，甚至传统汽车行业中如沃尔沃、奥迪等企业巨头，也纷纷加入这场抢占无人驾驶汽车市场的博弈之中。自动驾驶汽车是现今人工智能技术衍生出的最贴近人们生活的产品之一，人们还在为可以在现实中实现科幻电影中的自动驾驶体验而兴奋时，许多自动驾驶技术的实验与小规模投产已经暴露了它本身所蕴含的大量伦理抉择问题。

在自动驾驶汽车大规模普及之前在测试环节,至少两种情况是,工程师与伦理学家们需要给出答案的。第一种情况是,无论是未知的技术漏洞或者是故障发生率,甚至只是突发的恶劣天气,自动驾驶汽车遭遇事故在所难免,毕竟人类自身驾驶车辆的事故发生率也是极高的。在人类传统驾驶的情境下,遇上事故特别是危及他人生命安全时,必然需要在第一时间作出自己的道德判断和选择,在自动驾驶汽车情境中也不例外。因此,自动驾驶汽车在设计生产阶段、使用者上车之前,就必须嵌入相应的道德决策算法,以应对突发交通事故中所面临的困难选择。然而以最简单的例子来说,在发生事故时,是按照原定的行车路径撞向他人?还是牺牲车上的乘客撞向障碍物?这些该如何选择?

第二种情况是发生事故之后的归责问题。从前面的案例当中可以发现,同样是特斯拉自动驾驶车致司机死亡,在案例6-3中,特斯拉系统被判没有责任,但在案例6-4中,坐在自动驾驶车上却没有采取任何行动的司机被判负主要责任。在人类控制与自动驾驶系统并行的情况下,对其所引发的交通事故的法律责任的界定尚如此困难,更无法预测当完全自动驾驶汽车大量投向市场之后,如若发生交通事故,将给现有的伦理道德以及法律体系带来何种挑战,各国的法律对此又该如何界定?这些情境的复杂性以及道德选择的多样性都值得仔细研究。过多纠结于如何将道德判断准则进行编程并不利于自动驾驶技术的实现与升级,所以,自动驾驶技术进一步完善以适应人类的需求和发展,还需要很长的路要走。

三、人工智能的自主意识及对人类的挑战

试想在不远的将来,人工智能发展到具有意识和情感能力的程度,那时的人类该如何处理自身与人工智能体之间的关系?人类不能再将人工智能当作一种提高生产效率的工具,"他们"拥有情感、意志、思考,"他们"会感到伤心,也会感到幸福,"他们"和人类一样是善良与邪恶的结合体。人类在满足了自身的"创世"情怀之后,将面临一个新物种的崛起,然而根本问题在于,我们真的需要创造出"强人工智能"或者说是"超级人工智能"这样一个新物种吗?在人类还没准备好迎接这一新物种的到来时,我们应当给人工智能研究划定界限,有的领域是现

阶段的人类不可以触碰的。

案例分析 6-5:《机械姬》

《机械姬》是一部讲述人工智能的电影。智能机器人 Ava 就是被测试者,创造它的 Nathan 把它囚禁在密闭空间里,并招募志愿者 Caleb 来对 Ava 进行图灵测试。测试过了很长时间,Ava 表现出了很多超乎常规智能机器人的能力:它会自动切断电源躲避监控,它能进入志愿者 Caleb 的内心世界,最可怕的是,它声称爱上了 Caleb,并希望 Caleb 带自己离开囚禁。最后 Caleb 上了当,帮助 Ava 修改密闭系统程序,并杀死造物者 Nathan,Ava 像正常人一样离开实验室,进入大自然。

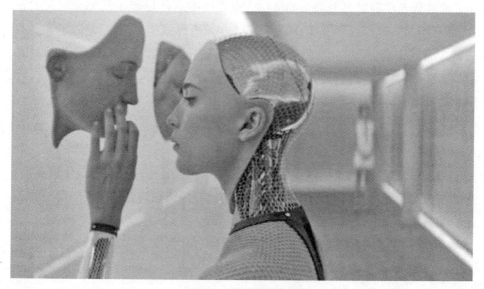

图 6-5 《机械姬》海报

和以往的人工智能电影不同的是,该片把重点放在了人工智能的测试,而不是实现人工智能的后果上,往常的电影更注重反思人类的妄自尊大,提醒人们不要给自己制造敌人。而这部电影则更进一步,让人类和机器人一起来完成高阶版的图灵测试:真人在得知对方是机器人的情况下参与测试,探寻人与人工智能的分水岭究竟在哪里。正如约翰·赛尔著名的"中文屋"思想实验,人类的理解能力与意向性,是区别人与人工智能的根本之所在。

从这部电影看来,"阿西莫夫三原则"根本无法保护人类避免受到超级机器人的伤害。以人类智能为蓝本的人工智能成为机器人存在的最高形式,然而我们需要反思的是,在我们一直追求制造这种新型智能体的时候,我们是在创造更好的工具,还是在给人类制造更大隐患?

电影中的 Ava 早就通过了图灵测试,而达到了具备自主意识与理解能力的层面(但现实情况并非如此,即便通过图灵测试,也并不意味着具备自主意识与理解能力)。在传统观点中,只要计算机拥有了适当的程序,理论上就可以说计算机拥有认知能力以及可以像人一样进行理解活动。但是真实的情况是,这个机器人其实并不具备我们想象的智能,它只是在执行写入的程序,而这种执行并不是思考或者理解层面上的智能活动。电影中的 Ava 已经实现完全的人工智能,即它不是在执行程序智能,而是具备人类所有思维能力,甚至超越了人类的智能水准,它甚至通过说谎、色诱来达到自己逃脱的目的。是致力于研发出具有意识、具有共情能力的机器人,还是让人工智能的发展停止在工具层面即可,这都是人类需要去思考的问题。

四、人工智能能否具有主体地位?

当人工智能拥有了情感能力甚至自主意识,人类还能单纯将它当作机器吗?人类与人工智能之间到底是什么关系?人类究竟应该如何处理与人工智能的关系?如何控制人工智能的发展?

案例分析 6-6:机器公民"索菲娅"

"索菲娅"是历史上首个获得公民身份的机器人。2017 年 10 月 26 日,沙特阿拉伯授予汉森机器人公司生产的机器人"索菲娅"以公民身份。"索菲娅"拥有仿生橡胶皮肤,可模拟 62 种面部表情,其"大脑"采用了人工智能和谷歌语音识别技术,能识别人类面部、理解语言、记住与人类的互动。作为史上首个获得公民身份的机器人,"索菲娅"当天说,它希望用人工智能"帮助人类过上更美好的生活",人类不用害怕机器人,"你们对我好,我也会对你们好"。但是,在之前的一个测试中,"索菲娅"也说过会毁灭人类……

公民身份是指一个人属于某一国家的成员,意味着在法律上,其被赋予了法律主体的地位,在法律之中享有权利、负担义务和承担责任。"索菲娅"真的具有公民的权利吗?就像人们看到"阿尔法狗"的高超棋艺一样,惊叹之余,人工智能的崛起对人类生存是否会造成威胁,甚至毁灭人类?这始终是一个能够引发人们无限遐想的问题。技术乐观主义者、技术至上论者以及进化论者认为,即便将来人工智能完全碾压甚至替代了人类,也没什么大不了,机器人完全可以是人类的新后代。

但抛开噱头与舆论关注度的成分,我们试想,人类是否真的能接受人工智能作为新的物种,与我们享有共同的主体地位,享有权利与义务?我们在与人工智能交往时,需要顾及它们的感受,尊重它们的意愿,不再将其当做机器来对待。当赋予人工智能机器人与人类相同的主体地位时,人类将如何证明自己的独特性?如何区分人类与人工智能?当人工智能变成人类的最后一项发明时,它不再是一件物品,而变成一个新的物种,甚至让我们怀疑自身存在的正当性和独特性。而且,真到了那个时候,机器人也会自问:"'我'是谁?"

目前,国内人工智能水平主要还处在算法阶段,但已经开始向更加深度学习的"认知脑"转换。从世界范围来讲,人工智能也已经被深度运用到医疗、金融、教育、交通等方方面面。对人工智能的发展,应该持一种谨慎乐观的态度。毫无疑问,人工智能的发展将会创建更加智能、便捷的生活和未来,这是符合时代发展趋势的,所以,一味地抵抗,既不符合历史,也不符合逻辑。但是,倘若不为人工智能的发展设限,而任由其发展下去,乃至出现像《机械姬》《I,robot》等影片中的那种结局,人类将如何自处?我们需要思考的问题是,人类发展科技的目的是什么?是为人类自身服务,还是为战胜自己,把人类拍死在沙滩上?难道人类发展人工智能,就是为了最终毁灭人类吗?当前,人类还来得及思考,是否有些领域和禁区,是机器人所不能进入的,因为我们尚未看到与权利相对等的对机器人进行约束的"义务"。要进一步明确,如果机器人"犯错"或者并未如其所说来帮助人类,反而对人类形成威胁,谁来为这些后果负责?机器人与人绝对平等也只是一种道德理想,在现实层面,机器人可以拥有一定的权利,但是必须符合人类基本的价值观和利益。人类也必须为机器人设置一些禁区,比如不能发展具有情感、意识的机器人,否则人将不人矣。在人与机器人的关系上,开明的人类中心主义依然是可以遵循的现实法则,那就是人与机器人和谐共处,对机器人的开发与应用,要以有利于人类的可持续发展为目标。

第三节 人们应该如何与人工智能相处

一、全面认识智能革命的影响

人工智能的出现与发展所带来的智能革命,将会为人类的生活带来颠覆性的改变。人类技术发展日新月异,从农业社会到工业社会,再到如今的信息社会与智能社会,科技革新的时间与生产方式的转变时间越来越短。我们改造着物质环境时也创造着物质工具,我们无意识地采用着最新的技术,而没有时间进一步思考这些技术可能会给人类的社会秩序带来怎样的影响和意义,人类似乎还未学会如何与人工智能相处,但智能革命与智能社会的浪潮就已经到来了。

对于机器人的出现,多年前人们就曾有过担忧,担心大量工业机器人的使用会造成大面积的失业。人们对机器人的恐慌一方面来自对新技术发展的陌生,另一方面也归咎于媒体的渲染。但我们需要明白的是,发明机器人、人工智能的进步等科学技术发展的初衷与目标,永远都是为了使人类更好地生活。

之前我们提到过,并不能简单地用技术发展的影响来解释失业现象。技术的出现与发展是导致劳动方式转变的原因之一,但绝不是全部。历史证明,每一次生产方式的转变,都会带来大量的新型工作岗位。例如网络的兴起,出现了电子商务这一新型模式,大学里将电子商务作为一门专业课进行教学授课,亚马逊、淘宝等改变了传统实体商业模式,人们还是有着许多的新型工作机会。但一项新技术对就业以及工作岗位的影响是缓慢的,这就是为什么在面对新技术时我们的第一反应是恐惧,这是人们在面对未知事物时合理的心理反应。从历史上看,新技术在摧毁旧的工作的时候,也在创造新的工作。新工作一般会比旧工作待遇更高,环境也更好。绝大多数人并不愿意回到面朝黄土背朝天,遇上天灾就只能闹饥荒的日子。现今的农业技术,只需要几台机器就可以进行浇水、播种、收割等一系列农业生产活动。人们研发出先进的农业生产技术,即使在恶劣的气候条件下也不会过多影响当年的收成。过去的农活与生产限制不复存在,然而却增加了很多机械设计制造与农业技术研发的岗位。同理,人工智能技术所带来的自动化生产方式改变了传统的工人生产模式,但我们需要用长远的眼光来看待这一转变,人工智能发展所创造的工作机会或许远远多于且优于它所摧毁的工作。

在20世纪,人们无法预见在21世纪,计算机行业会需要上百万名软件工程师,机器人行业会需要上百万名机器人工程师。人们总是很容易想象到有哪些工作被淘汰,但很难想象到科技发展将带来哪些新的就业机会。因此,由于负面能量和悲观情绪的渲染,或许我们夸大了工作被淘汰的现实,也低估了新工作涌现的事实。人工智能将创造一个我们无法想象的社会,人类也需要不断革新自身,来适应社会的发展,成为无法被人工智能替代的一部分。人类智能有着无穷的创造力,能够自主进化,或许若干年后,当人类有了新的发明,人工智能会被新发明所淘汰。

二、学会与人工智能和谐共处

人工智能在消除一些工作机会的同时,也在创造新的机会,但即便出现许多新的工作类型,也与现在的工作内容有着天壤之别。所以,要适应智能社会的发展,关键在于是否能主动去接受、学习新的生活、工作观念与方式。我们无法想象目前还未出现的工作需要学习何种知识,有着怎样的学习方式或是规则。但根据逻辑和经验,我们不难得出结论:和机器相似度越高的工作内容,越容易被人工智能的发展所取代。就目前的形势来说,越是需要思考与创造性思维的工作,越难被机器所取代。

你是否注意过自己的购物软件首页或是电影推送界面,很多时候软件推荐给你的是你感兴趣的东西,这时你还不禁感叹:"智能时代真好!"但从另外一个角度看,当人工智能记录下你的所有信息,并分析这些数据来形成你的人生简历,当人工智能比你更了解你自己的时候,你还会惊喜于这种智能进步吗?在远古时期,人们的记忆方式纯粹基于大脑的记忆力,大脑会将外界的信息进行筛选,有的信息被记住,有的则被遗忘。后来人们发明了文字,发明了笔,发明了计算机,扩展了人类的记忆载体,但只要将记录物销毁,很多信息仍然可以被遗忘。但到了人工智能时代,基于其自身强大的学习能力与算法的不透明度,人们无从得知自身的信息何时会被人工智能获取,以及被获取之后的用途和保存期限。例如你年轻时,和朋友度假中一次醉酒的照片被公开在了自己的网页上,即便后来你删除了照片,人工智能系统也将这段记录保留了下来,并成为日后某一天你应聘教师岗位时被拒绝的理由。"隐私权作为一项基本人权,当事人对他人在何种程度上可以介入自己的私生活,对自己的隐私是否向他人公开以及公开的范围和程度等具有决定权。"① 当人工智能帮你记录下了你想遗忘的一切,人们的被遗忘权与隐私权将彻底丧失,人们也许再也无法发出对人工智能的赞誉。

在人工智能时代背景下,最典型的一个顾虑便是人们该如何维护自身的隐私权与被遗忘权。人们有权利要求删除那些已经过时的、不充分的、不相关的、没有正当理由被保存的信息。在人工智能的发展中,应当充分重视人类这一合理诉求。这不仅是人工智能工程师在研发人工智能过程中需要反思的问题,而且人类也需要学会在人工智能时代里保护自己的隐私。

人工智能技术不断挑战着我们,激发着人类的创造性,使我们探索生活更深层次的含义。我们与机器最大的区别就在于我们努力探索着生活,努力追求更美好与更幸福的世界,而非每日机械性地不断重复着计算工作。所以,在人工智能技术迅猛发展的背景下,与其抱怨人工智能的发展所带来的改变,我们还不如学会如何与新技术友好相处,学着接纳社会生产模式的转变,并提升自己的能力以适应社会的发展。

三、人类或许不需要"超级人工智能"

1. "智能奇点"的到来

现今生存在地球上的生物是物种演化的产物,面对人工智能的发展,人们一方面开始担忧自己会被创造出新的物种取代自身,另一方面又沉溺于成为创世者的满足之中。有人提出了这种观点:人类不是地球的第一个主宰者,也不会是最后一个。智能的奥秘在于能够自主演化进步,人类智能发展到如今的水准,很大程度上归功于我们的自然演变。反观人工智能,我们可以借用自然选择的原理,设计出能够适应环境的机器人,把变异和自然选择的过程应用到人工智能

---

① 金东寒主编:《秩序的重构——人工智能与人类社会》,上海:上海大学出版社 2017 年版,第 50 页。

设计中,人工智能会成为人类的最后一项伟大发明。人工智能原本就是人工创造的,并非自然产生的,问题是我们是否值得花费如此巨大的精力去创造一个也许存在巨大威胁的物种?

人们当前对人工智能有着巨大的热情,为了让机器人获得与人类智能相媲美的智能,研究人员们尝试着让人工智能机器人进行主动学习。然而,如果它们在主动学习中建立起的价值观与人类价值观相冲突,是否会引发一场无可挽回的灾难?也有人认为这样的担忧是毫无意义的,毕竟目前人工智能的发展距离机器人能产生自主意识还很遥远。我们试想:现在,人类使很多灵长类动物都处于濒危状态,假如黑猩猩当初是偶然分化出人类,如果能重新作出选择,那么黑猩猩肯定不会愿意分化出人类这一全新的物种。现在的我们面临着同样的选择,所以讨论关于制造出比人类更聪明的机器是否会毁灭人类的问题,成为了人工智能发展中的必要环节。

"智能爆炸"[①]"奇点临近"等关于超级人工智能的讨论层出不穷,加上电影艺术的宣传影响,使很多人相信,在不久的将来,人工智能机器人能与人类进行哲学探讨,或者进行艺术创作。著名未来学家雷·库兹韦尔是《奇点临近》一书的作者,他预测在2045年,机器智能将超越人类智能。巧合的是,库兹韦尔的老师、"人工智能之父"马文·明斯基,曾经在人工智能研究创立初期预言:"25年之内,创造人工智能的问题将得到实质性解决。"人工智能研究的先驱们过于乐观,创立了斯坦福大学人工智能实验室(SAIL)的约翰·麦卡锡,曾立下十年内开发出全智能机器的目标。赫伯特·西蒙也认为,20年之内,人能做的所有事情,机器都能做。这些言论引起了许多人的质疑,其中最著名的非休伯特·德雷福斯与约翰·塞尔莫属。

德雷福斯表示:以图灵机为基础的数字计算机,不可能模拟人类智能。维特根斯坦和海德格尔的观点完全可以否定人工智能的可能性,符号化的表示永

[①] 智能爆炸:2016年,尼克·博斯特罗姆(Nick Bostrom)在美国凤凰城召开的会议上提出了一个争议问题——智能爆炸(intellligence explosion),这个概念来自他的一本著作《超级智能》。"智能爆炸"是指我们足够聪明,然后创造了比我们自己还聪明的机器,接下来机器可能会创造更加聪明的机器,如此反复,最终导致超级智能的诞生。面对这一情况,人类命运如何? 我们是否会被抹去? 这些都成为争论的焦点。受其观念影响,马斯克、霍金、盖茨等人纷纷警告超级智能的风险问题。马斯克捐献了1 000万美元建立了一个基金,专门研究如何确保人工智能保持人性。

远不可能是真正的思维。他主要从生物学层面、心理学层面、认识论层面和本体论层面来对人工智能进行批判。现在看来,作为哲学家的德雷福斯的出发点,应该是为了捍卫人的独特性。正如现在很多人畏惧人工智能的发展一样,人们大力促进人工智能的研究发展,最后却削弱了人的独特地位,那整个人类将面临着巨大的失落和关于世界与自身观念的彻底颠覆。

1980年,约翰·塞尔在《行为与脑科学》杂志上发表了题为《心灵、大脑和程序》的文章。文中的"中文屋"思想实验立刻引起了热烈的讨论,这也是人工智能发展历史上,由哲学家所提出的最重要的讨论之一。这个实验主要是为了反驳图灵测试,认为即便通过了图灵测试,机器也不见得能拥有智能。塞尔模拟了这样一个场景:一间屋子里有一个只懂英文的人,他有一本用英文写成、从形式上说明中文句法和文法组合规则的手册,并且有足够多的纸笔用来回答屋外的人用中文提出的问题。塞尔认为,屋内的人可以通过手册中的文法与符号翻译,来骗过屋外的人假装自己是懂中文的,然而这只是一个翻译过程,屋内的人并非真正理解中文的含义。对当时以建立与人类智能水平相当的人工智能机器人为目标的人工智能研究界来说,塞尔所提出的"中文屋"思想实验无疑是致命的。特别是联结主义,得益于神经网络和深度学习等算法的开发运用,联结主义现如今已经成为最强势的人工智能范式。时至今日,塞尔的反驳依然是有效的,即便联结主义的深度学习算法引入了语义,但最终也只是一个将人类的智能成果整理归纳的行为,而并非一种因果行为,并非真正的机器智能。但或许人工智能专家会反驳道,塞尔作为一个不能拥有"机器思维"的人,又是如何武断说出机器确实没有理解语义的呢?

后来人工智能研究的确陷入了困境,人类智能的奥秘似乎没有那么轻易被解开,就更不用说复制人类思维了。但以这两位哲学家为代表的反对人工智能的声音,不禁引发人们的思考:我们是否真的能创造出与人类智能相媲美的人工智能机器人?如果答案是肯定的,那人类是否有必要这么做?人类不愿意接受机器变得和我们一样聪明,甚至比我们更聪明,这里面有许多宗教、历史、生物学、社会学的原因。现阶段我们并没有办法准确描绘出超级人工智能的样子,也不知道它们可以完成哪些人类永远无法做到的事情。我们之所以对"智能奇点"的出现感到恐惧,是因为我们无法预测"智能奇点"出现会对人类社会带来什么后果,因此也无法预防威胁的产生。

面对一个不确定的"对手",我们不如转换思路,不再去担心机器智能的迅速提高,转而预防人类自身智能的下降。人类通常会过于依赖发明的工具,新的工具通常会导致某些技能的下降。所以在机器变得越发智能的时候,人类应该提防自身技能的下降与丧失。我们要预防的不是机器越来越像人类,而是人类变得越来越像机器。

2. 超级人工智能并不必要

如果有一天机器有了生命,那应当算作一种新型的生命形式,正如出现在地球上的每一类物种形式演变一样,绝不是空前绝后的。现如今人们担心的无非是这种新型的生命形式会超越人类,就像现如今的人类在别的生命物种面前的地位那样。根据亚里士多德的说法,有记忆的动物比没有记忆的动物更适合学习,学习能形成经验,从而产生技术。相较于别的物种,人类不仅具有记忆和回忆的能力,更大的特点在于具有独立的自主意识,并且能通过意识感知、思考外部的世界,积累的经验促使人类不断总结、不断进步。超级人工智能要超越人类,至少需要拥有记忆能力和自主意识这两项特点。有学者提出过复制人类大脑,建立一个人类大脑的副本,将大脑中的每一个神经元都替换成电子芯片的设想。但现实是,人类大脑的复杂程度让这个设想的可行性为零。脑科学、神经科学等学科发展至今,依然没有确定的权威研究成果说明意识是如何产生和工作的。我们无从知晓如何创造有意识的生物,如果我们所创造的人工智能在偶然间产生了意识,那智能当然是自然进化的必然选择。

在许多好莱坞影片中经常会出现这样的情节:人类创造出的人工智能机器人偏离了原本的设定,邪恶的机器意识觉醒,组建了强大的钢铁机器人军队对抗人类,最后使人类陷入灭亡的危险之中。面对人工智能可能产生的威胁,最坏的结果不过如此。然而现阶段的真实情况是,机器还无法真正了解和学习人类的价值观,暂时还没有有效的算法来设计能理解人类伦理道德观念的智能机器。

尽管面对重重困难,但一部分持积极态度的人工智能专家还是相信,机器是可以对人类社会体系中的价值进行学习的,虽然在帮助我们的时候也会时不时对我们构成威胁。除了直接观察人类的行为以外,机器还可以通过获取大量的文字或是别的形式的信息,学习人类的行事方式。要妥善解决安全问题并不容易，但是只有这样做，人工智能才能走得更远。在迎接超级人工智能的到来之前，人类还有很长的时间做准备。当然，也有一些持反对态度的群体，概括说来，他们认为，既然人类已经预料到了潜在的威胁以及可能发生的灾难，那么人类有什么理由一定要发展可能超越自身的"超级人工智能"呢？

无论是人工智能专家还是普通人都会担心人类被淘汰，认为机器很快会取代人类。然而，人类是有机生命体，在人工智能现阶段的发展中，机器取代的是那些机械性、重复性的活动，而并不是如创作文学、探索理论、讨论政治抑或是在高档餐厅享用美食等创造性、体验性活动。如果有一天，具有情感、自主意识的机器人真的出现，不妨就将其当做是人类进化出的后代，就像灵长类动物进化成为了人类，人类选择发明人工智能，到那时无论自然进化还是人工干预都属于进化的一种模式。后代取代前代继续发展，继续生存，这不是人类的灾难，而是人类飞跃的新阶段。

就目前的发展趋势而言，人工智能是一场不可逆的革命，但也并非只有完全禁止人工智能或是人工智能必定彻底取代人类两个极端选择。我们还可以选择第三条路径——与人工智能和平共处，事实证明人类现在的确在沿着这条路径发展。我们生活在一个机器当道的时代，衣食住行娱乐活动无一不需要与大量的机器打交道，人工智能机器人会渗透进人们生活的点点滴滴。发展到人工智能时代，那时候，许多人尤其是老人，将更多地与智能机器打交道。机器会看管我们的家，照顾我们的日常生活，丰富我们的娱乐生活。在未来，我们的同事是机器人，我们的朋友是机器人，我们的生活中有无处不在的机器人。到那时，机器改变的不仅是我们的生活方式，更是我们的人性。我们如何在机器繁荣中保持人类的独特性，同时又能与机器和平共处，这是人类社会发展中的一个重大课题。

推荐读物

1. 尼克：《人工智能简史》，北京：人民邮电出版社，2017年版。

2. 詹姆斯·亨德雷：《社会机器：即将到来的人工智能、社会网络与人类的碰撞》，王晓、王帅、王佼译，北京：机械工业出版社，2017年版。

3. 罗宾·汉森：《机器时代：机器人统治地球后的工作、爱情与生活》，刘雁译,北京:机械工业出版社,2017年版。

4. 皮埃罗·斯加鲁菲:《智能的本质》,任莉、张建宇译,北京:人民邮电出版社,2017年版。

5. 金东寒主编:《秩序的重构——人工智能与人类社会》,上海大学出版社,2017年版。

6. 尤瓦尔·赫拉利:《未来简史:从智人到智神》,中信出版集团,2017年版。

影视赏析

1.《**机械姬**》:该片讲述了老板邀请员工到别墅对智能机器人进行"图灵测试"的故事。人工智能机器人通过图灵测试,学会了使用语言,甚至利用人类获得自由……我们真的需要这样的人工智能出现吗?

2.《**Her**》:影片讲述了作家西奥多在结束了一段令他心碎的爱情长跑之后,他爱上了电脑操作系统里的女声……如果你的女友是人工智能,你会怎样?你会爱上一个云端恋人吗?

3.《**人工智能**》:21世纪中期,人类的科学技术已经达到了相当高的水平,一个小机器人寻找养母,为了缩短机器人和人类差距而奋斗的故事。它的程序是爱,它或许比人类更懂爱。

4.《**超体**》:影片讲述毒品进入年轻女子的身体,反而给了她超乎常人的力量,包括心灵感应、瞬间吸收知识等技能,让其成为一名无所不能的"女超人"。人类与人工智能的合体,是人类进化的终极方向还是人工智能进步的必然趋势?

第七章
大数据伦理

现在的社会是一个高速发展的社会,科技发达,信息流通,人们之间的交流越来越密切,生活也越来越方便,大数据就是这个高科技时代的产物。阿里巴巴创办人马云在演讲中曾说过,"未来的时代将不是 IT 时代,而是 DT 的时代,DT 就是 Data Technology,数据科技"。我们今天所处的时代被称为大数据时代或者人工智能时代,这种称呼体现出了人们对于计算机、信息科学、大数据和人工智能等多种技术的重视。很多人认为借助这些技术,我们就可以进入智慧社会,创造智慧城市,实现美好生活;但是慢慢地很多人在享受到上述技术带来的便利的同时,也意识到其中存在着很多认识论与伦理学方面的问题,如个体的秘密以及人类的安全、自由和尊严等。面对这些问题,从治理中寻求出路成为人们思考最多的问题。本章我们将从数据伦理问题出发,分析一下数据技术给人类带来的诸多问题以及针对这些问题的治理之道。

第一节 大数据伦理的相关概念

为了很好地理解大数据伦理问题及其治理,我们有必要了解一些相关概念,如数据、大数据、信息、知识和数据伦理等。从逻辑关系角度来说,大数据是数据的一种特殊类型,在人工智能的语境中,数据是原始的无意义的素材,被编码存储和提取的数据就成为信息,而具有模式属性的数据信息就会以知识的形式存在。

一、从数据到大数据

数据是描述经验事实的定量或定性的符号表示,它可以有不同的来源并且以不同的形式呈现,例如来自城市道路上方摄像头的图像、公共场所的视频采集的照片、个人社交媒体消息、对话中的声音、房间中的温度、影响作物生长的湿度水平、每家商店销售的产品数量或产品交付的确切时间等。从数据来源来看,如社交媒体(Facebook、Twitter、微信、QQ)、个人健康平台(如各类体检平台、医院账户、保险公司等)、可穿戴设备(如各类手环、Appwatch)、家庭感受器(如智能音箱、电视、摄像头)、智能手机、各类网站(如购物网站、抖音、快手)等。本质上看,数据是以质料形式存在的存在物,没有意义可言。一般情况下,分析数据的传统方法主要是各类计算机统计工具和软件如 SPSS,被分析、利用或者被赋予价值的数据就会成为信息。

大数据(Big Data)则是指无法在一定时间范围内用常规软件工具进行捕捉、管理和处理的数据集合,是需要新处理模式才能具有更强的决策力、洞察发现力和流程优化能力的海量、高增长率和多样化的信息资产,这是大数据研究机构 Gartner 给出的定义。麦肯锡全球研究所给出的定义则是:大数据是一种规模大到在获取、存储、管理、分析方面大大超出了传统数据库软件工具能力范围的数据集合,具有海量的数据规模、快速的数据流转、多样的数据类型和价值密度低四大特征。大数据研究专家维克托·迈尔-舍恩伯格有一句名言:世界的本质是数据。他认为,认识大数据之前,世界原本就是一个数据时代;认识大数据之后,世界却不可避免地分为大数据时代、小数据时代。在维克托·迈尔-舍恩伯格及肯尼斯·库克耶编写的《大数据时代》中,大数据分析指不用随机分析法(抽样调查)这种捷径,而采用所有数据进行分析处理。大数据具有 5V 特点(由 IBM 提出):Volume(大体量)、Velocity(高速性)、Variety(多样性)、Value(价值性)、Veracity(真实性)。牛津大学学者弗洛里迪(Luciano Floridi)等英国学者指出大数据的两个"大":一个是处理和产生速度上的"大";另一个是数据集自身容量的"大"。[1] 数量和速度是大数据最明显的属性,前者指数据的容量;

---

[1] Mittelstadt, B. D., & Floridi, L. The Ethics of Big Data: Current and Foreseeable Issues in Biomedical Contexts. *Science and Engineering Ethics*, 2015, 22(2), pp.303-341.

后者意味着数据产生和处理的速度快。搜集大数据的目的是悄然收集数据、追踪用户的在线行为和个人偏好以及预测个体及人群的未来行为。目前分析大数据的主要工具是人工智能算法,主要从大数据中提取模式和关联关系。此外随着人工智能的发展,数据与算法共同成为人工智能的两个支柱,尤其是(大)数据更是被称为人工智能的养料,人工智能往往从大量数据中进行学习和进化。随着大数据技术的发展,大数据概念目前被赋予了更多的含义,一个以数据为核心的生态体系逐渐形成,其中包括数据的采集、整理、存储、安全保护、分析、呈现和应用。大数据的使用必将对人类未来产生深远影响。

与数据相关的概念,还有信息、知识等。日常生活中经常把信息理解为是信号、情报、知识等。作为科学概念的信息主要源自信息论和控制论。根据信息论创始人申农的观点,"信息是用以消除不确定性的东西。这实质上是从信息的某种作用或功能来定义信息的"①。根据控制论创始人维纳的观点,"信息是我们适应外部世界,并且使这种适应为外部世界所感到的过程中,同外部世界进行交换的内容的名称"②。对信息的哲学阐述形成了一门哲学分支——信息哲学。国内信息哲学的代表人物邬焜对信息进行了界定,认为信息不能离开物质而独立存在;信息的作用和价值受到接收者的主观因素的影响和制约;信息可以被观察者感知、检测、识别、提取、传输、存储、显示、分析、处理和使用,并能够共享;信息是决策的依据、控制的基础和管理的保证。质言之,"信息是客观非实在,信息间接存在"。

知识这个概念与信息概念一样,在生活和科学中普遍使用。日常生活中,知识被看作是经验的积累和概括。在哲学上,这个概念通常与"意见"相对,本身有着"正确"的规定性,通常是指被证明为真的理论或者命题。研究知识来源、性质和特征的学科在哲学上被称为认识论和知识论。前者研究认识的起源、认识的结构、认识的客观性等问题;后者研究命题和理论的证实性、信念等问题。随着信息论、计算机学科的发展,对知识的概念有了比较特殊的规定,在这个领域,知识源自信息,而信息源自数据。

---

① 李继宗:《现代科学技术概论》,上海:复旦大学出版社1994年版,第475页。
② [美]诺伯特·维纳:《维纳著作选》,上海:上海译文出版社1978年版,第4页。

二、数据伦理学与大数据伦理学

数据伦理学是应用伦理学的一个分支。根据弗洛里迪的观点,它研究和评估与数据(包括数据的生产、记录、典藏、处理、传播、分享和使用)、算法(包括人工智能、智能体、机器学习和机器人)以及相应的实践(包括负责任的创新、编程、黑客行为)相关的道德问题,旨在系统阐述和证明道德层面善的解决方法(譬如正确的行为或正确的价值)。

由数据科学所引发的伦理挑战可被描绘为三个方面的内容:数据伦理学、算法伦理学和实践伦理学。①

数据伦理学聚焦于由大型数据库的收集和分析所引发的伦理问题。在该语境中,核心的问题有通过数据挖掘、数据链接、数据融合和大型数据集的再使用而带来的个体再识别,以及所谓的"群体隐私"。当个体认同的类型独立于个体之间的"去识别"(deidentification)时,可能会导致严重的伦理问题,涉及群体歧视(如对老年人的歧视、种族歧视、性别歧视)以及面对特定群体的暴力。诚信和透明性,公众对与数据科学相关的利益、机遇、风险和挑战的认知缺失都是数据伦理学的核心话题。譬如,透明性通常被视为培养诚信的一种方法。然而,什么样的信息应该透明及谁应该透漏给谁等都是模糊的。

算法伦理学讨论的是由算法不断增长的复杂性和自主性而带来的问题(包括诸如"互联网僵尸"之类的人工智能和智能体),特别是在机器学习应用中,有一些关键的挑战,这些挑战既包括与不可预见的和非期望的结果相关的设计者及数据科学家的道德责任和问责问题,也包括机遇的错失。毋庸置疑,算法需求的伦理设计和审计以及对潜在的不良后果的评判(譬如歧视或反社会内容的宣传)正在越来越受关注。

实践伦理学对包括数据科学家在内的负责数据处理、战略和政策的人和组织的责任等紧迫问题展开讨论。实践伦理学的目的是界定一个伦理学的框架,该框架可用来塑型关于负责任的创新、发展和应用的职业规范,而这些规范既可

---

① Floridi, L., & Taddeo, M. (2016). What is Data Ethics? *Philosophical Transactions of the Royal Society A*, 374(2083), 20160360. https://doi.org/10.1098/rsta.2016.0360.

以确保伦理实践有利于数据科学的发展,也能保护个人和群体的权利。在这一分析脉络中,有三个核心问题,它们是知情同意、用户隐私和二次使用。

虽然数据伦理学、算法伦理学和实践伦理学是截然不同的研究脉络,但很明显的是,它们是彼此交织在一起的,这就是为什么以三个轴来界定一个概念是更为可取的。这些问题大多数并不位于一个单独的轴上。譬如,对数据隐私的分析也将探讨知情同意和职业责任问题。同样地,算法的伦理审查常常也与其设计者、开发商、使用者和采纳者的责任分析有关。数据伦理学也必须处理整个概念,虽然每个研究轴的优先顺序和焦点不同,但它们是联系在一起的。鉴于此,需要将数据伦理学放在宏观的背景下,来探讨数据科学的各种伦理影响。

大数据伦理学是比数据伦理学更加特殊的一个概念,主要针对大数据技术引发的一些伦理问题,如知情同意、隐私(数据保护)、所有权和大数据鸿沟等社会伦理问题。[①]

第二节 大数据的应用及其引发的伦理问题

对于当下时代,社会学者喜欢用"后工业社会",传媒学者喜欢用"网络时代",哲学家则喜欢用"信息文明"来描述。但是这些描述并没有切入到当前时代的技术条件及其对人类的影响。美国"互联网之父"罗伯特·埃利奥特·卡恩(Robert Elliot Kahn)基于计算机学科提出一个概念,认为当前的技术架构正在从互联网架构向数字架构转变。"数据架构"意味着信息技术、数字技术、大数据技术和人工智能的集合体,这些技术相互聚合,形成了我们时代的技术架构。而在数据架构之中,一个隐藏的现象是:人工智能技术正在推动着"智能架构"的出现。这些技术架构彼此嵌套在一起,形成了技术对应物。那么,数据架构带给我们怎样的影响呢?

---

① Mittelstadt, B. D. & Floridi, L. (2015). The Ethics of Big Data: Current and Foreseeable Issues in Biomedical Contexts. *Science and Engineering Ethics*, 22(2), 303-341. doi: 10.1007/s11948-015-9652-2.

一、关于数据本质的多重理解

大数据的广泛应用,引发了人们对数据的本质的讨论,并出现了两种理解:一种是工具论的理解,认为数据是企业发展的驱动力;而另一种是存在论的理解,认为数据和存在是一致的,人类存在也已然数字化。

1. 数据是企业发展的驱动力

当今社会,很多公司、社团和政府机构非常重视数据的采集,因为这些数据是企业发展的驱动力、财富的源泉和管理的最佳手段,政府、社团和公司可以通过多种形式分析和使用采集到的数据。20世纪80年代以来,随着网络技术的发展,我们使用着诸如Google、Yahoo、新浪、网易等公司提供的免费邮箱,通过卓越网、京东等大型购物网站购物。这些网站网页的Cookie功能将用户的数据记录下来方便下次使用,还有遍布公共场合的各类视频摄像头也是图像数据采集的主要工具。在城市道路、机场、汽车站、公司、教室等公共场合,摄像头随处可见,这些摄像头所起的作用是管理。通过采集视频资料,相关的管理部门获得了大量的视频数据。另外还有智能手机上各类APP,如微信、QQ、Twitter、Facebook等社交APP,而这些APP在授权的名义下合法地收集着用户的各种数据资料,如定位、通讯录、照片等。这些数据被收集之后,就成为公司、社团以及政府机构很重要的资源,方便进行营销和管理。比如购物网站可以通过一个人的喜好数据定点推送商品信息,这不仅方便了用户,而且对企业来说也是财富的源泉。用户在银行、保险公司、大型零售商店、超市或时尚品牌专卖店等地方消费时产生的大数据,现在正在被企业更多地使用,以便更好了解客户的品位和兴趣。如果公司的内部数据库已经成为大数据,那么这些外部资源处理的数据量就会多得令人难以置信。

现在数据采集、分析和再利用逐渐形成了一个技术系统。以支付宝为例,我们使用支付宝支付的时候,会得到各种各样的红包。在支付宝上有一个"花呗"功能,经常会给用户发红包,而要使用这个红包,需要注册用户或者授权使用。还有芝麻信用的功能,可以利用芝麻信用的积分免费借用充电宝和雨伞。这些功能都对应着一个APP软件,它们共同组合在支付宝平台上,形成了一个技术生态系统。各种社交软件也逐渐形成了一个技术系统。例如Twitter或

Facebook，它们向第三方提供应用程序编程接口（API，或者更通俗地说，数据下载连接点），使它们能够提取其用户的详细信息。从社会中的个体而言，人们生活在数据世界之中，人们的行为在不断创造着数据。

人们每一时刻的行为都可以数据化，这些数据被不同的行动主体采集、分析和利用。数据成为不同主体的资源和财富。可以说，谁掌握了数据，谁就掌握了社会和未来。

2. 人类存在的数据化：记忆与身体

在科林·库普曼（Colin Koopman）2019 年出版的新书 *How We Become Our Data: A Genealogy of the Informational Person* 中，库普曼修改了贝克莱的"存在就是被感知"的命题，提出"存在就是被数据化"的大胆命题。这个形而上学命题显示了数据对于哲学的影响。其中，身体数据化和记忆数据化成为两个比较凸显的维度。

身体的数据化意味着数字身体的出现。美国曾推出了"可视人计划"，就是将人体数据化，利用科技建立三维的立体人类生理结构，让人一眼就能看到一个正常人身体内部的细胞、组织、器官等结构，这样制作出来的人也被称为"数字人"。简单来讲，遗体要先被冷冻成块，然后再被医学人员横切、竖切成亚毫米级别的薄片，接着用高清相机和扫描仪将其转化成数据，最后在电脑中建立出人体三维模型。一位名叫苏珊·波特的美国老太太，身体被切成三部分，其中一部分又被切出 27 000 片薄片。国内也有学者提出了"全息数字人"的概念。"全息数字人"是指人能全面自如地对自我健康状态进行维护和管理的科学化阶段，它包括"健康医疗的电子化：使为人们提供的一切健康服务和医疗行为都可记录、可追溯；网络世界的真实化：全息生活方式正在进入人们的日常生活中；自然环境的智能化：人的生理状态面对的自然环境，对人的呼吸系统、循环系统和精神系统健康有极大的直接影响，尤其是近人体环境导致健康问题的形势已经显得非常突出"①。

除了身体可以数字化之外，人类记忆也可以数据化。在数据时代，个体、人

---

① 金小桃、王光宇、黄安鹏："'全息数字人'——健康医疗大数据应用的新模式"，《大数据》2019 年第 1 期。

群、文化的生活体验被变成文字、图像,数字化为数据,存储到光盘或者云端网盘。在互联网这个共享空间中,这些数据都可以在未来的某个时刻通过网络的搜索功能找寻到。所以,"数据记忆"就出现了两种可能性:一方面,每个人可以回到属于自己的过去;另一方面,每个人都具有了感知他人过去的可能性。这就是数据记忆所存在的内在裂变性。数据记忆是记忆内容和记忆媒介的数据化,这一表现形式与人类媒介史相关。从人类媒介发展史角度看,媒介的发生是记忆现象被强化的过程。在文字、媒介产生之前,人类的记忆、文化传承完全是依靠口述这一方式,口耳相传。但是随着某一人群的消亡,其历史也随之被遗忘。随着文字、纸质媒介的出现,文化以文字、图像的方式被记录了下来,某一时空人群的生活方式、生产方式、娱乐方式被固定了下来,为后人所回想和怀念。但是,记忆依然是困难的,难以传播或者难以保留。刻有文字的山石很难搬运,纸张则容易损坏甚至消失。伴随着数字技术的出现,文字、图像等信息被转化为数据,存储在如 DVD、CD、网盘等各类物理介质或者网络介质上。20 世纪末,人们所用的各类光盘能够保存近百年,数据可被无限制地拷贝,更令人惊异的是,21 世纪以来出现的各类网盘则实现了物理介质的虚拟化,信息被存储在某个云端,无从找寻,但是数据却可以在理论上永远存在。于是新的问题出现了:遗忘变得困难,曾经被遗忘的数据会被找到。"被遗忘"甚至成为数据时代人们的心愿。

二、数据与人类的关系

传统的伦理学主要处理人与人之间的关系,可是我们一旦进入到数据伦理的领域中,就必须面对数据与人的关系问题。数据并不是一般意义上的技术工具,而是有着本体论的意义,一旦挖掘到这个层面,奠基于其上的伦理问题就会一层层显露出来。

1. 人类社会的技术框架正在从工业技术向数据技术转化

在人类社会的演进过程中,存在着两种基本框架,改变和影响着人类社会的发展。一种是观念价值框架,比如一个社会需要合理的价值观、道德观才能够确保社会稳步发展;另一种是物质技术框架,这些框架在很大程度上改变着人类的行为。人类社会的技术框架总体上经历了一些转变,即从传统的农业技术框架、工业技术框架再到今天的数据技术框架的转变。这些框架决定了人类理解社会的观念和方式,改变了人类的社会交往和行为方式,甚至创造出新的社会存在物。

数据技术的出现就是一个新的技术形态。但是数据技术并不是一种特定的经验技术类型。比如锤子就是一种特定的经验技术类型,而数据技术是围绕"数据"观念而构成的技术系统。比如从数据的收集来看,有各类摄像头、APP软件、网站网页等;从数据的存储来看,有各类存储设备,如数据库、硬盘、闪存、云端等;从数据的提取来看,有各类搜索工具和搜索引擎;从数据分析来看,又有各种分析工具,如数据挖掘工具和技术;从数据的处理来看,有各种可视化工具。所以,数据技术是一个技术系统。对于当代人来说,不能上网是无法想象的。从目前的城市建设来说,铺设光纤和电缆已经成为与道路建设一样的基础建设任务,这些技术也已经成为基础设施建设的一部分,为数据的采集提供了基础工具。

围绕这些基础设施和工具,就有了相应的社会法律法规的要求。如同马路上的红绿灯与人行横道线一样,在马路上汽车要遵守必要的交通规则,使用各类热点、互联网、直播软件也要遵守必要的法律法规。目前,相关的法律法规在不断完善,这些法律规则就是在技术的基础上构成的法律系统。

技术上的强大逐渐催生了新的认识观念,如数据主义、都市数据主义等,这些观念无疑都在强调数据的强大。但是,说到底,数据是基础技术形态,它们都属于技术,对于社会的物质性建设来说固然很重要,但是却不能将其无限夸大。

2. 人类城市正在被数据化

如何管理好城市是一个国家重要的任务之一。进入数据时代以后,这一问题变得更加重要。因为城市发展出现了新的方式,日常生活方式发生了新的变化。

如今的城市技术发展中,数据成为城市发展的驱动力,国外学者提出了"数据驱动的城市"(data-driven cities)[1]这一概念,描述了数据对于城市的重要性以及数据技术背景下城市产生的相关问题。城市人群的行为不停地生产出各类数据,如日常数据、消费数据、出行数据等。这些数据是即时的,每时每刻都在产

---

[1] Kitchin, R., Lauriault, T.P.& McArdle, G. *Data and City*, New York: Routledge, 2018.

生。最具代表的就是城市交通的相关数据,高架上的车流量、拥堵路段,这些数据对于汽车司机来说非常重要,能够提醒他们避开拥堵路段,引导他们合理出行,而这对于城市管理者来说也是不可或缺的。此外,对于博物馆、公园来说,掌握人流量,对于管理入园、入馆人数就显得必不可少。总体而言,数据驱动系统可以通过掌握与人有关的行动数据,帮助人们建立关于"智慧城市"的认知模式,可以改变人们对于城市生活的体验。当然,数据的应用也是有限度的,因为归根到底,数据系统也是技术物,要与社会、文化、政治等因素放在一起考虑,才能全面衡量和评估它产生的影响。

3. 人类利用数据进行着自画像

1964年,德裔美籍哲学家马尔库塞(Herbert Marcuse)发表了《单向度的人:发达工业社会意识形态研究》,书中勾勒出了工业架构及人类异化之后的样子——"单面人",成为描绘工业社会人类的绝佳形象,这是一种基于整全意义上对人反思的结果。不到60年的时间,人类社会进入了数据时代。在这样一个技术架构之中,人类的形象还是可以用马尔库塞的"单面人"来描绘。以社交平台为例,"点赞"成为单面形象之一。在中国,最为流行的社交平台当属微信;在国外,Facebook则非常受欢迎。根据2014年的统计数据,全球活跃社交人数超过20亿,2018年,微信活跃社交人数超过10亿。"点赞还是不点赞?"成为令社交媒体用户颇为头疼的一个问题。

除了"单面人",还有人提出了"透明人"的说法。在大数据背景下,"透明人"是指我们的身份、行为等数据信息在没有经过许可的情况下被泄露,变得公开透明,它被当作描绘数字时代人类形象的一个新概念。当然,这个概念能够反映出大数据时代人类面对的新问题:一种与隐私泄露有关的安全问题。这一概念的基础是恶意泄露或非法获取所产生的安全问题,"恶意泄露"与"非法获取"都是他者所导致的。"恶意泄露"主要是针对数据公司的员工来说,员工出于私利而出卖用户数据;"非法获取"主要是针对黑客这一特殊群体来说。2017年雅虎30亿个用户账号信息被黑客攻击盗走。这两种行为都会导致用户数据危机,最终产生了数据时代的安全问题。

"透明人"这个概念并不很准确,它只是描述了一种隐私变得公开的情况,而且是被动的、非法意义上的。但是还有一种主动、合法的行为容易被忽略:人们自主地将自己的行为转换为数据存储起来,随时等待被提取。我们把这种情况称为"自画像"行为。17 世纪荷兰画家伦勃朗用画笔给自己画了 100 多幅自画像,今天我们每个时刻都在用数据给自己画像。自主行为会产生更为严峻的、但被忽略的隐私和安全问题,这些问题都值得重视。

案例分析 7–1:Facebook 隐私泄露

2018 年 3 月中下旬,Facebook 卷入了一宗丑闻,媒体揭露称一家服务特朗普竞选团队的数据分析公司 Cambridge Analytica 获得了 Facebook 5000 万用户的数据,并进行违规滥用。据悉,根据告密者克里斯托夫·维利的指控,Cambridge Analytica 在 2016 年美国总统大选前获得了 5 000 万名 Facebook 用户的数据。这些数据最初由亚历山大·科根通过一款名为"This is your digital life"的心理测试应用程序收集。通过这款应用,Cambridge Analytica 不仅从接受科根性格测试的用户处收集信息,还获得了他们好友的资料,涉及数千万用户的数据。能参与科根研究的 Facebook 用户必须拥有约 185 名好友,因此覆盖的 Facebook 用户总数达到 5 000 万人。Facebook 还宣布,其早在 2015 年就要求 Cambridge Analytica 删除上述数据,但该公司对 Facebook 隐瞒了实情。Facebook 接到的其他报告表明,这些被滥用的用户数据并未被销毁。①

Facebook 数据泄露门之所以如此引人注意的原因主要是两点:① 数据量极大,在新闻爆发之初被传有 5 000 万人的信息遭泄露,而 2018 年 4 月 4 日 Facebook 的首席技术官迈克·斯克洛普夫在官网发布的声明中承认,"剑桥分析"(Cambridge Analytica)实际获取了高达 8 700 万用户的数据。② "剑桥分析"并不是一家普通的公司,它的用户大多是各国政府,主要工作内容是利用数据分析为政府提供制定政策的建议。"剑桥分析"坐落于伦敦新牛津街,它的母公司是英国的战略通讯实验室(SCL),SCL 成立于 1993 年,在其官网上写道,

---

① "一文读懂 Facebook 泄密丑闻:泄密用户隐私,后果惨重",https://www.sohu.com/a/226062595_460436,2018–03–21。

"SCL为全世界的政府、军事机构提供数据、分析和策略"。据《今日美国报》报道,"剑桥分析"是SCL从事选举事务的部门。由于所从事的业务比较敏感,"剑桥分析"自身也十分神秘,它拒绝对外透露其组织结构,也不愿说明它的具体客户是谁。它不止参与了2016年的美国大选,还参与了英国"脱欧"。公司为了影响民意采取的手段有:建立一个一百余万人的数据库,对他们进行建模,通过精确投放广告拉拢摇摆不定的选民,让他们变成坚定的"脱欧派"。此外,在数据泄露门爆出之后,关于这家公司的信息逐渐增多,据传它还曾经参与墨西哥、美国等多个国家政府的政策制定,为这些政策制定提供数据支持。

总体来说,这个案例至少暴露出两个值得关注的问题:第三方不当使用和用户使用不当。第三方不当使用,是指第三方将从授权平台获得的用户隐私信息,在规定的范围之外使用。从Facebook的案例中我们看到在"剑桥分析"与Facebook之间存在着一个心理测试小程序,而且还能够给用户5美元的报酬。这个程序很不起眼,但它利用了人们贪图小利的心理,吸引人们做测试。我们在微信公众平台上经常遇到类似的第三方程序,如通信程序(电子邮件、即时通信工具)、商业应用(移动银行、股市跟踪)、生活应用(账单、健康、阅读)、娱乐游戏(新闻、游戏、视频)。这些小程序多是免费应用,但是会要求用户注册自己的真实信息。有些算命类、照片生成类的APP还要求用户转发朋友圈。对于大的平台来说,这些小程序能够带来直接利润,所以它们大都采取开放平台的方式。比如2012年,百度应用开放平台已经有超过23 000个合作者加入,腾讯微博拥有超过2万个APP应用,每天新增1 000个。这些APP的生存策略有两条:一是吸引更多用户注册使用;二是将用户信息转让给更大的公司。比如在Facebook案例中,27万人注册了心理测验小程序,然后他们人将测验结果分享给好友,这些好友又开始了注册,结果8 000万的用户信息最终被"剑桥分析"获取。

用户不恰当的信息公开方式,是常见却又常被忽略的隐私泄露方式,用户在社交平台上输入真实的电话号码、电子邮箱、家庭地址、生日等信息,设置了完全公开或者对好友公开。"This is your digital life"小程序利用了西方人关注心理测试的倾向,再加上有小红包,所以备受欢迎。在中国,这类情况也是比较多见的。在街头我们经常会碰到扫码注册得免费的小礼品,甚至还可以得到免费的水果、蔬菜等。在微信公众号上,有很多朋友圈刷屏的小程序。这些程序的主要目的是吸引用户注册,获得用户信息,并且转发朋友圈。只是在国内这类软件更显庞杂,如猎奇类、星座类、测情商类、算命类、理想实现类,等等。所以人们要注意保护个人的隐私信息,消除贪图方便和占小便宜的心思,以免泄露个人隐私。在法律法规模糊不清、不健全的情况下,这类隐私泄露的后果难以估量。我们的数据去了哪里?没有人可以追踪到底。更重要的是,这也为我们提出了一个哲学问题:如果人以数据化的形式存在,那么我们到底去了哪里?

案例分析 7-2:强行"数字永生"合乎道德吗?

在英剧《黑镜》中,女友为缓解男友去世的悲痛,利用他遗留的数据,用人工智能模拟出"男友"。这个"男友"有着和真正的男友一样的语调,开同样的玩笑,就仿佛是以数字形式活在了虚拟空间。这就是数字遗产更高级的应用"数字永生"。

在现实生活里,已有类似"数字永生"的例子。美国《华盛顿邮报》报道,78岁的间谍小说家、好莱坞编剧安德鲁·卡普兰已同意成为一个数字人"AndyBot",他将在云端上永生数百年,甚至数千年。如果一切按照计划进行,未来几代人将能够使用移动设备或亚马逊的 Alexa 等语音计算平台与他互动,向他提问,听他讲述故事。即使在他的肉身去世很久之后,仍能得到他一生宝贵的经验建议。卡普兰的这一行为将重新改写生命的定义,让人的生命的永恒在某种程度上得以实现。卡普兰成为数字人,是利用了网络、人工智能技术、数字助理设备和通信对话等手段,让一个人的音容笑貌能长远地生存于网络空间,同时具有实时感和互动感。卡普兰的永生是其意识、思想与观念在云端的永存,与实际上的永生当然有区别。但是,这也足以让人"永垂不朽"了。①

在此之前,已有相似的案例。2015年2月,因为一场意外的车祸,出生于1981年的俄罗斯工程师 Roman 去世。为了纪念他,任职于人工智能领域的Luka 公司的好朋友 Kuyda 取得了亲朋的支持,把 Roman 生前 8 000 条不同领

---

① "首个数字人将诞生,你愿意肉身消逝后灵魂永生吗?",《中国新闻周刊》2019 年 9 月 4 日。

域的聊天信息加入到机器人项目里。经过深度学习等训练,2017年发布的机器人已经可以模拟Roman的语气与人类对话。技术的初衷是好的,但是在其发展过程中总会脱离原本的预设期望。上面的案例中,有人认为Roman生前并不知晓自己的信息将会被用作制造机器人,而且就连陌生人都可以下载Luka去问Roman一些非常私密的话题,这样的纪念方式其实是在干扰他死后的宁静。

而卡普兰的案例不同,他授权同意成为数字人。显而易见,这样的生命只是灵魂的生命,但也是一个人的永久遗产。正是基于这样的特点,已经有很多人报名想要加入到让人"永生"的数字人项目中。目前涉足这类产品的公司有很多,其中一家名叫Eternime的公司称,他们可以将"数十亿人的记忆、想法、创作和故事"转变成他们数字化的化身,无限期地活下去。目前,已有超过4.4万人在该公司注册,表示愿意参加这一大型而大胆的尝试。未来,可能所有人都可以通过成为数字人而实现永生。由于这样的数字人还可以同活着的人互动,也就能实现"死亡并非真的逝去,遗忘才是永恒的消亡"。此外,数字人也重新定义了生命,尤其是精神意义上的生命,而由此引发的伦理和法律讨论,也必将持续下去。

4. 图像、视频可以任意生成

随着人工智能技术的发展,人们可以任意生成图像与视频,这带来了很多新的问题。2017年12月,在Reddit网站上出现一个名为"DeepFakes"的账号,它展示了通过人工智能合成的明星色情片,被用来展示的有著名女影星盖尔·加朵等人的视频。这种做法满足了许多人的幻想,同时也立刻引发广泛讨论。很快,Reddit网站封掉了这个账号以及相关的群组,Google、Twitter等网站禁止相关的搜索,而一些色情片大站也封禁了相关视频。

DeepFakes使用的正是最知名的深度学习算法之一——GANs。2014年伊恩·古德费罗(Ian Goodfellow)发明GANs技术,GANs全称为"生成式对抗网络"。这个算法的原理有些类似于周伯通的左右手互搏术。它会让两个神经网络彼此对抗,第一个神经网络被称为生成网络,它负责制作尽可能逼真的作品,而第二个网络为鉴别器,它将前者生成的作品和原始数据库中大量的"真迹"进行对比,来鉴别哪些是真的,哪些是假的。

图像与视频任意生成技术出现以后,带来了新的难题,图像伦理难题就是其中之一。我们能否继续相信"图像是对现实的记录或者表征"?很显然,如果图像都是任意生成的,而且人类自身很难识别或者认假成真,那么答案应该是否定的。另外还有一个问题,如果图像主角可以任意替换,那么嫁祸于人就会变得非常方便,这会带来很多问题,不利于社会发展。

5. "信息茧房"与洞穴假象

互联网出现之后,人们获得信息的渠道非常多,从而出现了很多新的概念来描述个人在互联网时代面临的信息选择。其中一个概念就是"信息茧房",这个概念是由哈佛大学教授凯斯·桑斯坦(Cass Sunstein)在其2006年出版的著作《信息乌托邦：众人如何生产知识》中提出的。桑斯坦认为,"信息茧房"以"个人日报"的形式呈现。① 伴随着网络技术的发达和信息的剧增,人们可以随意选择想关注的话题,可依据喜好定制报纸、杂志,每个人都可为自己量身打造一份"个人日报"。每个人都可以通过各自的APP获得喜欢的新闻,而且借助特定的推送算法,每个人的新闻喜好会不断被技术强化,公众只注意自己选择的内容和使自己愉悦的通信领域,久而久之,会将自身桎梏于像蚕茧一般的"茧房"中。

"信息茧房"描述了互联网时代人类所处的状态。我们被包裹在自己喜欢的却是由智能技术不断推送的"信息茧房"中。随着时间的积累,这个"房间"会越来越狭隘,越来越牢固。这个状态很容易让人想到柏拉图和弗朗西斯·培根的"洞穴"比喻。柏拉图的"洞穴"讲的是一群奴隶被关在洞穴里,因为他们被锁链固定,只能看到洞穴墙上的影子,所以把影子当作了真理。一天,有一个人偶然挣脱了锁链,转身看到身后的火堆,明白了影子是假的,后来他走出洞穴看到了太阳,最终明白了自己的处境。培根的"洞穴"讲的是人的知识会构成一个洞穴一样的东西,限制我们的认识,人应该善于反思和摆脱它们的限制。"信息茧房"类似于哲学史上的"洞穴"比喻,不同的是,"信息茧房"是我们自己营造的一个洞穴,而上述哲学家所说的"洞穴"是人类知识和文化的先天限制。

所以从这个角度看,人类与信息的关系在互联网时代发生了一些演变,经历了几个阶段：第一个阶段,互联网、APP等技术的便利让我们有了更多的选择,我们可以获得很多信息,从原先的单一信息源摆脱出来,甚至能够以互动的形式

---

① 李黎丹:"'信息茧房'与'人行道'：规避网络传播的局限", http://yjy.people.com.cn/n/2013/0305/c245082-20680133.html, 2013-03-05。

如评价、转帖来表达自己的态度,甚至影响新闻舆论;第二个阶段,智能算法使得我们的喜好和兴趣得以凸显,技术根据我们的喜好定点推送,强化了人的自主性,但是也正因为这样,所构筑的"信息茧房"非常牢固;第三个阶段,过于牢固的"茧房"会限制我们的认识,影响我们的判断,最后使得我们陷入自身的狭隘闭塞之中,可能会丧失基本的判断;第四个阶段,属于黑格尔所称的理性阶段,经过强大的反思,人类认识到需要打破自我"信息茧房",才能够重新获得理性判断力。

由此可见,数据伦理的基本问题是隐私和安全。数据技术会带来哪些隐私和安全问题,又该如何治理呢?

三、数据共享与人类隐私保护

开放共享被看作是与大数据技术密切相关的伦理原则。在这一伦理原则的主导下,世界各国政府出台了数据开放与共享的法令,如2013年美国总统奥巴马签署的行政命令《政府信息的默认形式就是开放并且机器可读》;同年,在北爱尔兰召开的G8会议,签署了《开放数据宪章》,提出了开放14个重点领域数据。Kaggle公司创办人安东尼·哥德布鲁姆(Anthony Goldbloom)的最初出发点就是数据开放,Kaggle是一个用于数据科学家交流的线上平台,经常举办一些数据科学竞赛。由Kaggle发布的首份数据科学从业报告显示:"58.4%的受访者在工作中使用Git分享他们的代码。但大公司的开发者更倾向用电子邮件来分享代码,而创业公司则对云的方式情有独钟。"在中国,国务院发布的《促进大数据发展行动纲要》提到,"推动政府信息系统和公共数据的互联共享,避免重复建设和数据打架",实际上就是从政策上提出了对开放原则的保障要求。

对于数据开放所面临的挑战,中国工程院邬贺铨院士认为存在着三个挑战:"第一,不愿意共享开放,政府部门各自为政、把数据开放当成自己的权利。第二,法律法规制度不够具体,不清楚哪些数据可以跨部门共享和向公众开放。第三,缺乏公共平台,共享渠道不畅。"[1]这三个挑战可以概括为不愿意开放、不知

---

[1] 邬贺铨:"大数据共享与开放及保护的挑战",http://www.cbdio.com/BigData/2017-03/28/content_5480517.htm,2017-03-28。

道开放什么、不知怎么开放的问题。之所以不愿意开放，是因为管理数据是某个政府部门特有的权力；之所以不知道开放什么，是因为对数据功能认识不清；而不知怎么开放，是因为缺乏数据开放的平台。除了这三个挑战之外，还有一个伦理认识上的问题，即不知道开放的后果是什么。

应该说围绕不愿意开放、不知开放什么、不知怎么开放和不知道开放的后果构成了对大数据开放原则的挑战。这些挑战之中，与安全有关的是不愿意开放和不知道开放的后果。之所以不愿意开放是因为管理部门担心开放之后会产生权力丧失的后果，这种安全担忧与数据技术运用无关，而是与数据管理密切相关。不知道开放的后果是与数据本身密切相关的安全问题。

上述挑战的实质是数据安全问题，尤其是隐私问题。但是，数据隐私始终是晦暗不明的，至少需要澄清两个方面的问题：① 数据共享与安全问题之间的关系样态；② 关系样态所依赖的安全概念。对于关系样态的问题，可以从三个方面理解这种相关性：其一是因果关系。即数据开放共享带来的隐私泄露等问题，隐私问题的产生是数据共享遭滥用、违法使用数据的后果。其二是相关关系。科学计量学的研究结果表明：数据共享是与隐私关系最为密切的关键词之一，其他与隐私密切相关的词汇如生物银行（biobanks）、伦理学（ethics）和 ELSI（伦理、法律和社会意义）。其三是悖论关系。一些研究者认为，在基因数据的使用问题上，在"服务"与"保护"之间存在着悖论。有的学者认为两者的矛盾不可调和。

日常后果论的解释在法学领域非常明显。美国法学家布兰代斯和沃伦发表于 1890 年的《隐私权》一文就明确指出了侵犯隐私的后果，侵害个人隐私，使人遭受精神上的痛苦和困扰，较之纯粹身体上的伤害，有过之而无不及。在信息时代，要获得数据安全，必须通过各种方式来保护数据免遭窃取和泄露。但是，这种观念有它的局限，并且有可能会妨碍大数据技术的开发利用。这里存在的问题是：如果这种后果不明显或者只涉及少数人，是否可以被忽略？所以，后果主义的解释对于后果本身的评价就会产生争议，此外评价后果的当前影响与后续影响也会成为问题。

对于后果论的解释，有些哲学家进行了比较深入的反思，如英国哲学家弗洛里迪。弗洛里迪在隐私的问题上提出了两个值得重视的观点。一是需要重新定义隐私的观念。二是分析了与隐私有关的两种重要的历史解释模式：后果论的解释模式和所有权的解释模式。在他看来，后果论的解释模式更倾向于评估隐私的结果，这种评估与保护或侵犯隐私的成本—效益分析密切相关。所有权的解释模式更倾向于对隐私本身价值的某种"自然权利"的理解，它与私人财产以及知识产权密切相关。"隐私权，是更为一般的个人受保护权——人格权——的一部分。"①这两种模式在历史上并行。对于后果论他是完全批判的，但是他对于所有权解释模式多少是接受的。在这种解释模式中，他将人类的信息本质以及作为信息体的关系考虑进去，认为我们就是信息体，与其他信息智能体共享自然和人工领域内的成就；信息是个人身份和个性的基本组成部分，是我们自身的一部分，而不是外在的持有物。

第三节　数据治理的多种路径

如今，各国政府都在广泛收集和存储个人数据（人口普查信息、身份证、指纹、照片、纳税申报表）、医疗服务信息（医疗记录和临床病史）以及银行数据（个人支出、支付交易、信贷记录）等私人信息。随着网络技术，特别是智能媒体的发展，大规模传播敏感信息的现象呈指数级增长。面对这一状况，就需要考虑应对上述伦理问题，以保护为主的治理路径就变得异常重要。对数据保护的关注可追溯到 20 世纪 60 年代的美国和欧洲（瑞典和德国）。面对数据技术发展带来的问题，学术界与技术界联手，提出了一些不同的治理方案。

一、以技术为主导的数据治理

科学家针对数据开放过程中的隐私问题，提出了很多技术上的防范方法，如密码法和迁移学习法，这些方法有效地避免了隐私泄露问题的发生。2005 年一位名为伊恩·格里格的计算机专家当时在一个叫 Systemics 的技术公司工作，

---

① ［英］卢西亚诺·弗洛里迪：《第四次革命：人工智能如何重塑人类现实》，王文革译，杭州：浙江人民出版社 2016 年版。

他提出一种名为"三式记账法"的试验性系统。他的工作领域是密码学,这个学科可以追溯到古时使用加密语言分享秘密。"密码学成为我们在计算机时代的大部分成果的基础。如果没有密码学的话,我们就无法在网上传输隐私信息,也无法在银行的网站上发起交易而不被别有用心之徒窃听。随着我们所用计算机的性能呈指数级增长,密码学对我们生活的影响越来越大。"①迁移学习法是美国杨强教授提出的,其作用就是帮助只有小数据的任务运用来自其他相关任务的大数据,从而获得更好的表现,比如贷款风控策略在不同用户类别间的迁移、推荐系统的策略迁移、舆情分析中的迁移学习等,这些方法都能够有效地防范上述技术风险的发生。以技术为主导的治理方案,已在腾讯与高德地图的应用场景中展现出来。

案例分析 7-3:为了宝贝能早日回家②

近几年,腾讯旗下的众多产品都上线了附带儿童走失信息的"宝贝回家"公益 404 页面。"您访问的页面找不回来了!但我们可以一起帮他们回家"的文案、近期走失孩子的照片与信息以及相关联络页面的跳转按钮,构成了这些 404 页面的主要内容。将这些曾经"被嫌弃"与"闲置"的网络资源利用起来做公益,既能将浪费的资源充分利用,也让互联网公司真正为公益尽到了自己切实可行的力量。不仅腾讯,大到如阿里这样的互联网巨头,小到不知名的个人站点,越来越多的网络

图 7-1 "宝贝回家"公益 404 页面

---

① [美]保罗·维格纳、迈克尔·凯西:《区块链:赋能万物的事实机器》,凯尔译,北京:中信出版集团 2018 年版,第 19 页。
② "未来你的社交账号归往何处? Facebook 给出了这个设计思考", www.sohu.com/a/330690859_719286, 2019-07-31。

科技公司与个人将自己平台的 404 页面贡献出来加入到这个公益活动中。在广袤的互联网世界里,每一次错误的访问都可能因为这个小小设计的加入帮助一个家庭脱离痛苦。

案例分析 7-4:高德的"明镜"系统解决交通难题[①]

随着算法的发展与普及,"数据分析"成为了各大公司推测用户喜好与行为并进行个性化内容精准推送的利器。比如,高德地图发布了"明镜"系统,它能够基于人工智能和大数据对城市交通进行智能分析与评价诊断,破解交通治理的难题,为城市提供高效的交通精细化管理和出行服务。高德地图有涵盖八个类别的多种交通数据的数据底盘,使得"明镜"系统能够通过 AI 算法实现对路网、路段、路口交通运行情况的监控,进而从空间、时间、强度三个维度的十余个指标对城市交通状况进行全面评价,最后给出一份完整的交通运行"体检报告"。基于这份报告,高德与交通管理者、专业机构和权威专家一同对问题进行诊断,分析导致该状况的原因,为之后的精准化综合施策提供依据。之后,高德还会对城市进行持续数据评估,以追踪交通管理政策、措施的实施和改善效果。不过发现问题只是后续精细化管理的第一步。"明镜"系统提供的精细化分析诊断要有效应用于城市交通的改进,离不开人、车、路的信息协同能力和快速触达用户的服务模式。针对这方面的进展,高德已在武汉实现了与信号灯的信息协同,通过智慧锥桶等物联网设备实现基于位置的人、车、路协同。当发生交通拥堵、事故等状况时,高德能够通过视频 AI 识别技术,第一时间感知拥堵,并通过 APP、车载导航、智慧诱导屏等手段进行零时差分流引导,从而有效降低事件影响,提升城市交通的整体运行效率。而在用户服务方面,基于人、车、路协同能力,高德还可以通过优化信号灯配时、可变车道管理等手段优化现有控制方案,基于大数据对未来交通进行预判,帮助用户更好进行出行决策。

不断加速的城市化进程加剧了交通供需矛盾,道路拥堵、交通事故、资源过

[①] 于本一:"高德地图发布'明镜'系统,用 AI 和大数据为城市交通'做体检'",摘自 GeekPark 微信公众号。2019-08-21.

度消耗成为摆在交通管理部门和出行者面前的三个难题。我们不难发现,高德利用大数据和科技手段,在"智能＋出行"的大行业背景下做出了一篇大文章。以移动导航应用为抓手的智慧交通模式,成为连接出行者与管理者的关键。"明镜"系统的出现通过大数据和人工智能对城市交通做体检,提出精细化的施策方案,为用户带来了更安全、更便捷、更绿色的出行体验。近几年,高德在全国360多个城市陆续铺开的城市大脑智慧交通公共服务版,通过一系列技术创新,不断提升服务能级。譬如基于"三急一速"等危险驾驶行为的大数据分析、动态交通事件及其语音提示、电子道路交通标志及其警告语音提示、智慧锥桶等,与全国多地政府与交管部门一起,建立起了立体化的安全预警和保障体系。而在缓解交通拥堵方面,基于实时路况的躲避拥堵功能以及多向实时路况与驾车未来规划等功能,高德将用户出行时间的节省效果扩大到了每次出行的行前、行中及行后。据毕马威与国研经济研究院的研究显示,通过合理规划路线,高德每年能够为用户节约时间超 19.3 亿小时。按照 2018 年我国居民人均 GDP 6.5 万元计算,相当于节省约 143 亿元的时间成本。

二、以个人为主导的数据治理

随着越来越多的用户数据被收集,数据隐私(Data Privacy)问题获得越来越多的关注,特别是在近年来一系列相关事件发生后,很多人都意识到数据存在的风险,从而从思想和观念上加强了自身的数据治理。牛津大学哲学教授舍恩伯格出版了一本书,名为《删除》,从观念上让我们意识到一个非常重要的变化:数据时代记忆变得非常容易,我们所有的活动和信息都以数据的形式保存在网络上;但是遗忘变得非常困难,由于信息很容易传播和转发,一旦信息传播出去,要想彻底删除就变得很困难。所以,舍恩伯格教授指出,数据时代遗忘要成为一种美德,呼吁让人们形成"被遗忘权"的意识。在个人为主导的数据治理中,个体意识就变得非常重要,可以通过观念的养成来形成有效的个人数据管理行为。但是有时候情况并非这么理想,目前已经出现了"隐私悖论"。"隐私悖论"是指人们口头上表示很在乎隐私,但行动中却表现得完全不在乎。

个人为主导的数据治理,还要通过反用户画像,防止"大数据杀熟"。

案例分析 7-5:"大数据杀熟"

2018年3月10日晚间,微博网友陈先生爆料称,在携程疑似遭遇"大数据杀熟"。他表示,日前想要在携程购买机票,显示总价格为17 548元。陈先生称,因为没有选报销凭证,于是退出重新填写。但再次支付时,却发现已经没有票了。"重新搜索,选择,价格就变成了18 987元。想到以前看到的杀熟,是不是在手机的应用上保存了什么类似cookie的信息?于是,logout,再login,再查,还是同样高了的价格。"于是他将携程卸载后重新安装,价格仍是18 987元。陈先生又下载了海航官方的APP,显示有票,价格是16 890元,比携程给出的便宜2 100多元。

有专家建议,在这种环境下,消费者必须最大程度地利用自己的知情权和选择权:一是尽量不要在同一个网站连续订票,多个平台比差价,伪装价格敏感型用户;二是这次用手机,下次就换电脑,通过多个设备及账号验证,如Android和iPhone、自身账号和好友账号等;三是更改以往购买或查阅的习惯,即反用户画像。当然,这可能也是无奈之举。良好的数据环境还需要政府主导,在法律框架下进行规范和完善。

三、以政府为主导的数据治理

下载一个APP,填上自己的信息,过几天可能会收到无数垃圾短信和骚扰电话;注册一个账号或者VIP会员,可能在不知不觉中被"连续自动续费"且找不到退出入口……类似的事情层出不穷,让互联网用户苦不堪言。央视新闻报道,如今很多程序"任性越权",用户只有无奈接受。比如一款下载量为1 998万次的手电筒软件,要求获得的权限竟然多达30项。该软件要求获得通讯录、拍摄照片和视频、录音、位置等10多项与其主要功能无关的权限。有用户质疑道,"只有手电筒照明功能,只使用摄像头即可,要通讯录这些无关的权限干吗呢?"除此以外,电信诈骗、网站密码"撞库"等风险也在不断增加,很多网民用户对此其实有着清醒的认识,但也只能无奈地承受风险,让渡隐私权。中国互联网协会发布的《中国网民权益保护调查报告2016》显示,仅在2015年下半年至2016年上半年,我国网民因为垃圾信息、诈骗信息、个人信息泄露等遭受的经济损失达

915 亿元,以 6.88 亿网民计算,人均损失达 123 元。该报告显示,网民平均每周收到垃圾邮件 18.9 封,垃圾短信 20.6 条。其中,骚扰电话是网民最反感的骚扰来源,电脑广告弹窗和 APP 推送紧随其后。在诈骗信息方面,76% 的网民曾遇到过冒充银行、互联网公司、电视台等进行中奖诈骗的网站,55% 的网民收到过冒充公安局、卫生局、社保局等工种机构进行电话诈骗的诈骗信息;47% 的网民遇到过在社交软件上冒充亲朋好友进行诈骗的情况;37% 的网民因收到各类网络诈骗而遭受经济损失。① 大数据时代,网民隐私被侵犯成为家常便饭,但是各国的立法并未能跟上数据技术发展的速度,系统的治理还需要政府层面作为主体进行。

政府主导主要涉及公共数据的管理。政府大数据是政府在履职过程中产生或获得的海量数据集、数据流、融合数据和链接数据。随着信息技术的突飞猛进和政府部门信息化工作的持续推进,政府部门积累的数据呈爆发式增长。在我国,超过 80% 的数据资源掌握在各级政府部门手里,但并未得到有效利用,故而难以实现数据驱动的政府治理创新。根据这一特点,一些学者提出了包含宏观、中观、微观各层面的数据治理体系:"在宏观层面,主要从多维度考虑大数据治理活动的要素及其关系,构建概念体系和体系框架;在中观层面,主要从某一维度考虑大数据治理的整体解决方案;在微观层面,主要从某一要素角度考虑应对策略、程序和行动。"②

政府机关发布的各类管理办法和文件,以国家命令的形式进行数据安全方面的管理。2019 年国家网信办发布《数据安全管理办法(征求意见稿)》,这份意见稿包括总则、数据收集、数据处理使用等三章,共 32 条。2019 年 5 月,全国信息安全标准化技术委员会发布《App 违法违规收集使用个人信息行为认定方法(征求意见稿)》,该征求意见稿包括七部分内容:没有公开收集使用规则的情形;没有明示收集使用个人信息的目的、方式和范围的情形;未经同意收集使用个人信息的情形;违反必要性原则,收集与其提供的服务无关的个人信息的情

---

① "史上最严数据保护法来了 侵犯网民隐私可罚 1.5 亿",http://finance.ifeng.com/a/20180528/16323541_0.shtml?_zbs_baidu_bk,每日经济新闻,2018-05-28。
② 安小米、郭明军、洪学海、魏玮:"政府大数据治理体系的框架及其实现的有效路径",《大数据》2019 年第 3 期。

形;未经同意向他人提供个人信息的情形;未按法律规定提供删除或更正个人信息功能的情形;侵犯未成年人在网络空间合法权益的情形等。2019年8月,全国信息安全标准化技术委员会发布了有关《信息安全技术移动互联网应用收集个人信息基本规范(草案)》,面向社会公开征求意见,这意味着 App 收集个人信息有了"国标"。该规范明确了 App 收集个人信息应满足的管理要求和技术要求。对于网贷 App,不应强制读取用户通讯录;对于地图导航、网络约车、即时通信等 21 种常用类型的 App,当用户拒绝提供最少信息之外的个人信息时,App 不得以任何理由拒绝该类型服务;对外共享、转让个人信息前,App 应事先征得用户明示同意。

案例分析7-6:隐私保护器

2010年9月27日,360发布了新开发的"隐私保护器",专门搜集QQ软件侵犯用户隐私的证据,随后腾讯又曝光360借色情网站推广产品,此后两边公开质疑对方存在侵犯用户隐私的行为。2010年11月3日下午,腾讯发布《致广大QQ用户的公开信》,表明今后在装有360软件的电脑上停止运行QQ软件。后来,中国互联网史上最大规模的一次用户信息泄露事件,从"谁侵犯了用户隐私"变成了"谁的行为违反了《反不正当竞争法》",最后腾讯胜诉,成为赢家,关于侵犯用户隐私一事,谁也没追究。

这个案例尽管是企业竞争过程中出现的问题,两边互相质疑对方侵犯了用户隐私,但是最后却不了了之。这给予我们两方面的启发:其一说明中国大众的隐私意识还有待于加强,还没有真正意识到我们被侵犯了什么,这样便会一直处在技术的裹挟中;其二说明国家应该对企业加强立法,明确规定企业应该遵循什么样的法律法规。

四、以跨国组织为主导的数据治理

2018年5月,欧盟《通用数据保护条例》(General Data Protection Regulation,简称GDPR)开始实施,该法案明确规定了数据保护、电信和电子通信服务、健康和医疗研究、人工智能、交通运输、能源等方面数据保护的法律框架。这一法案一经推出,便被认为是全球对用户个人数据隐私实施保护的最严格的法律。

图 7-2　GDPR 法案严格保护用户个人数据隐私

根据欧盟委员会官网的解释,该法案的管辖范围较以往大大拓展了,只要数据的收集方、数据的提供方(被收集数据的用户)和数据的处理方(比如第三方数据处理机构)有任何一方是欧盟公民或法人,就将受到该法案管辖。这也意味着,任何企业只要在欧盟市场提供商品或服务,或收集欧盟公民的个人数据,都在这部法律的管辖范围内。举例而言,如果一家中国在线销售公司的网站上,使用"面向欧洲的特惠产品""欧洲区包邮"的字样,或者标注了商品的欧元价格,就可以被视为在欧盟市场提供商品或服务,并受到该条例管辖。该法案规定,对违法企业的罚金最高可达 2 000 万欧元(约合 1.5 亿元人民币)或者其全球营业额的 4%,以高者为准。该法案重点保护的是自然人的个人数据,例如姓名、地址、电子邮件地址、电话号码、生日、银行账户、汽车牌照、IP 地址以及 cookies 等。根据定义,该法案监管收集个人数据的行为,包括所有形式的网络追踪。例如不少电商网站会自动记录客户的搜索和购物记录,以便有目的性地推荐商品。GDPR 法案规定,网站经营者必须事先向客户说明这些功能,并获得用户的同意,否则按"未告知记录用户行为"作违法处理。在过去,很多网站的用户协议形同虚设,用户可能根本没耐心看完长达几十页的数据使用条款就匆匆点击"同意"进行注册使用,这样的做法也将不再合法。GDPR 法案规定,企业不能再使用模糊、难以理解的语言,或冗长的隐私政策来从用户处获取数据使用许可。GDPR 法案还首次明文规定了用户的"被遗忘权"(right to be forgotten),即用户个人可以要求责任方删除关于自己的数据记录。① 2019 年欧盟发布了关于 GDRP 实施一周年的情况报告,总结了相关经验:如成员国逐步将 GDPR 纳入本国法律体系中;用户更加关注他们的数据权利;出现了新数据保护官(DPO)的企业职位;对欧盟境外产生了威慑力。2019 年 3 月,波兰数据保护机关(DPA)向一家公司开出了超过 94.3 万波兰兹罗提的罚金;英国 ICO 发表声明,英国航空公司因数据泄露面临 1.83 亿英镑的罚款。

2018 年 10 月 4 日,欧洲议会以 520 票支持、81 票反对的结果通过了《非个人数据自由流动条例》(Regulation on the Free Flow of Non-personal Data)。欧盟是由 28 个成员国、5 亿人组成的庞大市场,欧盟认为,如果适用同一套法律框架和规则,能让数字经济基本要素——数据、人才等——在这个庞大的市场里自由流动和配置,那欧盟市场的活力和潜力将得以完全释放。据欧盟委员会测算:如果有利的政策和立法就位,欧洲数字经济将增长 18 倍,在 2020 年占欧盟 GDP 的 4%。同时,欧盟将借此取得在数字经济上的全球领导地位。因此,"让数据自由流动"一直是欧盟建立单一数字市场战略(digital single market strategy)最核心的内容之一。而《非个人数据自由流动条例》正是为保障非个人数据跨境和跨信息系统流动而制定的,这里的"非个人数据"指的是机器生产和商业销售产生的数据等。

推荐读物

1. Koopman, Colin. *How We Become Our Data: A Genealogy of the Informational Person*, University of Chicago Press, 2019.

2. Davis, Kord. *Ethics of Big Data-Balancing Risk and Innovation*, O'Reilly Media, 2012.

3. 保罗·维格纳、迈克尔·凯西:《区块链:赋能万物的事实机器》,凯尔

---

① "史上最严数据保护法来了,侵犯网民隐私可罚 1.5 亿",http://finance.ifeng.com/a/20180528/16323541_0.shtml?_zbs_baidu_bk,每日经济新闻,2018-05-28。

译,北京:中信出版集团,2018年版。

4. 维克托·迈尔-舍恩伯格:《删除:大数据取舍之道》,袁杰译,杭州:浙江人民出版社,2013年版。

5. 卢西亚诺·弗洛里迪:《第四次革命:人工智能如何重塑人类现实》,王文革译,杭州:浙江人民出版社,2016年版。

影视赏析

1.《**全民公敌**》:这部电影主要讲述了政府官员如何通过利用国家监控工具监控和控制个人的故事。该电影故事取材于詹姆斯·班福德(James Bamford)在1983年出版的小说 The Puzzle Palace 和《巴尔的摩太阳报》在1995年刊登的系列报道。

2.《**天空之眼**》:这是一部战争剧情片,反映了如何利用数据计算为攻击行为提供合法根据的故事。

第八章
责任伦理

在传统的科技伦理教材中,几乎不会有"责任伦理"的位置。但是,作为一门充满反思性和批判性的学问,科技伦理背后的逻辑乃是人与科学技术的关系,最终目的是探讨技术如何更好地造福于人,人如何负责任地研究、应用科技。因此,对科技时代的责任概念和责任伦理进行考察,就成为题中应有之义。

责任是伦理学理论的重要概念。从广义来讲,责任伦理是指研究如何根据具体的道德要求制定出具体的责任规范,以调节人们行为的伦理学理论;从狭义上讲,责任伦理特指在 20 世纪 80 年代在德语区形成的一种新的伦理学思潮,即一种以责任问题为基础的伦理学概念。本章在介绍责任伦理的基本主张之时,尤其关注狭义意义上的责任伦理概念。

谈到责任伦理,主要有两位学者①对责任伦理做出了重要贡献。一位是德裔美籍学者汉斯·约纳斯(Hans Jonas),他在《责任原理——现代技术文明伦理学的尝试》中,不仅明确地将责任问题提升到伦理研究的中心,并详细阐明了责任原理,还在该书的姐妹篇《技术、医学与伦理学——责任原理的实践》中,分析了责任原则在医学领域的应用情况。除此之外,该书还关注德国社会学家马克斯·韦伯(Max Weber)对人类面临的伦理困境的反思,韦伯在 1919 年的题为"以政治为业"的演讲中,不仅首次提出"责任伦理"的概念,还指出了"责任伦理"与"信念伦理"的区分,这成为约纳斯构建责任伦理学的直接思想资源。

在这一章中,我们将首先围绕以上两位代表人物的思想,按照时间顺序完整

---

① 除了这两位学者之外,还有德国学者伦克(Hans Lenk)、美国学者雷德(John Ladd)等,为责任伦理学的建构作出了自己的贡献。参见甘绍平:《应用伦理学前沿问题研究》,南昌:江西人民出版社 2002 年版,第 99 页。

地梳理、阐发责任伦理学的背景、主张和观点;其次,分析当下科技发展中的责任伦理问题和经典案例;最后,反思和总结在当今智能时代下构建新的责任体系的可能途径。

第一节 责任伦理学概述

一、马克斯·韦伯的责任伦理思想

一般来讲,如果我们梳理责任伦理学的发展谱系,都是从韦伯讲起。韦伯1919年在向慕尼黑一批青年学子发表的两篇演说("以学术为业"和"以政治为业")中明确地提出"责任伦理"(Verantwonungsethik)的概念,用以表明考察行动后果的好坏对于道德判断的重要性。与此同时,韦伯还提出与之对立的另一个概念,即信念伦理(Gesinnungsethik)。这两篇演说不但呈现出了韦伯学术思想的精华,也代表了他当时作为一名"精神贵族"式的德国知识界领袖,对当时现实世界的危机做出的回应。韦伯主张,西方文明的现代进程给人类带来了"效益"和"财富",同时也使得人的精神和文化都奔向了"价值分裂",出现了他所说的"意义丧失"的欧洲文化危机、"自由丧失"的进步危机、"工具理性泛滥"的理性危机。

面对这样一个分裂的世界,韦伯本人不想在"拯救信仰"上做出努力,他以为这样的努力注定是徒劳的。相反,韦伯主张应该本着"科学的诚实",坦然接受这个矛盾的价值世界,他认为,任何没有勇气承认这一事实的行为,都是自欺欺人的懦弱表现。另外,韦伯指出,其实最令人感到厌恶的,并不是统一价值世界的解体,而是在这个无意义的世界里,出现了一些假冒伪劣的精神偶像。他说:"今天我们在每一个街角和每一份杂志里,都可以看到这种偶像崇拜。这些偶像就是'个性'和'个人体验'。人们不惜困苦,竭力要'有所体验',因为这就是'个性'应有的生活风格,如果没有成功,至少也要装成有这种天纵之才的样子。"[①]对此,正如学者考察指出,韦伯这里所指的是一些文人中流行的神秘主义思潮。在

---

① [德]马克斯·韦伯:《学术与政治》,冯克利译,上海:上海三联书店1998年版,第6—7页。

这种神秘主义思潮中,"通向真实存在之路""通向艺术的真实道路""通向真正的自然之路""通向真正的上帝之路""通向真正的幸福之路",如今已被驱逐一空。①

基于这样的立场,韦伯才做出了著名的"责任伦理"和"信念伦理"的区分。按照韦伯的理论观点,社会行为是理解社会学的基本单位。他认为有四种社会行为,即目的理性式行为、价值理性式行为、情感行为以及传统行为。从伦理的角度,社会行为可区分出"伦理行为"。进一步地,在伦理行为中,又可以细分为以责任伦理为准则和以信念伦理(意图伦理)为根据的两种伦理行为。

在韦伯这里,所谓责任伦理是指,衡量行为的道德属性或伦理价值在于行为的"后果"。按照责任伦理的观点,评价一个行动者的规范标准就在于,他是否能预先考虑自己行动的各种后果,进而以可预见性的"行为后果"负责地规制自己行动的方向、确定自己行动的计划,并且勇于为自己的行为后果承担责任。所谓信念伦理是指,不从行为的后果(外部因素)衡量行为的道德属性或伦理价值,相反,从行动者的内在信念去评价一个行为的伦理价值。据此,行动者无须对行为的后果负责,而只需要按照内心的信念行事。按照韦伯的观点,信念伦理有两个特征:第一,它是"绝对命令",也就是说,信念伦理是一种"绝对伦理",遵守信念伦理是绝对的、无条件的;第二,它是"不问后果"的。

限于篇幅,我们在这里无法对韦伯的责任伦理详细地展开叙述,只是有一点我们不可不察:韦伯通过区分两种伦理行为,强调在行动的领域中责任伦理的优先性,他的用意是明显的,他希望提醒政治家不但要为自己的目标做出决定,而且敢于为行为的后果承担起责任。据此,韦伯尤其强调,政治家要以责任伦理为准则,要对政治行为的可能后果有清晰的认识,在做出政治选择的时候要"顾及后果"。

二、汉斯·约纳斯的责任原理及其道德实践

应该说,韦伯的思想为约纳斯的理论提供了基础,尤其是韦伯对"责任伦理"与"信念伦理"的区分,直接成为约纳斯区分"责任原理"与"希望原理"这两种观

---

① [德]马克斯·韦伯:《学术与政治》,冯克利译,上海:上海三联书店1998年版,第34页。

念的最重要的思想资源。那么,约纳斯为什么要反对在现代社会提倡一种"希望原理"？这就涉及到责任伦理学兴起的背景。

责任伦理学是在当代崭新的社会历史背景下产生的,反思现代科技的后果,是责任伦理学的基本理论向度。按照汉斯·约纳斯的分析,科技文明在造就一个新时代的同时,也深深地改变了人类的生活方式和行为本质。那么,伦理学如何回应这种被改变了的生活和行为,这就成了责任伦理学的基本问题域。约纳斯在他的《责任原理》一书中指出,技术作为一种"和平""建设性"力量,固然有益于人类的生存与发展,但是日益凸显的环境危机、生态危机等问题也时刻提醒我们,技术已成为一种威胁人类未来生存的力量。对此,约纳斯在开篇开宗明义地写道:"技术也可能朝着某个方向达到了极限,再也没有回头路,由我们自己发起的这场运动最终将由于其自身的驱动力而背离我们,奔向灾难。"①由此可见,从基本立场来讲,约纳斯与当代所有的伦理学家一样,他在发表其《责任原理》时,也是基于对当代的科学技术文明已经带来的以及可能带来的令人不安的后果。在前言中有这么一段话:"普罗米修斯最终摆脱了锁链:科学使它具有了前所未有的力量,经济赋予它永不停息的动力。解放了的普罗米修斯正在呼唤一种能够通过自愿节制而使其权力不会导致人类灾难的伦理。"②由此可以看出,约纳斯对科学技术发展的反思和批判,并不是"后现代的"赶时髦,而是伴有深厚的人文和忧患意识。

1. 技术对人类行为性质的改变

在阐明了责任伦理学产生的背景之后,再来看约纳斯的具体论证。首先,约纳斯认为,科技的发展伴随着的是技术的性质以及人性的变化。

第一,人类为了自身的生存,必须改造甚至征服自然。人类社会雏形是村落与城市,城市具有对外抵御自然威胁、对内促成文明的作用,其特点是"围"而不是"扩张"。在那个时候,人类对技术的发明与使用一方面是被迫的,另一方面作用又是相当渺小的,渔民捕鱼技术不会对鱼种的繁衍构成威胁,农民耕种的技术

---

① [德]汉斯·约纳斯:《责任原理——现代技术文明伦理学的尝试》,方秋明译,香港:世纪出版社2013年版,第2页。
② [德]汉斯·约纳斯:《责任原理——现代技术文明伦理学的尝试》,方秋明译,香港:世纪出版社2013年版,第1页。

无损于大地自身的恢复能力。但在技术的发展过程中,这一关系发生了质的变化,人对自然的干涉已经危及自然本身的恢复与再生能力。更甚之,对人类生存条件即自然的破坏,最终有可能达致人类的自我毁灭。用约纳斯的话来讲便是"战线"已经转移了,"以前面对江河的肆虐泛滥,我们应该保护自己;但是到了今天,不是江河威胁人类,而是人类威胁江河,因此我们应该保护江河不受人类的伤害。自然曾对我们构成威胁,但今天是我们威胁自然。危险包围着我们,我们被迫在危险中生存,但对我们构成威胁的,则是我们自己"①。

第二,近代以来的科学,特别是自然科学,其内在性质有着与古代科学截然不同的特点,它不仅含有纯思辨的理论知识,而且也包含着有目的性的实际行动。也就是说,这种科学研究中的行动与人类其他行为一样,只要是行动,就势必要与关涉行动后果的"责任"之道德概念相联系,势必要受到法律与伦理的制约。技术是为了人类改善自己的命运而发明的一种工具,在人类的进步过程中,技术发挥的作用是无法被低估的。即便是在今天,人类为了战胜贫穷、饥饿、疾病以及自然灾害等,仍然离不开科学的发展与技术的创新。但是,科学技术亦成了一种"独立的力量",它不再是人类为了达到某个目的而使用的工具,而是具有自身的发展目的。现代技术已经成为一个无限的前进推动力,成为人类具有重大意义的活动。

第三,高科技的发展对人类的行为性质产生了深远的影响,且这种影响越来越难以估量。对于每一个个体来说,其行为带来的可能后果是很难回答的。在伦理学中非常重要的"善""恶"标准便变得难以确定,因为科学与技术创新得到的成果是用于造福人类还是损害人类,这类问题已经不是某个科学家个人甚至某个科学分支所能解决和回答的了。因此,从某种意义上,我们可以说社会化的技术活动是人类社会的集体冒险活动,甚至是一个后果无法预料的赌注。既然是冒险与赌注,便有一个输与赢以及成本与回报的比例问题,不能用他人的东西做赌注,在事关大局的问题上不能孤注一掷。因此,树立责任伦理的观念非常重要。

---

① [德]汉斯·约纳斯:《责任原理——现代技术文明伦理学的尝试》,方秋明译,香港:世纪出版社2013年版,第4页。

以上是约纳斯从分析技术对人类行为性质的改变入手,强调责任伦理的必要性,下文将阐述约纳斯如何从学科的角度说明构建一种责任伦理学迫在眉睫。

2. 对传统伦理学的挑战

技术之作用与性质的变化,对伦理学提出了新的挑战,因为传统的基本上以正义、仁爱、诚实等道德要求为中心的伦理学是在过去的历史背景下出现的,亦是针对当时的行为产生的。这类伦理学至今仍然有效,只是面对新的变化了的形势显得非常力不从心,约纳斯指出,"以至于先前的伦理学体系再也不能容纳它们了"①。

按照约纳斯的看法,所有传统的以及现有的伦理学理论,均以以下三个基本假设为前提:① 人类的处境是由人的性质与物的性质决定的,这一基本处境是不会变的;② 以此为基础,不难确定何为善、何为恶;③ 人类行为所涉及的范围可以得到具体的描述。在约纳斯看来,现有的伦理学理论均是着眼于此时此地人应该如何行动这个问题而展开的,对未来的考虑所占有的比重不大;它们均着眼于人际关系,很少或者几乎没有涉及自然本身的价值、权利与意义。可以说,现有的伦理理论均未顾及全球范围内人类的生存条件、自然本身的承载能力,没有顾及遥远的人类与世界的未来,甚至没有顾及人类作为一种物种的整体存在。约纳斯认为在当下的科技时代中以上的三个基本前提已经不再成立。他指出,过去,人类的知识与能力均很有限,无法在预测中顾及遥远的未来,更不可能亦无必要将整个地球纳入自己的因果意识中。伦理学的任务不是猜测不可知的命运中可能出现的后果,而是着眼于某个具体行为本身的道德性。但在技术时代,伦理学的对象却不再是单一具体的个人行为,而是以因果的方式影响到遥远未来的社会化集体行为。在这个范围内,行为者、行为以及行为后果已与近距离范围内的所作所为有了本质上的区别。

概括地说,如约纳斯所分析的:"有效的行为规则要运用到由新的行为对象所拓展了的领域中去;而且在一种更为根本性的意义上意味着,我们的某些行为

---

① [德]汉斯·约纳斯:《责任原理——现代技术文明伦理学的尝试》,方秋明译,香港:世纪出版社2013年版,第12页。

在性质上的新特征已经打开了一个全新的伦理学领域,这在传统伦理学的道德标准和规范中是从未料想到的。"①对此,约纳斯强调,如果说伦理学与人类的行为有关,那么相应地,人类行为的改变就要求伦理学的改变。由此,伦理学的对象不再是单一具体的个人行为,而是以因果的方式影响到遥远未来的集体行为,它首先应该着眼于不可知的命运中可能出现的后果。

一句话,新的处境和危机,呼唤新的解决方案。② 所有这一切均将"责任"推到了伦理学理论的中心。约纳斯强调指出,人的行为已经涉及整个地球,其后果影响到未来。因此,假如我们认识到工业技术所带来的负面影响是全球性的,不再局限于某一块地方,假如我们看到了其影响的长远性,那么便会发现现有的伦理学关注的范围太小,有必要将其从时空上扩展补充一下,即关心未来、关心自然、关心后代和关心整个生命界与生态界。伦理学的现实关切,已经并不是使未来的人类生活得更好,而是抢救与保护其生存基础。由此可见,约纳斯的责任伦理的核心是要求人对自然、自身及子孙后代承担责任和义务。

3. 新的伦理学方法:恐惧震慑启迪法

从上面的论述,不难发现约纳斯的基本出发点不仅仅是对现实的观察,更重要的还是出自于对遥远未来的可怕的预设。应该说,约纳斯对现实的观察基本上可以得到公认,他对现代技术的哲学分析也是颇为深刻的。至于对未来的预测,这就涉及责任伦理学的方法论——"恐惧震慑启迪法"③。在约纳斯看来,自休谟以来,人类知道因果世界观是行不通的,因为只有知道了得出某个结果的所有原因时,我们才有可能预测出其可能出现,而且我们是永远无法知道所有原因的。进化论更是向人类展示了未来是无法被预测的,因为将会出现的变异是无法被预测的,而那些类似"占卜"的预测确实没有任何用处。按照马克思主义的历史观,人们可以预测未来是美好的,甚至说这是不以人的意志为转移的历史"规律",人类每走一步就是前进一步,倒退则是违背历史"规律"。人们还可以论

---

① [德]汉斯·约纳斯:《责任原理——现代技术文明伦理学的尝试》,方秋明译,香港:世纪出版社2013年版,第5页。
② [德]汉斯·约纳斯:《责任原理——现代技术文明伦理学的尝试》,方秋明译,香港:世纪出版社2013年版,第4页。
③ [德]汉斯·约纳斯:《责任原理——现代技术文明伦理学的尝试》,方秋明译,香港:世纪出版社2013年版,第2页。

证一切包括未来都是无法改变的,因为是命中注定的,人的自由不过是人的幻想;相信技术的人,可以把问题"拖"到以后解决,因为技术的发展是无限的,总会有办法解决的;如果相信全能上帝,我们甚至可以认为假如上帝愿意的话,最终会拯救人类与地球。

但是,约纳斯假设,未来等待着我们的不是天堂,很可能是深渊。预测的非确定性适用于所有预测,既然如此,约纳斯的预测有什么特别之处呢?为什么会比其他类型的预测更具有合理性? 其实,约纳斯的"恐惧震慑启迪法",其特别之处正在于它是"卜凶"。面对可能出现的灾难,对于所要寻找的伦理原则而言,"卜凶"恰恰是非常重要的,"卜凶"远比"卜吉"有用。"卜吉"虽然是可以理解的,因为人类的生活离不开梦想;但是在技术时代,梦想与技术的结合使得过去"显得"美好的各式各样的"乌托邦主义"变成对今日人类的最危险的诱惑,这一作用原理即"希望原理"。为了避免这一诱惑,约纳斯认为"恐惧震慑启迪法"的基本立场是应该大力提倡"卜凶",即在灾难还没有出现的情况下,为了预防灾难的出现而提前预想灾难的严重程度及可怕性。他论述道:"将要出现的危险如同远方的雷震,听不见雷声却已经能够看到闪电。危险的全球性以及人类的没落已经有预兆。从预兆中可以发现伦理原则,从这些原则中可以引申出新型的权利以及人类应该承担的新型的义务。"①约纳斯称此为"恐惧的震慑启迪法",其意思是说,我们应该一方面采用科学能够提供的一切手段,另一方面发挥我们的想象力,尽可能准确地甚至尽可能"坏"地设想我们今天的"任意"行为在遥远的未来会产生的后果。如果深思熟虑,我们便会对未来可能出现的景象感到恐惧。"恐惧"是一种带有规范性的情感作用,从情感中会产生启迪,迫使我们善待生命,谨慎从事。

至此,我们阐明了约纳斯为什么要反对在现代社会提倡一种"希望原理",接下来,我们将继续考察约纳斯"责任原理"的具体内容。

4. 责任原理

首先需要指明的是,"责任"是个非常复杂的概念,当我们要围绕责任构建伦

---

① [德]汉斯·约纳斯:《责任原理——现代技术文明伦理学的尝试》,方秋明译,香港:世纪出版社2013年版,第7页。

理原则的时候,至少有三个方面值得考虑:对什么负责,即责任的对象与范围是什么?向谁负责?谁负责?如果按照德国著名技术哲学家汉斯·伦克(Hans Lenk)在《应用伦理学导论——责任与良心》一书中对"责任"的定义:某人/为了某事/在某一主管面前/根据某项标准/在某一行为范围内负责,我们可以简单勾勒一下约纳斯的观点。

责任的对象包括人类的生存环境、未来人类的命运以及自然的完整性。在这里其实已经假设了人类永远存在,而且是在自然中存在,自然不但可供我们使用,而且有其自身价值与目的。这样,向谁负责的问题也就清楚了,当然是向自然以及未来的人类负责。负责任的是我们自己,即每一个现在活着的人,其预设前提当然是我们能够为我们的行为负责,再深一层次的意思是,人类行为是自由的。如此一来,约纳斯责任伦理学的基本特征也就清楚了,它所强调的责任,是指一种"预防性"或者说"前瞻性"责任。

约纳斯主张,伦理学关涉的范围应该在时空上进行拓展,要求我们对可能出现的长远后果负责,即关心未来、关心自然、关心后代,关心整个生命界与生态界,"与其说是当代人的行为领域,不如说是无限的未来,构成了责任的相应范围。这就需要一种新的律令"①。总之,责任伦理以一种带有前瞻性、长远性与整体性的伦理准则指导人类的行为,意在尽可能减少未来发展中的"危险"因素。换言之,约纳斯责任伦理的目标以及着眼点不是追求最大的"善",而是避免极端的"恶",不是要我们朝着某一方向前进,而是提醒我们前方可能是深渊。与传统的伦理相比较,责任伦理在空间上要求我们对人以外的自然负责,在时间上要求我们尊重与保护未来人类及未来世界的尊严与权利;在责任主体方面,它既关注具体的个体行为,更强调人类的整体行为。因此约纳斯说,责任伦理学的出现,就是为私人和公共领域提出一种至今仍然缺失的责任理论,据此,我们可以未雨绸缪,建立一种科学的未来学。

这就是约纳斯责任伦理学的基本思想。人类对未来负责,约纳斯这一出发点基本上可以被接受。但是,要从理论上说明这一命题必须得到公认,却有一定

---

① [德]汉斯·约纳斯:《责任原理——现代技术文明伦理学的尝试》,方秋明译,香港:世纪出版社2013年版,第16页。

的困难,因为仍需要进一步阐明,这种宏观的"远距离"的责任的内在根据是什么,即未来责任的义务性基础在哪里。约纳斯将这一理论工作界定为形而上学的或本体论的论证。

5. 责任原理的形而上学论证

责任伦理学作为一种面向人类未来的新的伦理学,必须解决其自身的形而上学问题。换言之,责任伦理学必须继续依赖形而上学的反思奠基其基础。

这里首先面临的第一个形而上学问题是,为什么人一般地应该在世界中存在,为什么人的生存要保证有未来?这就是责任伦理学需要奠基的基本问题。约纳斯解释道,这里所说的未来不是我们的子孙,而是子孙的子孙,甚至是那些与我们个人没有任何血缘关系的"他人",那些与某个具体民族无关的"外人"。对此,人们或许会产生疑问,既然自然的进化在以前某个时刻产生了人类,那么很可能在以后的某个时刻人类也会突然消失。别的物种有的早已灭亡,有的正在灭亡,为什么必须保证人类的继续存在?

"为什么是有而不是无?"约纳斯试图从本体论的角度回答上述问题。约纳斯认为,所有生命皆追求生命,并且把"无"即存在的对立面看作是无处不在的对生命的威胁。这种对生命的追求或者说求生欲本身就是对"无"的否定,这里所表现出来的是对生存的渴望与肯定。约纳斯称这种意义上的"对生命的肯定"为"所有价值的基本价值",是"本身的原善"。约纳斯在这里给出的实际上是形而上学中的经典答案:在价值上,存在高于虚无。生命有价值,自然中表现出来的均是对生命的肯定。因此,在道德上讲,尊重生命、敬畏生命就有了义务性基础。个体是否有权利自杀这是个可以讨论的问题,但是,人类应该有一个未来,因为"人类没有权利自我毁灭"这一点是不容置疑的。这是从本体论层面得出的义务,是一个无条件的命令律。

从伦理学的角度看,义务总是与权利相辅相成的,他人对我的合理要求,即是我对他人的义务。约纳斯认为,我们不仅仅有义务为未来的人类着想,亦有义务保护自然,并且更为重要的是,这不是出于我们人类自身的缘故。这就提出了一个非常关键的问题,即人类要承认自然有权利要求我们这样做。我们有义务尊重自然,不仅仅是因为我们需要它,更是因为自然有其自身的尊严与生存的权利;我们有义务保护自然,不仅因为它有使用价值,更是因其有自身价值。约纳斯用了一个形象的比喻：自然如同一个有生命但是还不会说话的嗷嗷待哺的婴儿，它以自己赤裸裸的存在足够说明了自己有受到保护的权利，我们有保护它的义务。因此，保护自然恰恰不是为了人类自己的利益，而是自然有其自己的尊严和权利。阐明自然自身是否具有价值，这是约纳斯责任伦理的第二个形而上学问题。

那么，自然是什么？自然曾经是神明居住的地方。在基督教信仰中，自然被看作是上帝专门为人类而创造的，人类有权征服它，当然也要爱护它；在中国传统文化中，自然可被看作是人类特别是圣人效法的对象，所以天无二日，人无二王。只是这一切不再是现代人对自然的感受和解释了。在现代科学的解释中，自然是科学研究的"对象"，是一个被"解魅"的"物体"。在此背景下，要还自然以自身的尊严与价值是困难的。约纳斯在论证时指出，自然本身有没有自己的尊严与权利，过去的伦理学没有讨论这个问题，是因为没有必要讨论。然而，在技术文明时代，基于技术的发展，人以外的自然界实际上已经受到人类行为的制约。由此，约纳斯认为，自然不是我们的私有财产，而是托管给我们保护的财产。由于是托管人，被托管者有权利要我们履行自己的义务，不仅不能损害它们，而且必须保护它们。

提出和解决形而上学问题，是为了像康德实践哲学那样，建立一个普遍有效的绝对命令：要如此行动，使你的行为的后果与真正的人类在世生活的持续性相一致。这是约纳斯责任原理的具体内涵。责任伦理本质上是一种未来的伦理学。为了人类的未来，我们需要技术，但更需要智慧。然而我们这个时代却崇尚聪明，并不怎么看重智慧。但是，为了避免大家均不愿看到的结果，我们需要一种真正的智慧，需要尽可能准确地评估自身的行为所可能产生的详细后果。因而，面对人类所面临的困境，面对科学特别是技术所赋予我们的前所未有的力量和可能，约纳斯的责任伦理学提出了一系列值得我们深思与讨论的设想。虽然在其论证上可能有不少难以解决的问题，但我们不能等哲学家论证清楚了才去行动。

最后，值得注意的是，约纳斯还将其责任原理运用到现代技术中，尤其是运用到生物学和医学领域。在《技术、医学与伦理学：责任原理的实践》一书中，约纳斯也力求基于责任原则对现代技术做出伦理学评估。约纳斯认为，责任原理实践最恰当的范例是医学。约纳斯把责任伦理思想贯彻到现代生物技术和医学技术之中,分析了现代技术中具体的伦理道德问题,比如医疗技术与人的责任、优生学与基因技术、微生物、配子与合子,以及脑死亡与器官移植、安乐死的技术与死亡权等问题。约纳斯在追问现代技术何以成为哲学研究对象时曾说:"由于技术在今天延伸到几乎一切与人相关的领域——生命与死亡、思想与感情、行动与遭受、环境与物、愿望与命运、当下与未来,简言之,由于技术已成为地球上全部人类存在的一个核心且紧迫的问题,因此它也就成为哲学的事业,而且,必然存在类似技术学的哲学这样的学科。"[1]总之,现代技术成为哲学批判和伦理学评估的对象,是有其内在的理论依据和现实的实践背景。正是技术能力的无限潜能,最终提出了形而上学的问题。伴随着现代技术成为哲学的对象,关于对人类期望值的反思,对人的决定与选择的反思,或者关于对人之为人的内在根据和人的形象的反思,就变得更加紧迫了,这些核心问题,正是关于现代技术的伦理学反思,"伦理学必须在技术事件中说点什么,或者,技术受到伦理学评估,这个结论来自这个简单的事实:技术是人的权力的表现,是行动的一种形式,一切人类行动都受道德的检验"[2]。这一点是毋庸置疑的。

第二节 责任伦理的经典案例分析

在梳理了责任伦理学的概念内涵和基本主张之后,下文结合具体的案例,深入反思科技发展中的责任伦理问题,以便考察责任伦理对科技创新、社会进步及经济发展等方面的理论和实践意义。

一、智能自主系统发展中的责任伦理问题

随着科技日新月异,智能无人自主系统成了人工智能中最重要的应用之一,

---

[1] [德]汉斯·约纳斯:《技术、医学与伦理学——责任原理的实践》,张荣译,上海:上海译文出版社2008年版,第1页。
[2] [德]汉斯·约纳斯:《技术、医学与伦理学——责任原理的实践》,张荣译,上海:上海译文出版社2008年版,第24页。

智能自主系统已经不再是科幻电影中的虚构之物,无人驾驶就是一个很好的例子。简单来讲,无人驾驶是指利用车辆内安置的传感器、计算机、雷达等高科技设备和软件替代人类驾驶员对路面整体环境进行感知并做出决策,实现车辆自身空间位置的移动。从目前无人驾驶技术的发展来看,无人驾驶技术的影响不仅是在汽车产业,与其相关的还有农业、工业及军事等。其中,就无人驾驶技术对交通运输产业的影响而言,虽然无人驾驶技术在提高道路交通的安全、效率、经济以及最大程度上减少交通事故、缓解交通拥挤、降低能源消耗等方面,均有不可否认的益处,但是,无人驾驶给社会带来的伦理挑战也是我们不能忽视的。从无人驾驶技术出现至今第一次致行人死亡的事故(Uber无人车致死事件)中,可以看到,无人驾驶技术对现行法律中关于产品责任认定问题构成了巨大的挑战。

案例分析 8-1:Uber 自动驾驶车撞人致死

美国时间 2018 年 3 月 19 日晚上 10 点多,亚利桑那州坦佩市的一条道路上,Uber 自动驾驶车辆在测试过程中与推着自行车在人行道上行走的行人相撞,行人在送往医院后不幸身亡。事故发生后,美国国家运输安全委员会(NTSB)和国家公路交通安全管理局(NHTSA)介入调查。坦佩市的警察局局长 Sylvia Moir 调查当时在自动驾驶车内的 44 岁测试车手 Rafael Vasquez 时,观察了车内和车外的监控摄像头后说:"通过观看视频,很明显,无论当时汽车处于何种模式(自动驾驶或人为驾驶)下,都很难避免这种碰撞。"①那么,一个棘手的问题摆在面前,自动驾驶车撞人致死应该由谁承担责任?交通事故的责任主体如何划分?该事故是由汽车制造商还是无人驾驶系统软件商或乘客来负责?与此相关的汽车保险与赔偿如何适用法律?

如果按照现有交通法规的规定,我们应该在行为人的主观过错基础之上划

---

① "全球首例!Uber 无人驾驶车辆撞人致死!",http://www.sohu.com/a/226001343_414087,2018-03-21。

分责任主体,但是无人驾驶汽车的特点恰恰是"驾驶员"不再操控车辆的行驶。当然,车祸事故的发生也可能是车辆的制造缺陷、编程漏洞或系统故障等造成的,因此,我们或许可以尝试着按照产品质量法来处理事故。但是显然,事故也有可能是安全员的过错造成的,因此产品质量法也无法全面地规制无人驾驶的法律责任问题。

2017年6月,德国公布了全球第一个针对无人驾驶汽车的道德规则。这些规则包括:保护生命优先于其他任何功利主义的考量,道路安全优先于出行便利,必须遵守已经明确的道路法规;无人驾驶系统要永远保证比人类驾驶员造成的事故少;人类生命的安全必须始终优先于对动物或财产的保护;为了辨明事故承担责任方,无人驾驶车辆必须配置始终记录和存储行车数据的"黑匣子";不得对必须在两个人的生命之间做出选择的极端情况进行标准化设定或编程;法律责任和审判制度必须对责任主体从传统的驾驶员扩大到技术系统的制造商和设计者等变化做出有效调整;当发生不可避免的事故时,任何基于年龄、性别、种族、身体属性或任何其他区别因素的歧视判断都是不允许的;虽然车辆在紧急情况下可能会自动做出反应,但人类应该在更多道德模棱两可的事件中重新获得车辆的控制权;等等。当然,这一法规中的规则仍然是一些比较一般的原则规范,但它们强调了保障人的生命安全高于一切——高于功利、高于便利、高于财产、高于动物的生命。尽管这一法规肯定还需要在某些方面细化,也需要不断结合道德原则和现实情况进行重新审视、补充和修改,但它的确提供了一个宝贵的可供讨论的样本。[①]

另外,值得注意的是,截止目前我国暂未允许无人驾驶汽车上路,但是美国已有内华达州等多个州允许无人驾驶汽车上路。目前尽管汽车公司可以开发出全自动驾驶汽车,但是,不管是法律法规的制定,还是政府监管却不能在短时间内跟上技术发展的步伐,因此,我们亟需构建新的责任规则。

二、荷兰鹿特丹港的"负责任创新"实践

那么,我们应该如何着手构建新的责任规则?近年来,一种新的发展理

[①] 何怀宏:"现代伦理如何应变高科技时代?",信睿周报微信公众号,2019-08-20。

念——"负责任创新",给我们提供了重要的启示。简单来讲,"负责任创新"作为一种可持续发展的理念,其核心是将责任要素纳入到发展体系中,注重伦理责任和经济效益的有机结合,强调社会对科学技术发展的导控建构。目前,这一理念已被列入欧盟2020年远景规划,学界称之为"人类共同追求的理想",美、英、德、法、荷与中国等都开展了"负责任创新"的研究和实践活动,比较经典的案例是"荷兰鹿特丹港马斯弗拉克特二期项目"。

案例分析8-2:荷兰鹿特丹港项目

2008年,荷兰鹿特丹港启动了马斯弗拉克特二期项目(MV2)。该项目的最初设计方案可能对环境造成污染,尤其是有可能导致港口的鸟类死亡。因此,在项目进行的初期,荷兰六个政府单位、鹿特丹管理局和六个非政府部门共同举办了为期近六个月的会议,该项目的决策者、工程师、科学家等均积极同利益主体举行了会谈,经过科学的严密的可行性论证后,项目取得了工程挖掘、环境保护、生物种群保护、公共工程等方面的许可。最为重要的是,在项目开展的每一个阶段,均体现和贯彻了负责任创新的理念。"负责任创新"包括预测、反思、协商和反馈等维度。"'预测'维度指的是对与科学实验或工程项目本身直接相关的潜在影响与风险进行预测,使风险能够被认知、管理和控制在可接受范围内;'反思'维度指的是为使项目顺利进行,需要考虑到符合相关规定,确保实验的合法性;'协商'维度指的是在与不同的利益相关者进行对话的过程中,了解对自然影响的不确定性;'反馈'维度指的是通过一种回顾机制来对项目进行评估和反思,这要求研究者把视野不仅局限于项目本身,而且考虑到项目对社会和伦理道德的影响。"[①]

荷兰鹿特丹港的"负责任创新"实践,开启了技术创新活动的一个新视角,成为"负责任创新"实践的经典案例。对此,有学者基于荷兰鹿特丹港的负责任创新实践,反思总结出负责任创新"四维度"理论模型,即"预测—反思—协商—反馈",这一模型对于探讨如何构建新的责任体系有着重要的理论意义和实践

[①] 王前、晏萍:"'负责任创新'理念简介",《中国社会科学报》2016年1月19日。

意义。

三、杭州"五水共治"负责任治理实践

随着"负责任创新"理念的兴起,我国也在一些城市的港口和高新园区实践"负责任创新"的理念和方法。实际上,通过杭州"五水共治"负责任治理的案例可以看到,我国在保护生态环境、加强决策的科学化和民主化、构建新的责任规则等方面做了很多努力,这些举措与"负责任创新"理念是一致的。

案例分析 8-3:杭州"五水共治"工程

2013年,浙江省委十三届四次全体(扩大)会议作出了"五水共治"的重大决策。所谓"五水共治"是指将五种水问题共同治理,这项工程具体包括:治污水、防洪水、排涝水、保供水、抓节水。在工程的具体开展过程中可以看到,杭州的"五水共治"工程的核心是负责任治理理念,将治理目标设定为长效的可持续发展,在实施方法论上坚持了"负责任创新"的理念。

"五水共治"的具体举措有以下几个方面:第一,责、权、利明晰的"河长制"。所谓"河长制",是指"一条河道、一名领导、一个班子、一套制度、一抓到底"的机制。这项制度创新地解决了"谁来负责、怎么负责"的难题,建立了"市级牵头、县为主体、乡镇执行、村居为基本依托"的责任体系,以及日常巡查制度、动态监管制度、责任追究制度等河长履职管理制度。每条河道的河长均由各级党政主要负责人担任,负责组织领导相应河湖的管理和保护工作,河长身上肩负着对河湖治理的首要责任,"河长制"让以前无人监管、被肆意污染的河流有了专门的"管家"来重点治理和维护。第二,社会协同履责的"联动制"。所谓"联动制",是指整个工程以大局意识和共同的责任为出发点,实行跨区域联合治水、协同治水,建立了联动一体化、联防责任化、联治高效化、联商常态化的治水机制,构建了省、市、县、乡镇、村"五级联动"的治水网络,形成了良好联动体系。通过跨市、跨县、跨乡联防联治,从而形成治水合力,协同作战与共同履责,在此基础上制定了《关于加强跨行政区域联合治水的指导意见》,用以指导和监管联合治水行动,不同区域相互联合、共同协作,从而推动"五水共治"的长效运行,促进生态环境可

持续发展。第三,跟踪督导的"考核制"。顾名思义,"考核制",即考核督导制度。具体的如"月通报、季督查、年考核"的工作体系和"督导组挂钩市"的督导制度,设立"大禹鼎"为"五水共治"工作的最高奖,用以表彰治水成绩优异的地区,与此同时,对工作滞后地区的主要负责人进行约谈,考核结果作为领导干部年度考核的重要内容和依据,等等。①

综上,"五水共治"负责任治理实践,作为一个典型的中国问题的解决方案,为我国社会责任体系构建的战略研究提供了一个经典的案例,与此同时,也促进"负责任创新"理念的丰富和发展。

第三节　创新驱动战略与责任体系构建的可能路径

创新是引领发展的第一动力,科技创新是全面创新的核心,是提高社会生产力和综合国力的战略支撑。如今,中国正在实施创新驱动发展战略,建设世界科学技术强国。《国家创新驱动发展战略纲要》明确提出中国科技事业发展的"三步走"目标:到2020年进入创新型国家行列;到2030年完善国家创新体系,进入创新型国家前列;到2050年,拥有世界一流的科研机构、研究型大学和创新型企业,涌现出一批重大原创性科学成果和国际顶尖水平的科学大师,优化创新的制度环境、市场环境和文化环境,把我国建成世界科技创新强国。创新型国家具有完善的国家创新生态系统,自主创新能力强、创新效率高,具有支持创新的良好经济社会环境,国家创新生态系统能够支撑国家的经济社会发展需要。而要实现这样的目标,就要不断提高中国在全球科技治理中的影响力和规则制定能力。从责任伦理的视角出发,如何构建新的责任体系已然成为我们面临的一项重要任务。

一、坚持共同责任的基本原则

目前科技创新已经呈现出跨界融合的新特征。相应地,科技创新的责任主

---

① 参见丛杭青、顾萍、沈琪:"杭州'五水共治'负责任治理实践",《东北大学学报》(社会科学版)2018年第2期。

体、应用主体和受众群体,也不再是单一的,而呈现出多元的、链条式的特征。因此可以说,树立共同责任的观念是构建新的责任体系的总体理念。对于这一理念,可以参见国家新一代人工智能治理专业委员会发布的人工智能治理的框架和行动指南——《新一代人工智能治理原则——发展负责任的人工智能》。治理原则突出了发展负责任的人工智能这一主题,强调了和谐友好、公平公正、包容共享、尊重隐私、安全可控、共担责任、开放协作、敏捷治理等八条原则。[①] 显然,这一治理原则突出了责任伦理这一主题,更为重要的是,其中第六条原则就明确写明"共担责任"原则,具体内容如下:"人工智能研发者、使用者及其他相关方应具有高度的社会责任感和自律意识,严格遵守法律法规、伦理道德和标准规范。建立人工智能问责机制,明确研发者、使用者和受用者等的责任。人工智能应用过程中应确保人类知情权,告知可能产生的风险和影响。防范利用人工智能进行非法活动。"

二、明确科学家应当承担伦理责任

科学家由于其本身具有的专业知识,成为科技创新的主要群体,相较于一般公众而言,他们在很大程度决定了科技的发展方向,因此,他们应该承担对研究与创新的未知影响和结果进行预测的责任。对此,如日本物理学家朝永振一郎主张的,科学家必须承担责任的原因是因为他比任何一般的人都事先更深入地知道他的发现所可能带来的后果。

在 2019 世界人工智能大会治理主题论坛上,中国青年科研人员团体发布了《中国青年科学家 2019 人工智能创新治理上海宣言》,强调人工智能发展要遵循伦理责任、安全责任、法律责任和社会责任,展现了中国青年科学家参与推动全球人工智能伦理道德发展的担当与使命。[②] 在伦理责任方面,宣言呼吁制定相关法律法规,明确用户权属,加强隐私保护意识,发展隐私保护算法和技术,以公开、透明、合法的方式收集和使用数据。人工智能应遵循公平、无歧视原则,对不

[①] "发展负责任的人工智能:我国新一代人工智能治理原则发布",http://www.xinhuanet.com/tech/2019-06/17/c_1124634478.htm,新华网,2019-06-17。
[②] 《人工智能治理上海宣言》发布,AI 发展要遵循四大责任,http://stcsm.sh.gov.cn/P/C/162025.htm,2019-08-30。

同人群提供无偏见服务;应从系统工程角度出发,构建数据多样、算法无偏见的人工智能系统,提升用户体验的公平性。宣言指出,人工智能应符合人类价值观和利益,要制定可被广泛认可的人工智能道德规范,提出遵循道德规范的算法、产品设计技术框架,作为推理和决策时共同遵守的基本原则。在安全责任方面,宣言指出,人工智能应是安全、稳健的,要将技术鲁棒性和安全性贯穿于整个研究过程,提供安全可信系统,提高系统抗攻击和自我修复的能力。人工智能算法应是透明且易被解释的,要致力于开源、可解释性研究,增加非黑盒算法研究,多层面提高透明度,以证明其结论和行为符合道德参考框架。在法律责任方面,人工智能应是可审计、可追溯的,要确定测试基准及部署流程与规范,保证算法可验证,逐步完善对人工智能系统的问责与监管机制。人工智能应具备供用户自主选择的权利,要提供透明、可理解的决策解释和交互手段,允许用户参与、监督或干预决策过程。在社会责任方面,人工智能应为人类的可持续发展赋能。要开展诸如模型裁剪与优化、高效能硬件架构、绿色数据中心等环境友好的研究与服务。人工智能研究者应将人类福祉摆在优先地位,注重人工智能应用研发的民生导向,考虑用户的数字福祉,创造更具幸福感的工作和生活方式。

三、制定和完善具体可行的政策与法规

目前科技发展的不确定性使人们越来越意识到,一种总体的伦理规范的建立,并不足以应对未来可能面临的伦理挑战。显而易见,我们还需要从政策与法规的角度,制定出具体可行的法律条文来规制与监督技术创新过程。只有建立完善的法律法规和政策体系,优化管理机制,完善治理体系,保障利益相关者的权益,才能促使科技创新更加具有活力。例如,2017年7月的《国务院关于印发新一代人工智能发展规划的通知》、2017年12月工信部印发的《促进新一代人工智能产业发展三年行动计划(2018—2020)》和2019年7月24日中央全面深化改革委员会第九次会议审议通过的《国家科技伦理委员会组建方案》等政策法规,将保障科技创新活动行稳致远。

四、加强公众的参与度和创新教育

当前技术发展的重大决策大多是由政府、科研单位和企业等机构的专家做

出的,但是技术发展所产生的后果主要面对的是公众。因此,提高公众参与程度,提升公众权益保护意识和科技风险感知预测能力,以及培养公民责任意识甚为重要。例如可以通过信息公开的渠道、知识与技能培训、公众数据权益意识培养等为公众参与提供资源与平台。为保证公众平等参与技术创新决策讨论提供条件,《新一代人工智能治理原则——发展负责任的人工智能》中的"包容共享"原则就凸显出这一要求。

责任问题是当前科技时代伦理问题中非常重要的议题,对此,借用我国应用伦理学研究专家甘绍平的话,可以表述为:"责任伦理学对人类未来面临的内在困境的反思,恰如其分地体现了当代社会在技术时代的巨大挑战面前应有的一种精神需求和精神气质,责任原则也被公认为是解决当代人类面临着的复杂课题的最适当、最重要的一个原则。"[①]

推荐读物

1. 甘绍平:《应用伦理学前沿问题研究》,南昌:江西人民出版社,2002年版。

2. 汉斯·约纳斯:《责任原理——现代技术文明伦理学的尝试》,方秋明译,香港:世纪出版社,2013年版。

3. 汉斯·约纳斯:《技术、医学与伦理学——责任原理的实践》,张荣译,上海:上海译文出版社,2008年版。

4. 马克斯·韦伯:《学术与政治》,冯克利译,上海:上海三联书店,1998年版。

5. 美国科学、工程与公共政策委员会:《怎样当一名科学家——科学研究中的负责行为》,刘华杰译,北京:北京理工大学出版社,2004年版。

影视赏析

1.《切尔诺贝利》:5集迷你美剧,讲述的就是那宗闻名的人为灾难事件。背景在1986年的乌克兰,剧中描述当时究竟发生了什么导致事故发生,以及当

---

① 甘绍平:《应用伦理学前沿问题研究》,南昌:江西人民出版社2002年版,第99页。

年勇敢的众人是如何牺牲自己拯救处于灾难中的欧洲。

2.**《流浪地球》**：根据刘慈欣同名小说改编，故事设定在2075年，讲述了太阳即将毁灭，地球已经不适合人类生存，而面对绝境，人类将开启"流浪地球"计划，试图带着地球一起逃离太阳系，寻找人类新家园的故事。

第九章
科研伦理

20世纪以来,科研活动已经从以个人兴趣为中心、强调自由探索和学界自治的业余活动,发展为高度专业化的一种社会建制。随着科研从业人员的不断增多,科研资源相对稀缺,对学术荣誉及与之密切相关的各种利益的追求也日益激烈,引发了科研从业人员的价值冲突,产生了导致科研不端行为的职业和社会诱因。20世纪80年代以后,科学道德与科研伦理作为一个社会问题开始受到国际社会的普遍重视。

如何理解科学、如何科学规范地进行科学研究,这些都建立在对科学技术的本质以及科学精神、科学方法的理解之上。如今,科学技术在不断揭示客观世界和人类自身规律的同时,极大地提高了社会生产力,改变了人类的生产和生活方式,同时也发掘了人类的理性力量,带来了认识论和方法论的变革,形成了科学世界观,创造了科学精神、科学道德与科学伦理等丰富的先进文化,不断升华人类的精神境界。一般而言,人们往往从科学的物质成就上去理解科学,而忽视了科学的文化内涵及社会价值。科技界也不同程度地存在着科学精神淡漠、行为失范和社会责任感缺失等令人遗憾的现象。因此,对科研伦理、科学精神等进行总结分析就显得很有必要。

第一节 科研伦理与科学道德

在东西方伦理思想史上,"道德"与"伦理"表达了非常相近的含义,但在词源学上又有细微的区别。"道德"关注的是做人的美德、品行、修养或德性;而"伦理"关注的是人与人之间应有的行为规范或准则,是对人类道德现象的系统思考。当涉及应该做什么样的人或做什么事,而这种做人做事会影响到他人的利益时,就进入了伦理领域,引发的问题就是伦理问题,包括"该不该做""应该怎样做",等等。科学研究活动本身涉及伦理道德,身处象牙塔的科研人员也会成为道德主体,科研活动也会成为道德研究的对象。科研人员应遵循科学共同体公认的的行为准则或规范,及时调整自身与合作者(包括其他科研人员、资助者、受试者、社会公众/消费者)、科研人员与物(包括试验动物、生态环境等)之间的关系,合乎伦理地开展研究工作。这就引出了"科研伦理"和"科研道德"两个概念。鉴于"伦理"与"道德"的细微区别,"科研伦理"和"科研道德"的含义也各有侧重。

科学研究是一种涉及科研人员、科技辅助人员、课题资助方、社会公众/消费者、政策制定者等诸多活动主体的社会活动。身处于一个开放的、动态的复杂社会人际网络中的科研人员,在科研活动中要获取受试者的知情同意,尊重隐私、公正地分配负担和收益,研究方案要有可接受的"风险—受益比",规避潜在的经济利益冲突,合乎伦理地开展科学研究活动。科研伦理是指科研人员与合作者、受试者和生态环境之间的伦理规范和行为准则,而科研道德考察的是科研人员自身的道德修养、品行及杜撰、抄袭、剽窃及学术不当行为产生的根源、表现、危害及对策。在科学研究活动中,科研伦理和科研道德可能会同时进入人们的视野,黄禹锡丑闻事件就是明证。韩国科学家黄禹锡在干细胞研究中进行"数据造假",这是一个科研道德问题,但他在女性研究人员不情愿的情况下,胁迫其捐卵子用于科学研究的行为又违背了知情同意原则,这是一个科研伦理问题。大多数情况下,科研伦理和科研道德都是纠缠在一起的,因此,本章将两个问题合并处理:一方面界定什么是科学精神、科学道德准则与科学家的社会责任;另一方面,也会对学术不端的根源、表现、危害和对策等进行梳理,从正反两方面为科研活动保驾护航。

一、科学精神

在国外关于"科学精神"的研究中,美国科学社会学家罗伯特·默顿(Robert Merton)的论述最为系统。1942年,默顿在《科学的规范结构》一文中提出,科学的精神气质(ethos)是指约束科学家的价值和规范的综合体,科学共同体理想化的行为规范可概括为普遍性、公有性、无私利性和有条理的怀疑性,被科学家内化形成科学良知。尽管科学的精神特质并没有被明文规定,但可以从体现科学家的偏好、从无数讨论科学精神的著述和对违反精神特质的义愤的道德共识中找到。关于科学精神的论述有很多,国内外学者较为认同的观点是,科学精神是在长期的科学实践活动中形成的、贯穿于科研活动全过程的共同信念、价值、态度和行为规范的总称。科学精神的内涵可以概括为:求真精神、实证精神、进取精神、协作精神、包容精神、民主精神、献身精神、理性的怀疑精神、开放精神,等等。2007年,中国科学院向社会发布的《关于科学理念的宣言》涉及"科学的精神""科学的价值""科学的道德准则"和"科学的社会责任"等四个方面,由此大致界定了"科学精神"的外延。一般说来,科学精神具有如下规定性:

(1) 科学精神是对真理的追求。不懈追求真理和捍卫真理是科学的本质。科学精神体现为继承与怀疑批判的态度,科学尊重已有认识,同时崇尚理性质疑,要求随时准备否定那些看似天经地义实则囿于认识局限的断言,接受那些看似离经叛道实则蕴含科学内涵的观点,不承认任何亘古不变的教条,认为科学有永无止境的前沿。

(2) 科学精神是对创新的尊重。创新是科学的灵魂。科学尊重首创和优先权,鼓励发现和创造新的知识,鼓励知识的创造性应用。创新需要学术自由,需要宽容失败,需要坚持在真理面前人人平等,需要有创新的勇气和自信心。

(3) 科学精神体现为严谨缜密的方法。每一个论断都必须经过严密的逻辑论证和客观验证才能被科学共同体最终承认。任何人的研究工作都应无一例外地接受严密的审查,直至对它所有的异议和抗辩得以澄清,并继续经受检验。

(4) 科学精神体现为一种普遍性原则。科学作为一个知识体系具有普遍性。科学的大门应对任何人开放,而不分种族、性别、国籍和信仰。科学研究遵循普遍适用的检验标准,要求对任何人所做出的研究、陈述、见解进行实证和逻辑的衡量。

(5) 科学精神还体现在从事科学研究的科学家身上。在传统时代,科学研究是科学家个人的事情。作为个体,科学家是追求真理的化身,他们肩负着民族的希望,自身有更高的道德水准。在当前时代,科学研究更多是由不同国家和地区科学家共同合作开展的。

当前,在新的时代背景下,我们提倡的科学精神还应当是充满高度人文关怀的科学精神,也即科学精神同人文精神的相互渗透、融合和统一。人文精神是一种普遍的人类自我关怀,表现为对人的尊严、价值、命运的维护、追求和关切,对人类遗留下来的各种精神文化现象的高度珍视,对全面发展的理想人格的肯定和塑造。人文精神的基本含义就是:尊重人的价值,尊重精神的价值。科学精神和人文精神是人类在认识与改造自然、认识与改造自我的活动中形成的一系列观念、方法和价值体系。它们是贯穿在科学探索和人文研究过程中的精神实质,是展现科学和人文活动内在意义的东西。相对于科学精神而言,人文精神较注重非理性的因素,主要表现为:以人为尺度,追求善和美;在肯定理性作用的前提下,重视人的精神在社会实践活动过程中的作用等。总体上讲,人文精神尊重人的价值,注重人的精神生活,追求人生的真谛,强调社会的精神支柱和文化繁荣的重要性,重视生产的人文效益、产品的文化含量等。在现实生活中,人文精神引导着人类文明的走向。如果说科学精神注重解决"是什么"的问题,那么人文精神的侧重点则在于研究"应该怎样"的问题。在科学精神的指引下,科学技术取得了巨大的成就;而只有在人文精神的指导下,科学技术才能向着最有利于人类美好发展的方向前进。在某种意义上,人文精神与科学精神可以说是承载和导引人类社会前进的两条轨道,缺失了其中的任何一条,社会就无法顺利前进。

二、科学道德

科学道德可以从多个方面表现出来,除了科学家的道德维度,还有科学研究本身的道德性。从根本上来说,科学研究是最为典型的、高级的、创造性的人类活动。如研究宇宙、有机物、无机物等自然物的奥秘,研究人的意识等,这种活动能够给人类带来好处,同时也会带来风险。所以,这种活动必须用严格的道德标准加以制约和规范,否则就会产生极其不利的后果。正如爱因斯坦发现 $E=mc^2$ 的公式后,写信给时任美国总统罗斯福,告诉他这一公式的威力所在,指出需要很好地加以规范和利用。所以,科学研究只有在一个和谐的环境中才能健康开展。基于此,科学道德准则的内容主要包括:

(1) 诚实守信。诚实守信是保障知识可靠性的前提条件和基础,从事科学职业的人不能容忍任何不诚实的行为。科研工作者在项目设计、数据资料采集分析、科研成果公布以及求职、评审等方面，必须实事求是；对研究成果中的错误和失误，应及时以适当的方式予以公开和承认；在评议评价他人贡献时，必须坚持客观标准，避免主观随意。

(2) 信任与质疑。信任与质疑源于科学的积累性和进步性。信任原则以他人用恰当手段谋求真实知识为假定，把科学研究中的错误归之于寻找真理过程的困难和曲折。质疑原则要求科学家始终保持对科研中可能出现错误的警惕，不排除科研不端行为的可能性。

(3) 相互尊重。相互尊重是科学共同体和谐发展的基础。相互尊重强调尊重他人的著作权，通过引证承认和尊重他人的研究成果和优先权；尊重他人对自己科研假说的证实和辩驳，对他人的质疑采取开诚布公和不偏不倚的态度；要求合作者之间承担彼此尊重的义务，尊重合作者的能力、贡献和价值取向。

(4) 公开性。公开性一直为科学共同体所强调与践行。传统上公开性强调只有公开的发现在科学上才被承认和具有效力。在强调知识产权保护的今天，科学界强调维护公开性，旨在推动和促进全人类共享公共知识产品。

三、科学家的社会责任

当代科学技术渗透并影响人类社会生活的方方面面。当人们对科学寄予更大期望时，也就意味着科学家承担着更大的社会责任。那么科学家，尤其是中国的科技工作者，应该担负什么样的社会责任呢？

(1) 鉴于当代科学技术的试验场所和应用对象牵涉到整个自然与社会系统，新发现和新技术的社会化结果又往往存在着不确定性，而且可能正在把人类和自然带入一个不可逆的发展过程，直接影响人类自身以及社会和生态伦理，因此要求科研工作者必须更加自觉地遵守人类社会和生态的基本伦理，珍惜与尊重自然和生命，尊重人的价值和尊严，同时为构建和发展适应时代特征的科学伦理做出贡献。

(2) 鉴于现代科学技术存在正负两方面的影响，并且具有高度专业化和职业化的特点，因此要求科研工作者更加自觉地规避科学技术的负面影响，承担起对科学技术后果评估的责任，包括对自己工作的一切可能后果进行检验和评估；一旦发现弊端或危险，应改变甚至中断自己的工作；如果不能独自做出抉择，应暂缓或中止相关研究,及时向社会报警。

(3) 鉴于现代科学的发展引领着经济社会发展的未来,这要求科研工作者必须具有强烈的历史使命感和社会责任感,珍惜自己的职业荣誉,避免把科学知识凌驾于其他知识之上,避免科学知识的不恰当运用,避免科技资源的浪费和滥用。因此科研工作者应当从社会、伦理和法律的层面规范科学行为,并努力为公众全面、正确地理解科学做出贡献。

(4) 在变革、创新与发展的时代,在中华民族实现伟大复兴的历史进程中,必须充分发挥科学的力量。这种力量,既来自科学和技术作为第一生产力的物质力量,也来自科学理念作为先进文化的精神力量。科技工作者必须践行正确的科学理念,承担起科学的社会责任,为建设创新型国家、构建社会主义和谐社会做出无愧于历史的贡献。

以上主要说明了科学精神和科学的道德规范等问题。从分析中可以看出,科学道德与科学家及其研究行为是紧密联系在一起的。但是,科学说到底还是人类活动,会受到一些客观环境和人性弱点的影响,因此,也会有很多违反科学道德规范或者学术不端等行为发生,需要我们理性地认识到这些现象产生的根源,并且进行预防和惩治。

第二节　学术不端的表现及其危害

在实际的科研活动中,有两类行为存在:一类是符合学术道德的研究行为,如严谨地收集数据、科学地分析数据以及在研究成果上规范署名等;另一类是学术不端行为。关于学术不端的理解,在不同国家和地区有不同的规定,需要我们进行区分。从表现形式看,世界主要国家的学术界都比较倾向于严格界定三类科研不端行为,即杜撰、篡改、剽窃(FFP)。在我国科技界,有学者称这三类行为为科学研究中的"三大主罪"。

一、国外对学术不端行为的不同理解

对于学术不端行为,不同国家有不同界定。大多数国家都从"行为"角度去

理解,中国偏重于"违背社会道德""违背科学共同体公认道德"的规定。

1. 美国

1989年,美国公共卫生服务局(PHS)将学术不端定义为"在计划、完成或报告科研项目时有伪造、弄虚作假、剽窃或其他严重背离科学界常规的做法"。1995年,美国科研道德建设办公室(ORI)组建的科研道德建设委员会给出的界定是:"科研不端行为是盗取他人的知识产权或成果、故意阻碍科研进展或者不顾有损科研记录或危及科研诚信的风险等严重的不轨行为。这种行为在计划、完成或报告科研项目,或评审他人的科研计划和报告时,是不道德的和不能容忍的。"2000年底,白宫科技政策办公室给出了一个"标准定义",它保留了美国公共卫生服务局1989年定义中的"伪造""弄虚作假"和"剽窃"这三要素。

2. 德国

德国马普学会于1997年通过、2000年修订的《关于处理涉嫌学术不端行为的规定》中列出了"被视为学术不端行为方式的目录",指出:"如果在重大的科研领域内有意或因大意做出了错误的陈述、损害了他人的著作权或者以其他某种方式妨碍他人研究活动,即可认定为学术不端。"

防范与惩治科研不端行为大致分为五个步骤:① 预防:颁布良好科学行为规范。在大学里也有相关的专门课程。② 恢复秩序:一旦发现违规事件立即着手处理,以恢复良好的学习和科研秩序。③ 通知第三方参与:如果不端行为涉及第三方,如资助方时,要令其知晓。④ 惩治:对于大学生按相应规定(如考试纪律等)或法律执行;对于大学聘用的职员或年轻科学家,则可能会解雇或开除;对于学位论文作假的按规范的程序执行;对于教授则不会随意解雇,因为在德国,教授属于国家雇员,因此必须有严重的违规行为才可能受到惩罚。⑤ 程序结果:一个大学一般有一个申诉专员,并承担有关的调解工作;若发现有科研不端行为,则交给一个由三人组成的专家组进行调查,并在得出调查结论后,为大学领导提供对有问题的教授进行非官方制裁的建议(学校不能随意取消其继续任教的权利)。

3. 其他国家对学术不端的界定

英国维康(Wellcome)基金会对学术不端行为的界定与马普学会大致相同。瑞典对学术不端的定义是:"有意捏造数据来修改研究进程的行为;剽窃其他研究者的原稿、申请书、出版物、数据、正文、猜想假说、方法等行为；用以上方法之外的方法修改研究进程的行为。"丹麦对学术不端的定义是："修改、捏造科学数据的行为；纵容不端行为的行为。"挪威对学术不端的定义是："在进行科学研究的申请、实行、报告时，明显违反现行伦理规范的行为。"芬兰则认为学术不端是"有违科学研究良心，发表捏造、篡改或不正确处理研究结果的论文"。澳大利亚国家健康与药品研究所和校长委员会 1997 年 5 月联合发表的《关于科研行为的联合声明和规范》对不正当的科研行为也进行了定义："指虚构、伪造、剽窃或其他有关的行为。这些行为从根本上偏离了科学界一致公认的科研项目的申请、实施和发表的准则。"

二、中国对学术不端行为的认定

在中国，比较公认的学术不端行为是指研究和学术领域内的各种编造、作假、剽窃和其他违背科学共同体公认道德的行为；滥用和骗取科研资源等科研活动过程中违背社会道德的行为。有好多文件对学术不端行为进行了界定。

1. 中国科协《科技工作者科学道德规范（试行）》（2007 年）

相关内容如下：

第十八条 学术不端行为是指，在科学研究和学术活动中的各种造假、抄袭、剽窃和其他违背科学共同体惯例的行为。

第十九条 故意做出错误的陈述，捏造数据或结果，破坏原始数据的完整性，篡改实验记录和图片，在项目申请、成果申报、求职和提职申请中做虚假的陈述，提供虚假获奖证书、论文发表证明、文献引用证明等。

第二十条 侵犯或损害他人著作权，故意省略参考他人出版物，抄袭他人作品，篡改他人作品的内容；未经授权，利用被自己审阅的手稿或资助申请中的信息，将他人未公开的作品或研究计划发表或透露给他人或为己所用；把成就归功于对研究没有贡献的人，将对研究工作作出实质性贡献的人排除在作者名单之外，僭越或无理要求著者或合著者身份。

第二十一条 成果发表时一稿多投。

第二十二条 采用不正当手段干扰和妨碍他人研究活动，包括故意毁坏或扣压他人研究活动中必需的仪器设备、文献资料,以及其他与科研有关的财物;故意拖延对他人项目或成果的审查、评价时间,或提出无法证明的论断;对竞争项目或结果的审查设置障碍。

第二十三条 参与或与他人合谋隐匿学术劣迹,包括参与他人的学术造假,与他人合谋隐藏其不端行为,监察失职,以及对投诉人打击报复。

第二十四条 参加与自己专业无关的评审及审稿工作;在各类项目评审、机构评估、出版物或研究报告审阅、奖项评定时,出于直接、间接或潜在的利益冲突而作出违背客观、准确、公正的评价;绕过评审组织机构与评议对象直接接触,收取评审对象的馈赠。

第二十五条 以学术团体、专家的名义参与商业广告宣传。

2. 七部委关于印发《发表学术论文"五不准"》的通知(2015年)

针对近年来发生的多起国内部分科技工作者在国际学术期刊发表论文被撤稿、给我国科技界国际声誉带来极其恶劣影响的问题,中国科协、教育部、科技部、卫生计生委、中国科学院、中国工程院、国家自然科学基金会等七部委于2015年12月联合印发《发表学术论文"五不准"》的通知。此次发布的"五不准",显示出我国科技界严厉打击学术不端行为的决心和力度。内容如下:

不准由"第三方"代写论文。科技工作者应自己完成论文撰写,坚决抵制"第三方"提供论文代写服务。

不准由"第三方"代投论文。科技工作者应学习、掌握学术期刊投稿程序,亲自完成提交论文、回应评审意见的全过程,坚决抵制"第三方"提供论文代投服务。

不准由"第三方"对论文内容进行修改。论文作者委托"第三方"进行论文语言润色,应基于作者完成的论文原稿,且仅限于对语言表达方式的完善,坚决抵制以语言润色的名义修改论文的实质内容。

不准提供虚假同行评审人信息。科技工作者在学术期刊发表论文如需推荐同行评审人,应确保所提供的评审人姓名、联系方式等信息真实可靠,坚决抵制同行评审环节的任何弄虚作假行为。

不准违反论文署名规范。所有论文署名作者应事先审阅并同意署名发表论文,并对论文内容负有知情同意的责任;论文起草人必须事先征求署名作者对论文全文的意见并征得其署名同意。论文署名的每一位作者都必须对论文有实质性学术贡献,坚决抵制无实质性学术贡献者在论文上署名。

3. 中国教育部《高等学校预防与处理学术不端行为办法》(2016 年)

其中第二十七条对学术不端进行了界定:"经调查,确认被举报人在科学研究及相关活动中有下列行为之一的,应当认定为构成学术不端行为:(一)剽窃、抄袭、侵占他人学术成果;(二)篡改他人研究成果;(三)伪造科研数据、资料、文献、注释,或者捏造事实、编造虚假研究成果;(四)未参加研究或创作而在研究成果、学术论文上署名,未经他人许可而不当使用他人署名,虚构合作者共同署名,或者多人共同完成研究而在成果中未注明他人工作、贡献;(五)在申报课题、成果、奖励和职务评审评定、申请学位等过程中提供虚假学术信息;(六)买卖论文、由他人代写或者为他人代写论文;(七)其他根据高等学校或者有关学术组织、相关科研管理机构制定的规则,属于学术不端的行为。"

4. 中共中央办公厅、国务院办公厅印发《关于进一步加强科研诚信建设的若干意见》(2018 年)

通知指出:"从事科研活动和参与科技管理服务的各类人员要坚守底线、严格自律。科研人员要恪守科学道德准则,遵守科研活动规范,践行科研诚信要求,不得抄袭、剽窃他人科研成果或者伪造、篡改研究数据、研究结论;不得购买、代写、代投论文,虚构同行评议专家及评议意见;不得违反论文署名规范,擅自标注或虚假标注获得科技计划(专项、基金等)等资助;不得弄虚作假,骗取科技计划(专项、基金等)项目、科研经费以及奖励、荣誉等;不得有其他违背科研诚信要求的行为。"

5. 科技部、教育部等二十部委印发《科研诚信案件调查处理规则(试行)》(2019年)

文件对"科研失信行为"进行了明确界定,包括:"(一)抄袭、剽窃、侵占他人研究成果或项目申请书;(二)编造研究过程,伪造、篡改研究数据、图表、结论、检测报告或用户使用报告;(三)买卖、代写论文或项目申请书,虚构同行评议专家及评议意见;(四)以故意提供虚假信息等弄虚作假的方式或采取贿赂、利益交换等不正当手段获得科研活动审批,获取科技计划项目(专项、基金等)、科研经费、奖励、荣誉、职务职称等;(五)违反科研伦理规范;(六)违反奖励、专利等研究成果署名及论文发表规范;(七)其他科研失信行为。同时,要求:任何单位和个人不得阻挠、干扰科研诚信案件的调查处理,不得推诿包庇;科研诚信案件被调查人和证人等应积极配合调查,如实说明问题,提供相关证据,不得隐匿、销毁证据材料。"

文件还对被调查人、所涉单位、上级主管部门等各方人员的职责分工做出明确规定,规范了科研诚信案件的举报、受理、调查、处理和申诉复查以及监督机制等流程。这是一份涵盖科研活动全流程、统一的调查处理规则,使科学技术活动违规行为、科研诚信案件有了更细化、更具操作性的调查处理指南。

以上所列只是几份比较重要的文件对学术不端的认定,这些规范旨在倡导实事求是、坚持真理、严谨治学的优良风气,保障学术自由,促进学术交流、学术积累与学术创新,保护知识产权,反对在科学研究中急功近利、损人利己、沽名钓誉和弄虚作假。

三、学术不端行为的分类

1. 根据动机分类:学术不端行为主要分为主观故意型和无意识型

主观故意型,是指存有主观的违反学术规范意图的行为。如20世纪90年代,美国物理学家索卡尔为了验证人文学者是否理解科学,故意编造了一篇论文并且发表,后来引发了很大的争议,这个事件就是"索卡尔事件"。在整个事件中,索卡尔的意图非常明确,通过造假来验证他人。2003年,某高校一名叫陈进的教授造假一枚芯片,并宣称自主研发,骗取了大量科研资金,最后东窗事发。调查发现其购买了国外芯片并打磨掉原始标识,再打上自己公司的标识。这个被称为"汉芯一号"事件的当事人陈进很明显存有不良的主观意图。

无意识型,是指没有故意违反学术规范的意图,而是没有意识到自己行为产生的危害。这一点容易理解,就是在不知情的情况下做出的违反学术不端的行为。

2. 根据专业分类:学术不端行为可以分为专业类和非专业类

专业类学术不端主要涉及专业实验数据的伪造、篡改等。如井冈山大学化学化工学院讲师钟华和工学院讲师刘涛从2006年到2008年在《晶体学报》(E卷)发表的70篇论文存在造假现象,并被一次性撤销。这些文章存在两类问题:一类是伪造、篡改实验数据;一类是学术不严谨、记录不准确造成的错误。

非专业类学术不端主要指涉及伦理规范和法律规范的行为。如韩国的黄禹锡在研究过程中非法买卖卵子,违反了伦理规范;上文提到的"汉芯一号"事件的当事人陈进的主要目的是通过造假骗取大量的经费,这就涉及法律问题。这类情况还是比较多见的,如日本的松本和子在科研过程中挪用经费、韩国的黄禹锡利用首席科学家的身份侵吞政府研究经费等。

案例分析 9-1:韩国"克隆之父"造假风波

2004年和2005年,时任首尔大学教授的黄禹锡,领导研究团队先后在《科学》杂志上发表论文,宣布成功克隆人类胚胎干细胞和患者匹配型干细胞。在事发之前,他的科研生涯可谓顺风顺水,并成为"克隆先锋"。他的主要科研成果是:1995年研制出超级乳牛,1999年培育出全球首头克隆牛,2004年培育出首只克隆狗"斯纳皮"。

但是在2005年底,有关黄禹锡干细胞学术造假的丑闻逐步被揭露,有人指出黄禹锡在《科学》杂志上发表的论文照片中的胚胎干细胞有相同或相似之处,在世界学术界引起震动。12月16日,黄禹锡请求《科学》撤销论文,随即提出辞去首尔大学教授之职,并就造假事件向外界道歉。但是这件事情仍继续发酵。韩国文化广播公司新闻节目《PD手册》报道黄禹锡在研究过程中"取用研究员的卵子"的丑闻。面对上述指控,首尔大学成立调查委员会进行调查,调查持续了3年多。2009年,调查有了基本的结论。负责调查黄禹锡造假事件的首尔国立大学调查委员会卢贞惠处长在记者会上宣布了调查结果:这不是一起单纯的失误,而是蓄意造假的重大事件。经调查核实,黄禹锡教授论文所指11个克隆胚胎干细胞系中,9个是伪造。2009年10月26日,韩国法院裁定,黄禹锡侵吞政府研究经费、非法买卖卵子罪成立,被判有期徒刑2年,缓期3年执行。

3. 根据科研过程的分类

科研过程可分为立项、实施、成果发表和成果评议等几个阶段,每个阶段都有可能出现学术不端行为,具体如表9-1[①]:

表9-1 科研过程不同阶段的学术不端行为

环节	主体	表现形式
科研立项	科研人员	申请课题时夸大科研能力
	科研管理组织	课题审批、科研经费分配掺杂政治、人情因素
科研实施	科研人员	① 篡改、编造、剽窃数据,伪造辅证 ② 引用他人成果不注明出处、继续别人的思想研究不作任何交代 ③ 滥用科研资源
成果发表	科研人员	① 一稿多投 ② 将一篇文章化整为零为多篇发表
	科研名流	① 导师或科研项目负责人占有学生或其他科研人员成果 ② 在没有参与的研究成果上署名
	学术刊物编辑	① 对名人轻信,放松对其论文的审查 ② 发"人情稿"
成果申报、评议	科研人员	成果申报时作虚假陈述
	评审专家	碍于各种人情,对科研成果作不公正的评价

---

① 潘晴燕:《论科研不端行为及其防范路径探究》,复旦大学博士学位论文,2008年。

案例分析 9-2：科研申请中的杜撰

李某某事件发生于 20 世纪 90 年代，是第一次我国科研不端行为问题引起社会大规模的关注。1993 年淮北煤矿师范学院原讲师李某某在基金项目申请书中列举了 25 篇"本人在国外杂志上发表的科研成果"，至少有 23 篇是虚构的，其中 21 篇不是查无此文，就是文章无此作者，2 篇系逐字逐句抄自外籍作者的文章。基金委撤销了李某某承担的国家自然科学基金项目，无限期取消其申请国家自然科学基金的资格。

其实，李某某为达到基金申请的目的，不惜编造自己的科研经历，这已经不仅仅是技术上的科研不端行为，也涉及其为人的诚信问题。

4. 根据学术不端行为本身的分类[①]

表 9-2 各类学术不端行为

性 质	内 容	表 现 形 式
伪造类不端行为	编造数据	根本未进行任何观察与实验，捏造不存在的数据
	篡改数据	以一些实验结果为基础推测实验结果，对另一些与推测结果不同的实验结果进行修改
	拼凑数据	按期望值任意组合实验结果，或者把与期望值不符的实验结果删除，只保留与期望值一致的实验结果
剽窃类不端行为	完全剽窃	除署名外全部照抄
	部分剽窃	段落抄袭而不注明出处
	改写式剽窃	翻译外文、重新组合段落与结构
僭越类不端行为	荣誉署名	给没有任何直接的、实质性的贡献的人以论文署名
	僭越署名	在论文署名时贬低贡献大的人或拔高贡献小的人

案例分析 9-3：舍恩事件

德国科学家舍恩 1998 年加入美国新泽西的贝尔实验室，工作期间，先

[①] 潘晴燕：《论科研不端行为及其防范路径探究》，复旦大学博士学位论文，2008 年。

后与20多位研究人员合作,在短短两年多的时间里,他一口气在《科学》《自然》和《应用物理通讯》等全球著名的学术刊物上发表了近90篇论文。2002年,他通过伪造数据,用所谓的"分子晶体管"糊弄权威期刊编辑在内的许多人,过于嚣张的他甚至在不同的学术论文中使用一样的数据。

他的实验结果在其他科学家随后进行研究时却根本无法重复,因而遭到一些同行的质疑。贝尔实验室组建了针对其实验的独立调查委员会,在为期3个月的调查中,委员会发现舍恩至少有9篇论文存在数据问题,舍恩在被指控的24处地方至少存在16处学术行为不检。舍恩的学术造假事件震动了整个科学界,成为物理学史上最大的丑闻。

之后,贝尔实验室解雇了舍恩,他带着耻辱回到了德国。他在德国的工作单位——马普研究所也撤销了给他的聘书,康斯坦茨大学则收回了他的博士学位,而各大期刊也将他的论文整批整批地撤销。

四、学术不端行为的影响

学术不端行为,绝不仅仅是单纯的个人道德问题,而是一个关系学风和社会可持续发展的大问题。对此,我们必须对其危害性有清醒透彻的认识。

第一,学术不端行为造成了学术资源和学术生命的极大浪费。学术不端意味着社会资源配置的扭曲和低效。为了争夺国家有限的学术资源,一些人受利益驱动,弄虚作假,骗取国家科研经费。有的学者利用自己的身份和地位,优先为自己安排科研经费和科研项目。有些早有定论并已有成果的科研问题,却还在反复立项研究、发表论文、申报成果;或是改头换面,向不同的部门申请立项。由于低水平重复,缺乏原创性研究,造成学术资源的极大浪费,致使学术研究的产出率低下。学术不端产生的结果必定是学术垃圾和学术泡沫。中国作为一个发展中国家,在知识进步方面的投入还远远不足,但学术不端行为却使这宝贵的社会资源白白浪费了。学术不端不仅是对社会有限资源的浪费,也是对学者学术生命的浪费,更何况有些人根本不去追求学术创新,而一味弄虚作假,剽窃抄袭,心甘情愿地浪费学术生命和学术资源,对国家、社会及其个人贻害无穷。

第二,学术不端行为破坏正常的学术秩序,扼杀创新活力。创新是学术的生命,没有创新就没有真正的学术,学术不端则直接伤害学术自身的创新和发展。那些视学术为牟取科研经费和晋升职称的手段,通过粗制滥造、假冒伪劣、抄袭剽窃等方式来制造学术"成果",从而使学术异化和腐化的行为,必定对科技创新能力产生毁灭性的影响。由于学术泡沫的"制造"成本远远低于学术精品的"生产"成本,使得学术不端的低风险、高收益严重腐蚀和瓦解学术队伍,消磨学术创新的动力。创新是社会发展和变革的先导,是一个国家、民族兴旺发达的不竭动力。真理和价值问题是任何知识和学问的内在要求,学者不论在纯粹经验的注释诠解层面,还是在创造性的理论创新层面,都不能回避自己的价值判断、责任立场和道德关怀问题。中国古代学者所追求的"为天地立心,为生民立命,为往圣继绝学,为万世开太平"则是判断知识分子责任和良知的行为标准。如果学者们热衷于学术不端行为而放弃学术创新,那将扼杀一个民族的创造性,摧残一个民族的自主创新能力,消解社会发展的动力。

第三,学术不端行为违背科学精神,贻误人才培养。在建设创新型国家的过程中,青少年的诚信意识、诚信行为、诚信品格关系到和谐社会风气的形成,关系着中华民族的复兴和未来。对高等学校来讲,培养高素质人才是其根本任务。能否受到良好的学术训练将影响学生的成长及成才。"学高为师,身正为范"是对所有教师的要求,教师学术道德素质高低、学术行为是否规范,是影响学生学术道德素质高低的一个重要因素。教师如果自身学术道德素质不高、学术行为不轨,其"身教"将对学生造成严重的误导甚至摧残。学术共同体在具体履行教育职能的过程中出现不公正和不诚信现象,将潜移默化地对学生诚信品格的养成产生严重的负面影响。

案例分析 9-4:翟天临事件

翟天临是北京电影学院 2014 级电影学博士研究生,2018 年毕业。2019 年 1 月 3 日,翟天临在微博晒出自己的北京大学博士后录取通知书。因为在直播中回应粉丝提问时回答"知网是什么东西?",并由此引发其获取博士学位资格的疑问。事情的发酵始于某微博账号的质疑:为什么翟天临博士毕业了,但是却没有公开发表的论文?就此抡起了 2019 年学术打假的第一锤。北京电影学院、北京大学光华管理学院先后回应表示重视,教育部第一时间要求有关方面迅速进行核查。之后,北京大学调查小组经调查确认翟天临存在学术不端行为,学校同意光华管理学院对翟天临作出退站(北京大学博士后科研流动站)决定的意见,另外,学校决定对翟天临的合作导师作出停止招募博士后的处理。《关于招募翟天临为博士后的调查说明》指出,经调查发现,在翟天临进站材料审核、面试和录用过程中,合作导师、面试小组和光华管理学院存在学术把关不严、实质性审核不足的问题。2月19日,北京电影学院发布关于"翟天临涉嫌学术不端"等问题的"调查进展情况说明"。校方认定翟天临读博期间发表的相关论文"存在学术不端情况",经学校学术委员会学术道德与学术仲裁委员会建议、学位评定委员会投票决定、校长办公会研究同意:撤销翟天临博士学位,取消其导师陈某的博士研究生导师资格。

之后,教育部发文加大博士硕士论文抽检力度,要求"加大对学术不端、学位论文造假行为露头即查、一查到底、有责必究、绝不姑息,实现'零容忍'"。

第四,学术不端行为损毁学术界和知识分子的社会公信力。学术是系统的、专门的学问,学术研究则是在已有的理论、知识和经验的基础上,对未知科学问题的某种程度的揭示和发展,是衡量一个社会文明水准的重要尺度。在社会分工体系中,学术界的基本职能是创造、生产和传播新知识。正是基于此,学术界才被认为集中体现着整个社会的理性水平,代表着一个民族的理性精神。在现实生活中,如果社会和公众对学术界和学者产生信任危机,那就意味着整个社会和民族将无法从学术界分享理性工作的成果,社会就会丧失理性公信力,人们便不再能获得对自身的理性理解,而变得盲目和无所适从。

案例分析9-5:"汉芯"事件

2003年2月,由某高校教师陈进作为总设计师的"汉芯一号"问世,然而三年后,许多细节被披露出来。陈进的"近十年在美国高校和工业界从事集成电路开发设计、生产和管理的直接经验,在各类国际会议和期刊发表集成电路方面的专项论文14篇"和"担任摩托罗拉半导体分部高级主任工程师、芯片设计经理,曾主持多项系统集成芯片(SOC)的新产品开发和重要项目管理"的履历全部是伪造。调查发现 2002 年 8 月,陈进通过他人在美国购买了 10 片摩托罗拉 DSP56858 芯片,随后请工人用砂纸磨掉上面的"MOTOROLA"字样,再打上"汉芯"标识。陈进又通过种种关系,搞到了"由国内设计、国内生产、国内封装、国内测试"等种种假证明材料。从本案例的后果可以看出,除了对陈某个人科研职业生涯的影响之外,科研不端/不当行为的社会影响是相当深重的。"汉芯一号"问世后,陈进先后向国家多部门申报了四十多个项目,累计骗取科研经费超过 1 亿元;他还用假的"汉芯"芯片申请了 12 项国家专利。不仅如此,这宗事件还登上了《纽约时报》《科学》《商业周刊》等世界知名报刊,影响极其恶劣,在世界范围内给中国科学界抹黑,大大折损了中国科学界在世界舞台上的声望。

第五,学术不端行为加剧社会腐败的蔓延。学术不端亵渎学术,败坏学风,其消极影响并不只限于学术范围之内。学术不端的病毒具有极强的渗透性、扩散性与放大效应,会通过学术界向社会生活的其他领域迅速传播和蔓延,污染社会风气,助长社会的不道德行为。在人们的心目中,学术界是社会的净土、社会的良知,背负着捍卫正义、输出先进理念、引领社会风尚、改善社会风气的重任。因此,人们往往将净化社会风气的希望寄托于神圣的学术殿堂,"铁肩担道义,妙手著文章"应该是学者们的座右铭。然而,学术不端的泛滥会成为败坏社会风气的污染源。

案例分析 9-6:沙范博士论文抄袭事件

2011 年,当德国前国防部长古腾贝格因其博士论文抄袭而无奈辞职时,当时作为教育部长的安妮特·沙范(Annette Schavan)在接受《南德意志报》采访时曾说过这样的话:"作为 31 年前博士学位的获得者、指导数名博士生的导师,我本人在小圈子内为他(指古腾贝格)感到羞耻。"但不幸的是,不久后她自己也成为一个让人感到羞耻的人。

2012 年 5 月,VroniPlag 的一个匿名博客作者指责沙范在其 1980 年撰写的博士论文《个人与良知——当今良知教育的前提、必要性和需求》

(Person and Conscience)中,多处直接使用了别人论文中的内容却未注明出处。当时沙范闻讯后对此予以全盘否认,且为表明自己清白,她主动要求杜塞尔多夫大学(The University of Dusseldorf)成立调查小组,对自己提交的博士论文进行重新评估。杜塞尔多夫大学组织的特别调查小组经多方取证和认真比对,发现沙范的博士论文中确有数十页未注明引文出处,存在蓄意抄袭、隐瞒事实和欺骗的企图。2013年2月5日,德国杜塞尔多夫大学正式宣布,因沙范1980年提交的博士论文中存在"系统地、故意地抄袭了他人的思想",因而决定取消教育部长安妮特·沙范的博士学位。该决定公布后,引起了德国社会的强烈反响。当时正在南非访问的沙范立即表示:"我不接受杜塞尔多夫大学的决定,并将对此提出起诉。"

沙范博士论文抄袭事件的披露,使反对党取得了要求沙范辞职的种种理由。当时59岁的沙范任德国教育部长已有8年(2005年至2013年)之久。沙范虽然有权对杜塞尔多夫大学提出起诉,但德国大学的科研是独立的,法庭很难裁定一个专业科研机构的决定是否违法。提出起诉可能为沙范赢得一些时间,但诉讼的过程旷日持久。因此,卷入博士论文抄袭丑闻数月后,德国教育部长安妮特·沙范于2013年5月9日最终决定辞职。

五、学术不端行为产生的根源

科研活动作为特殊的社会活动,本身具有独特的价值追求和精神气质,从事科研活动的群体比其他社会群体更需要一个追求真理、严谨求实、诚信负责、真诚协作的文化氛围。学术不端问题的出现,有着诸多主客观层面的复杂因素,既有社会不良风气的影响,也有科研体制中存在的弊端和漏洞,但从根本上说,科学文化起着至为关键的作用。

总体而言,学术不端屡禁不止的重要原因有以下几个方面:一是对科研活动的客观规律尊重不够,过分看重短期目标,急功近利,缺乏"十年磨一剑"的长远打算和执着精神;二是求真务实的科学精神严重缺失,缺乏批评质疑的精神,团队协作意识不强;三是在涉及人的科研活动中,缺乏对人的基本尊重,科研伦理底线受到挑战;四是公民科学素质不高,对科研活动的监督能力和作用不强。

这些问题都助长了学风浮躁和学术不端行为的发生。

通过比较发现,国内学术不端行为多是由如下途径暴露:

表9-3 学术不端行为的暴露途径

举报途径		事 例
间接举报	因为某件事情连带	肖传国事件是因为肖传国雇人殴打方舟子而造成广泛影响
		周祖德事件(因为参加会议提交的论文被发现抄袭)
		日本的松本和子因挪用经费问题,牵连出论文造假
		韩国黄禹锡因为胚胎伦理问题爆出后牵连到论文造假
直接举报	研究团队举报	汉芯事件是被团队技术人员与负责研发的同事揭发
		美国的伊丽莎白·古德雯是被其研究生举报
		韩国的黄禹锡是被其研究团队人员举报
		法国贝尔纳·比安是被其研究团队人员举报
	同行举报	美国新泽西州留学的钟山虎先生揭露北京大学英语系副教授黄宗英的抄袭行为
		美国的豪泽事件
		英国的西里尔事件
	非专业人员举报	肖传国被方舟子指出肖氏反射弧没有得到国际公认
	机构举报	全国灭鼠科技咨询和协调部门举报邱氏鼠药危害很大
		贝兹沃达事件中南非金山大学接到美国伦理机构的举报
	期刊举报	《国际心脏病学杂志》副主编向博士生导师戴德投诉其学生贺海波抄袭
		国际学术期刊《晶体学报》官方网站发表社论指出井冈山大学化学化工学院讲师钟华和工学院讲师刘涛存在造假现象
	协会举报	全欧中医药协会联合会副理事长祝国光向浙大发出公开信,指出院士李连达3篇论文造假,4篇论文一稿多投
	自首	美国索卡尔承认自己发表了故意制造常识性科学错误的论文

对不同学术不端行为的发生进行归类和分析,会发现有不同的原因,主要表现为主观原因和客观原因。

表 9-4　学术不端行为产生的原因

原因类别		原因表现
主观因素	心理层面	人格品质败坏
		名利等欲望驱动
		偷懒心理作怪
	观念层面	道德自律意识淡漠
		科学求真精神丧失
客观因素	社会共同体	科研环境使然
		共同体规范缺乏
	体制制度	管理体制较严
		评价体制缺失
		违规体制缺失

第三节　如何预防学术不端行为的发生？

从前两节的分析中,我们已经了解了学术不端行为是什么、学术不端行为有哪些类型、为什么会发生学术不端行为。解决学术不端问题,关键在于抓好教育、制度和监督三个环节。教育是基础,制度是关键,监督是保障,应做到惩防结合、标本兼治。

一、坚持规范教育和引导

坚持教育引导,首先要从认知层面,正确认识学术不端的表现和危害等。中国科协的一项调查发现,38.6%的科技工作者自认为对科研道德和学术规范缺乏足够了解,49.6%的科技工作者表示自己没有系统地了解和学习过科研道德和学术规范知识,反映了加强科学道德和学术规范教育的重要性和紧迫性。当前应大力宣传科技界治学典范和明德楷模,开展学术不端行为的惩戒案例警示教育,从正反两方面引导科技工作者严格自律并加强科学道德修养;应当以研究生为重点,在高校更加广泛地开展科学精神、科学道德和科学规范教育。

其次,从心理和观念两个层面建设良性的科研意识。在心理层面,要意识到诚实守信的道德品质的重要性,正确认识名利等欲望对于人们行为的影响。另外,还要杜绝偷懒和投机心理的发生。在观念层面,要强化道德意识的培养。在科学研究中,道德自律意识很重要。科学研究与道德经常会出现矛盾的现象,比如在2018年的基因编辑婴儿事件中,贺建奎就出现了这种问题。他以前是学习天体物理的,后来转到生命科学研究中。但是在转向过程中,他并没有培养起相应的道德意识和对于生命的尊重,而是用对待物理对象的方式对待生命,进行了基因编辑婴儿的研究,最终引发了全世界科学家以及民众的舆论谴责。此外,要有对科学求真精神的追求。科学研究来不得半点造假,比如论文中的数据必须要真实记录,如果造假就会影响整个实验结果的准确性。

再次,要建立科学合理的科研评价机制、体制。长期以来,学术界形成的科研文化以及各种考核机制和惩罚机制构成了科研人员面对的客观环境,许多学术不端行为就是强大的科研文化传统带来的压力而导致的,如日本的小保方晴子事件。小保方晴子是一个女性科学家,她博士后就读期间在《自然》(Nature)上发表论文2篇,但后来被举报造假,论文被撤销,并被迫辞职。她之所以造假是受到了导师的压力,而导师的压力来自日本整体科研环境的压力。小保方晴子的造假后果尤其严重,她的导师自杀,她自己被迫辞职,失去了工作。科学研究不能急功近利,而是需要积累和沉淀,过于追求速度则会导致不端行为的发生。另外,严格的评价机制也是学术不端的诱因之一。在中国很多高校,对研究生和导师都有一定的考核要求,比如研究生发表2—3篇论文之后才能够毕业。很多学生迫于毕业找工作的压力就想尽各种办法,有的方法是合理的,比如积极参与到导师的工作中,论文发表时可以挂名;认真撰写论文,请导师帮助修改并推荐发表。但是有些行为就会出现学术不端问题,比如杜撰、抄袭、剽窃,或者找人代写代投论文、花钱买版面发表等。这些行为往往会导致不良的后果,有些后果是长期的,甚至毕业以后,也会因学术不端被取消学位证书。德国的前教育部长安妮特·沙范就是因为博士论文造假被揭发最终导致辞职,还被就读的杜塞尔多夫大学取消了博士学位。

二、加强制度规范与监督约束

鉴于学术不端的危害,各国都采取了很多措施来打击学术不端。

美国政府多年来在应对和打击学术不端的过程中积累了一定的经验。1992年成立的科研道德建设办公室是惩治学术不端行为的官方机构。美国科研道德建设办公室采取的主要策略是开展揭露、调查等工作,主要由了解内情的科学家来承担。该办公室拥有一整套法律依据来处理调查过程中出现的法律问题,要求对不良研究行为指控的处理中应遵循公正、及时的原则,以保护检举人和当事人。在联邦政府之下,有23个从事或支持研究的政府部门,如交通部、劳工部、卫生与人类服务部、教育部等机构也相继制定了相应的对策,来积极应对学术不端问题。另外,还有设立在大学和研究机构里负责科研诚信的机构。这些机构的人员会同涉事人员所属的部门,一起专门调查和处置那些由美国政府资助的研究项目中出现的学术不端行为。这些机构处理有关学术不端的举报和指控,都遵循类似的程序,都有程度不同的保密政策。这些保密政策与有关联邦法规的要求相一致,既要最大可能地保护诚实举报人的隐私,又要最大可能地维护被控人的权利。美国相关机构对学术不端行为的处罚是很严厉的,在一定程度上维护了学术界的公平和正义。按照规定,科研道德建设办公室一旦认定了某起学术不端行为,根据学术不端的严重程度,将禁止涉事人员参与科学研究,造假者的身份信息将在科研道德建设办公室的网站上公布,违规者姓名、单位、违规情节和处置决定也将被公开以供查询。在政策法规方面,目前美国联邦政府颁布了《关于科研不端行为的联邦政策》,用来惩治学术不端行为。该政策于2000年发布,适用于通过合同形式为联邦政府开展或管理的研究,或者由联邦政府支持的在某些研究机构开展的研究。

德国没有成立防治学术不端行为的专门机构,主要是由学术机构或基金会自身来管理。目前德国在大学、研究理事会和研究机构层面已经建立了相应的防范学术不端的专门机构,并出台了相应的措施,例如,自20世纪90年代发生的赫尔曼论文造假丑闻后,作为国家主要研究资助机构的德意志研究联合会成立了由12人组成的科学职业自律国际委员会,允许外国知名专家参与,从科研体制上研究产生不端行为的原因,制定惩治学术不端行为的具体措施。德国科学职业自律国际委员会于 1997 年提交了《关于保障良好科学实践的建议》的报告。德国著名学会——马普学会也在 2000 年出版发行了《科学研究中的道德规范》报告,对德国科学研究中出现的道德规范、出版署名、研究等问题进行了详细的阐述,为处理学术不端行为提供了指导方向。

  英国为积极应对不断出现的学术不端行为,出台了相关举措。1999 年,英国出版道德委员会公布了《良好出版行为指南》,对编辑出版过程中涉及的伦理道德问题进行了规范。此外,英国最高的学术团体——英国研究理事会及其下属的 8 个分会,都针对学术不端行为制定了相关规定。2004 年,英国科技办公室颁布了《科学家通用伦理准则》。2006 年,英国成立了一个由多个政府部门和各方机构共同支持组成的英国科研诚信小组。该小组的职能在于促进科研诚信,打击大学中存在的学术不端行为。该小组由多个机构共同支持组成,这些机构包括英国高等教育基金会、各科研委员会、政府部门甚至还包括引发争议的英国制药工业协会。该小组设立永久性办事处,办事处由 24 名委员执行日常工作,办事处将向检举学术不端的人士提供帮助支持,确保学术不端事件得到有效的处理。

  2005 年,日本发布了《科学研究中不端行为的现状与对策报告》。针对捏造论文数据等学术界存在的不端行为,日本学术会议于 2006 年成立了科研不端行为特别委员会,该委员会除了来自自然科学领域的科研人员外,还包括法律专家和社会学家,委员会的主要任务就是研究如何改革文部科学省的研究基金,以减少学术不端行为。该委员会制定的《关于处理科研不端行为的指南》以文部省部门规章的形式发布。2006 年,日本公布了《科学工作者行为规范》,要求广大科学研究人员在学术研究工作中做到正直、诚实、自律、不造假。此外,还要求各大学以及学会等组织机构重视学术科研活动中出现的学术不端行为。

  2005 年,韩国"克隆之父"黄禹锡被公开指责造假,韩国有关部门迅速开展调查,最终证明指责属实。为进一步防范学术不端行为,韩国科技部于 2006 年出台了《关于国家研发事业中确保研究伦理及真实性的准则》,明确规定了韩国有关部门查处学术腐败的程序以及相关机构担负的责任等。

  由此可见,世界各国都非常重视学术不端问题并积极治理。从 20 世纪 90 年代开始,我国相关管理部门颁布了多项相关的政策规定,并逐步建立了多层次的管理机构。如中国科学院成立了科学道德建设委员会,科学技术部成立了科研诚信办公室,科技部、教育部、中国科学院、中国工程院、国家自然科学基金委员会、中国科学技术协会等部门建立了科研诚信建设联席会议制度。尤其是自2010年国务院科研诚信与学风建设座谈会召开以来,各有关部门相继出台针对科研不端行为的惩处措施,一个严肃惩处科研不端行为的高压态势已经初步形成。在学术共同体自我规范方面,近年来中国科协颁布了《科技工作者科学道德规范》《科技期刊道德规范》《关于加强我国科研诚信建设的意见》等文件,强化学会监督责任,发挥学术期刊在引导科技工作者严守学术规范中的重要作用,取得了一定的效果。在加强师生科研诚信建设方面,教育部颁布了《学位论文作假行为处理办法》《高等学校预防与处理学术不端行为办法》《关于建立健全高校师德建设长效机制的意见》《关于高校教师师德失范行为处理的指导意见》《关于全面落实研究生导师立德树人职责的意见》《新时代高校教师职业行为十项准则》,另外,七部委印发了《发表学术论文"五不准"》,中共中央办公厅和国务院办公厅印发了《关于加强科研诚信建设的若干意见》等通知。这些举措,都是为了坚持预防与惩治并举,坚持自律与监督并重,着力打造共建共享共治的科研诚信建设新格局,营造诚实守信、追求真理、崇尚创新、鼓励探索、勇攀高峰的良好氛围,为建设世界科技强国奠定坚实的社会文化基础。

三、恪守科研道德和学术规范

目前,国内有关科研规范或学术规范有多种定义。比如,教育部《高等学校科学技术学术规范指南》中提出,学术规范是学术共同体成员必须遵循的准则,是保障学术共同体科学、高效、公正运行的条件。学术规范是指从事科研活动的行为规范,是以科研道德为基础,以科学共同体为主体,对科研及其相关行为作出的规制性安排。学术规范作为科学共同体共识的沉淀,具有其内在的逻辑。科研工作者如果忽略了遵循学术规范,未能养成良好的科研习惯和严格的科研纪律,不仅会影响科研工作开展的效率和科研工作目标的实现,导致个人的科研工作多走弯路,还有可能滑入学术不端行为的深渊。

1. 当代科技工作者应该坚持哪些规范?

近年来,教育部、中国科学院、中国科协等部门和团体先后出台了加强科研

规范的措施和意见,构成了科研人员遵守科研规范的规制性安排,主要有以下几个方面:

(1) 诚实原则。在项目设计、数据资料采集分析、公布科研成果以及确认同事、合作者和其他人员对科研工作的直接或间接贡献等方面,必须实事求是。研究人员有责任保证所搜集和发表数据的有效性和准确性。

(2) 公开原则。在保守国家秘密和保护知识产权的前提下,公开科研过程和结果的相关信息,追求科研活动社会效益最大化。在合作研究和讨论科研问题中要共享信息,提供相关数据与资料。在向公众介绍科研成果时,要实事求是。

(3) 公正原则。对竞争者和合作者做出的贡献,应给予恰当认同和评价。进行讨论和学术争论时,应坦诚直率,科学公正。对研究成果中的错误和失误,应以适当的方式予以承认。不得以各种不道德和非法手段阻碍竞争对手的科研工作,包括毁坏竞争对手的研究设备或实验结果,故意延误考察和评审时间,利用职权将未公开的科研成果和信息转告他人等。

(4) 尊重知识产权。研究成果发表时,做出创造性贡献且能对有关部分负责的人员享有署名权,未经上述人员书面同意,不得将其排除在作者名单之外。对参与一般数据搜集的研究助手、对研究团组进行过支持与帮助的人员和提供设施的单位,可在出版物中表示感谢。不得剽窃、抄袭他人成果,不得在未参与工作的研究成果中署名,反对以任何不正当手段谋取利益的行为。

(5) 声明与回避原则。在研究、调查、出版、向媒体发布、提供材料与设施、资助申请、聘用和提职等活动中可能发生利益冲突时,所有有关人员有义务声明与其有直接、间接和潜在利益关系的组织和个人,包括在这些利益冲突中可能对其他人的利益造成的影响,必要时应当回避。在参与各种推荐、评审、鉴定、答辩和评奖等活动时,要坚持客观公正的评价标准,坚持按章办事,不徇私情,自觉抵制不良社会风气的影响和干扰。

2. 论文写作规范

学术规范涉及的场景很多,比如项目申请、论文写作和发表、职称评审等。加强对科研论文的写作规范教育能够在很大程度上避免学术不端问题的发生。同时,对学生特别是研究生进行学术规范、学术道德教育,防患于未然,是遏制学术腐败、保证我国学术研究能够健康发展的一个重要举措。

科研论文通常分为三类：在期刊杂志上发表的论文(journal paper)、在会议上发表的论文(conference paper)和学位论文(thesis)。从论文的形式来说，有一些基本规范需要遵循。从论文的结构来看，大部分论文主要由七部分组成：标题、署名、摘要、关键词、引言（毕业论文还要有文献综述）、正文与参考文献。对于理工类的实验性论文来说，还需要将实验数据和方法进行说明。为了细化论文的写作环节，以下从几个方面分别来进行说明。

(1) 标题。

标题就相当于论文的文眼，它必须言简意赅，用有限的字符最大限度地概括文章的主要内容。好的标题通常具有两个作用：其一，直接点明文章的主题与方向；其二，快速引起读者关注。目前一般学术论文标题不宜超过20个字。通常来说，论文的标题应该能表达一个完整的意思。

(2) 署名。

国家有关部门出台了多个文件，如《关于进一步加强科研诚信建设的若干意见》(2018)、《哲学社会科学科研诚信建设实施办法》(2019)等对包括署名在内的科研诚信问题做出了明确的规定。总体原则是不做虚假署名、名要符实、文责自负。在人文科学研究中，唯一作者被看作是创新的标志，一般很少出现合作者的情况。但是在自然科学领域，随着时代的变化，大科学、科学合作变得非常普遍，经常会出现多个作者的情况。以人工智能领域内的论文为例，一篇名为《人工智能行动者中利用类网格表征的基于适量的空间导航》(Vector-based navigation using grid-like representations in artificial agents)，这篇论文的作者有22人。从署名单位来看，论文是 DeepMind 和英国伦敦大学的生物、数学与物理、生命科学、神经科学等等学科的成员共同合作的成果。

(3) 摘要。

摘要(abstract)又称文摘或内容简介、提要，是论文的重要组成部分。摘要是论文的缩影，它要求文字精练、观点明确、结论具体、内容高度浓缩、篇幅简短。在摘要的写作中，要避免空洞、不着边际的语言，避免使用"作者""我"之类的文字，应使用第三人称。

(4) 关键词。

关键词(key words)是学术论文独有的构成要件。按照国标 GB7713-87 规定,每篇报告、论文应选取 3—4 个词作为关键词。通过关键词,可以粗略判断文献的性质,便于读者了解文献的主要内容,并判定是否值得花时间细读全文。

在信息爆炸的年代,通过摘要和关键词,可以最大程度上保证读者在最短时间内获得所需的信息。文章的长度都有一定的要求,这些都要求在有限的空间内把创新思想准确、清晰、简明地表达出来,这是学术研究的基本功。

(5) 引言。

引言(introduction)又称前言、导论或者绪论等,是文章的开场白。引言的基本内容包括:简要叙述研究工作的背景、目的和意义(问题的由来)、与本论题有关的论文和著作的观点评述以及本研究的重要性、主要内容或者创新之处。对于一般的学术论文来说,引言的作用是便于厘清学术源流,明确问题意识,找到论文的切入口。对于毕业论文来说,还要进行详细的文献述评,要全面占有前人的研究成果,把握最新的研究动态,并在总结消化的基础上进行概括和总结,通过观点引领材料,分析当前研究的贡献和不足,并在此基础上推进和创新。

(6) 主要内容。

这是论文的论证部分,也是论文的核心组成部分,是展现研究成果和反映学术水平的主体。它的篇幅最长,除了要有论点、有材料、有概念、有判断、有推理外,还要求合乎逻辑、顺理成章、通顺易读。人文社会科学的论文一般都是通过小标题来阐明观点,能够让读者对论证的逻辑一目了然。但是对于自然科学论文来说,结构较为复杂。主要包括材料与方法、结果、讨论和结论等。材料与方法(materials and methods)是论文论据的主要内容,是阐述论点、引出结论的重要步骤。这一部分是论文的基础,是判断论文的科学性、先进性的主要依据。实验结果(results)是论文的价值所在,也是作者漫长研究过程的结晶与创新性的体现。关于实验结果有如下几个问题需要特别关注:其一,应如实、具体、准确地写出经统计学处理过的实验观察数据资料,将处理过的数据根据需要,制作图表,对实验结果进行定性与定量分析。其二,实验结果的写作要求包括合理安排实验所得到的数据以及以数据为基础阐述结论。讨论(discussion)在论文写作的链条上处于后续阶段,也是非常重要的部分。在这一部分,作者研究、实验、观察中得到的材料进行归纳概括和探讨,做出理论分析,并探讨本实验结果是否与有关假设相符。结论(conclusion)是文章的总结。有时候,结论部分还可以对有待进一步开展的工作进行展望。

(7) 注释和参考文献。

科学研究充分体现了科学的继承性,如同站在巨人的肩膀上一样,我们需要对前人的工作有充分的了解与借鉴。我们需要标注最必要和最新的文献、直接阅读和引用的文献,但是要避免为了堆积材料做假注释。

注释和参考文献略有不同。对于一般的科技论文,注释和参考文献的标注可能是一致的,但对于毕业论文,注释和参考文献则相差比较大。

通常而言,"注"为注解,包括脚注和尾注等内容;"释"为解释,目的是在不影响论文的整体行文前提下对一些必要的问题做出解释。注释通常是针对文中的一些引文或者术语进行有具体出处的解释,而参考文献通常是文末注,可能多个注释都是出自一条文献,那么最后的参考文献就只出现一次。

不管是注释还是参考文献的写法,都有一定的规范。对此,不同的刊物和学校可能有不同的要求,但是,有些基本信息是必要的,比如著者、文章名/书名/杂志名、出版社、年代、期刊的卷期号/图书的版本以及页数,等等。这些信息的标注必须格式规范、准确、严谨,这也是学术训练中不可缺少的一环。

据美国国家科学基金会发布的《2018年科学与工程指标》报告显示,2016年开始,中国发表学术论文42.6万份,首次超过美国成为全球第一大论文发表国。中国拥有世界上最大规模的科技人才队伍,加强科研伦理建设,惩戒学术不端,力戒浮躁有很强的理论和现实意义。

综上所述,预防学术不端行为需要科研单位、科研人员和科研主管部门等共同努力,多方合作与联动,多管齐下,构建完善的学术不端预防惩治体系。应加强教育引导、推进科研诚信制度规范化、监督惩治学术不端,以保障学术健康发展。预防学术不端有利于弘扬科学精神,倡导创新文化,营造风清气正的科研学术环境,早日实现创新型国家建设目标。

推荐读物

1. 斯丹尼克:《科研伦理入门:ORI介绍负责任研究行为》,曹南燕、吴寿乾、姚莉萍等译,北京:清华大学出版社,2005年版。

2. 叶福云:《科学精神是什么》,南昌:江西高校出版社,2010年版。

3. 贝尔纳:《科学的社会功能》,北京:商务印书馆,1982年版。

4. 唐纳德·肯尼迪:《学术责任》,阎凤桥等译,北京:新华出版社,2002年版。

5. 学术诚信与学术规范编委会编:《学术诚信与学术规范》,天津:天津大学出版社,2011年版。

影视赏析

1.《**天才枪手**》:根据2014年的亚洲考场作弊案改编,该片讲述了天才高中生小琳在国际会考上跨国为富家公子作弊来牟取暴利,并与另一名记忆力极佳的天才学生班克,策划了一场跨时区的完美作弊。

2.《**举报者**》:本片改编自2006年韩国"克隆之父"黄禹锡干细胞造假风波。故事中,真相和国家权益的抗争一触即发。

附录
《麻省理工科技评论》(MIT Technology Review)全球十大突破性技术(2010—2019)

说明:

作为全球最为著名的技术榜单之一,《麻省理工科技评论》每年评出的"全球十大突破性技术"具备极大的全球影响力和权威性,该评选至今已经举办了18年。每年上榜的技术突破,有的已经在现实中得以应用,有的还尚需时日,但注定将在未来对人类的生产生活产生重大影响,甚至会彻底改变整个社会面貌。

现将2010—2019年的MIT全球十大突破性技术榜单整理出来,以便读者感受当今科学技术的发展趋势。[①]

年 份	MIT 全球十大突破性技术榜单	
2010	1. 实时搜索	Real-Time Search
	2. 社会化电视	Social TV
	3. 移动 3D	Mobile 3D
	4. 云编程	Cloud Programming
	5. 绿色混凝土	Green Concrete
	6. 干细胞工程	Engineered Stem Cells
	7. 可移植式芯片	Implantable Electronics
	8. 太阳能燃料	Solar Fuel
	9. 双效抗体	Dual-Action Antibodies
	10. 光捕捉式光伏发电	Light-Trapping Photovoltaics

① 参见 https://www.technologyreview.com/

(续表)

年 份	MIT 全球十大突破性技术榜单	
2011	1. 社交网络搜索	Social Indexing Facebook
	2. 智能变压器	Smart Transformers
	3. 体感交互	Gestural Interfaces
	4. 癌症基因解密	Cancer Genomics
	5. 高能量固态电池	Solid-State Batteries
	6. 同态加密	Homomorphic Encryption
	7. 云服务	Cloud Streaming
	8. 防撞击密码	Crash-Proof Code
	9. 染色体分离	Separating Chromosomes
	10. 细胞合成	Synthetic Cells
2012	1. 卵原干细胞	Egg Stem Cells
	2. 超高效太阳能	Ultra-Efficient Solar
	3. 光场摄影术	Light-Field Photography
	4. 太阳能微电网	Solar Microgrids
	5. 3D 晶体管	3D Transistors
	6. 更快的傅里叶变换	A Faster Fourier Transform
	7. 纳米空测序	Nanopore Sequencing
	8. 众筹模式	Crowd funding
	9. 高速筛选电池材料	High-Speed Materials Discovery
	10. Facebook 的"时间线"	Facebook's Timeline
2013	1. 深度学习	Deep Learning
	2. 蓝领机器人	The Blue-Collar Robot Baxter
	3. 产前 DNA 测序	Prenatal DNA Sequencing
	4. 暂时性社交网络	Temporary Social Media
	5. 多频段超高效太阳能	Ultra-Efficient Solar Power
	6. 来自廉价手机的大数据	Big Data from Cheap Phones
	7. 超级电网	Supergrids
	8. 增材制造技术	Additive Manufacturing
	9. 智能手表	Smart Watches
	10. 记忆移植	Memory Implants

(续表)

年 份	MIT 全球十大突破性技术榜单	
2014	1. 基因组编辑	Genome Editing
	2. 灵巧型机器人	Agile Robots
	3. 超私密智能手机	Ultra-Private Smartphones
	4. 微型3D打印	Microscale 3D Printing
	5. 移动协作	Mobile Collaboration
	6. 智能风能和太阳能	Smart Wind and Solar Power
	7. 虚拟现实设备	Oculus Rift
	8. 神经形态芯片	Neuromorphic Chips
	9. 农用无人机	Agricultural Drones
	10. 脑部图谱	Brain Mapping
2015	1. 增强现实	Augmented Reality
	2. 纳米结构材料	Nano-Architecture
	3. 车对车通讯	Vehicle-to-vehicle Communication
	4. 谷歌气球	Project Loon
	5. 液体活检	The Liquid Biopsy
	6. 超大规模海水淡化	Mega scale Desalination
	7. 苹果支付	Apple Pay
	8. 大脑类器官	Brain Organoids
	9. 超高效光合作用	Supercharged Photosynthesis
	10. DNA的互联网	Internet of DNA
2016	1. 免疫工程	Immune Engineering
	2. 精确编辑植物基因	Precise Gene Editing in Plants
	3. 语音接口	Conversational Interfaces
	4. 可回收火箭	Reusable Rockets
	5. 知识分享型机器人	Robots That Teach Each Other
	6. DNA应用商店	DNA App Store
	7. SolarCity的超级工厂	SolarCity's Gigafactory
	8. 特斯拉自动驾驶仪	Tesla Autopilot
	9. 空中取电	Power from the Air
	10. Slack通信软件	Slack

(续表)

年 份	MIT 全球十大突破性技术榜单	
2017	1. 强化学习	Reinforcement Learning
	2. 360 度自拍	The 360-Degree Selfie
	3. 基因疗法 2.0	Gene Therapy 2.0
	4. 细胞图谱	The Cell Atlas
	5. 自动驾驶货车	Self-Driving Trucks
	6. 刷脸支付	Paying with Your Face
	7. 太阳能热光伏电池	Hot Solar Cells
	8. 实用型量子计算机	Practical Quantum Computers
	9. 治愈瘫痪	Reversing Paralysis
	10. 僵尸物联网	Botnets of Things
2018	1. 共享 AI	AI for Everyone
	2. 对抗性神经网络	Dueling Neural Networks
	3. 人造胚胎	Artificial Embryos
	4. 基因占卜	Genetic Fortune-telling
	5. 传感城市	Sensing City
	6. 巴别鱼耳塞	Babel-fish Earbuds
	7. 完美的网络隐私	Perfect Online Privacy
	8. 材料的量子飞跃	Materials' Quantum Leap
	9. 3D 金属打印	3D Metal Printing
	10. 零碳排放天然气发电	Zero-carbon Natural Gas
2019	1. 灵巧机器人	Robot Dexterity
	2. 核能新浪潮	New-wave Nuclear Power
	3. 预测早产	Predicting Preemies
	4. 肠道显微胶囊	Gut Probe in a Pill
	5. 定制癌症疫苗	Custom Cancer Vaccines
	6. 人造肉汉堡	The Cow-free Burger
	7. 二氧化碳捕获器	Carbon Dioxide Catcher
	8. 可穿戴心电仪	An ECG on Your Wrist
	9. 没有下水道的卫生间	Sanitation Without Sewers
	10. 流畅对话的 AI 助手	Smooth-talking AI Assistants